普通高等教育“十一五”国家级规划教材
“十二五”普通高等教育规划教材

计算机导论

（第4版）

宋斌 编著

国防工業出版社
·北京·

内容简介

本书是普通高等教育“十一五”国家级规划教材，自出版至今受到广泛欢迎，目前已是第4版。

本书以计算机科学学科的特点、形态、历史渊源、发展变化、典型方法、学科知识结构和分类体系，以及大学计算机专业各年级课程重点等内容组织结构，阐述如何认识计算机科学与技术，共分为计算机发展史、计算机的组成、从汇编语言到多媒体、信息系统、计算机网络、计算机科学等6章，介绍计算机学科的基本概念、发展过程、基本功能及作用。各章后附有习题，便于训练和知识深化。

本书保持了前3版内容丰富完整、概念层次清晰、文字流畅通顺的特点，更新了部分计算机技术发展的新知识及概念，进一步提高了全书的系统性。按照本书的叙述体系，读者容易理解后续课程中展开的专业概念及其之间的关联。

本书可作为大学计算机专业计算机导论课程的教材或教学参考书，也可以作为非计算机专业及计算机爱好者的计算机基础课程参考书。

图书在版编目(CIP)数据

计算机导论/宋斌编著. —4版. —北京：国防工业出版社，2023.9重印

普通高等教育“十一五”国家级规划教材

ISBN 978-7-118-09482-4

Ⅰ.①计… Ⅱ.①宋… Ⅲ.①电子计算机-高等学校-教材 Ⅳ.①TP3

中国版本图书馆CIP数据核字(2014)第117504号

※

国防工業出版社出版发行

（北京市海淀区紫竹院南路23号 邮政编码100048）

三河市天利华印刷装订有限公司印刷

新华书店经售

*

开本 787×1092 1/16 印张 15¾ 字数 357千字

2023年9月第4版第6次印刷 印数 15001—16500册 **定价** 36.00元

（本书如有印装错误，我社负责调换）

国防书店：(010)88540777 书店传真：(010)88540776

发行业务：(010)88540717 发行传真：(010)88540762

前　言

“计算机导论”是大多数高等院校计算机系本科专业学生必修的专业课程,随着计算机专业教学改革的需要,其教学内容已从计算机基础教学逐步向计算机科学导论内容体系发展,课程讲授与计算机系统、计算机科学有关的基本概念、发展过程、基本功能及作用,使学生对本专业的核心知识有一个全面、概要的认识。

目前,《计算机基础》《计算机文化基础》之类的教材较多,综观这些教材,可以大致归为两类。一类是以计算机文化基础知识为主的教材,主要介绍一些计算机基本概念知识、操作系统(DOS,Windows)的操作使用、文字处理软件(WPS,Word)的操作以及其它应用软件的使用等。如按这些内容组织教学,存在的主要问题是:有半数以上的学生对这些内容已经了解,部分学生在中学已经学会了任意进制之间的转换;部分学生对 Windows 操作相当熟练。另一类是将计算机专业所学的主要专业课程都浓缩在一起,如计算机原理、数字逻辑、高级语言、操作系统、数据结构、数据库、软件工程等内容。如按这些内容教学,主要问题在于对每门课程的深浅难以掌握,讲授深了,课时不够,学生难以理解,并与后续课程冲突,缺乏课程系统性。

赵致琢编著的《计算科学导论》从全新的观念和角度来讲授计算科学,这对我们教学内容改革具有指导性。

高等院校计算机本科专业计算机教学改革是发展的必然,我们认为改革必须要从教学(学习)理论上找出突破口,传统的教诲主义不强调学习者的内在条件,在学习过程中,学习者被设定为接受的角色,白纸的隐喻是我们大家都熟悉的,在这种前提下,好的教学过程为了减少学生的混乱而简化了真理。通俗讲这就是“圣贤上台”的教学模型。而构建主义教学哲学则强调学习者,强调提供丰富多彩的学习环境,认为学习是从已知的知识构建出新的知识,这样就必须重视已有的知识并由此构建新生知识。在当前知识量的逐年翻番、“专业知识”有效期按日度量的情况下,每个人必须既是学生,又是老师,只有通过一个先进的学习方法,才能迎接的挑战。

本教材根据构建主义教学哲学,充分发挥学习的潜能,用已有的知识和概念构建出目前的计算机概念和技术;以后再用所学的知识和概念构建出未来的新的计算机概念与技术,产生创新思维的火花,从而使学生对计算机科学的内容及其内在的关联有全面、清晰、概要的认识。

至于上机操作方面的实践能力,应该通过大量上机实习来提高,从而摆脱上机指导书和大量的上课讲授。其原因有:一方面,目前图形化操作界面和充分的在线帮助信息,为自学提供了可能(大多数人的操作能力都不是从书上学来的);另一方面,计算机系统软件和应用软件发展更新很快、种类也很多,必须学会自学的方法,才能适应未来的工作。

随着计算机技术的不断发展和教学改革的需要，为了反映学科的先进性和科学性，提高教材的系统性、实用性和可读性，本书根据 ACM/IEEE－CS 课程设置计划中“计算机导论”类课程的广度优先原则，对部分知识做了全景式介绍，有些内容允许初学者“知其然而不知其所以然”，将来可在后续课程的学习或工作实践中进一步加深理解。本书第 1 版 2002 年正式出版后被多所高校选用，为了更适合于教学，在广泛征求意见和前两版的基础上，对部分内容进行了优化、修改、整理和加工，形成了第 3 版，并被列选为普通高等教育“十一五”国家级规划教材。

该书目前已是第 4 版，与之前版本相比虽然保留了各章节的组织结构，但对各章的内容进行了更新，添加了计算机学科的新技术和新发展。

南京理工大学计算机专业的许多老师对本书提出了不少宝贵意见，给予了很大的帮助，在此一并表示感谢。由于计算机技术的发展十分迅速，作者水平有限，书中不妥之处请读者不吝赐教。

为方便老师教学，本书提供电子课件，请发邮件至 896369667@ QQ. com 索取。

编著者

目　录

第1章 计算机的发展史

1.1 计算机的起源

人类最早的有实物作证的计算工具诞生在中国。古人曰:“运筹于帷幄之中，决胜于千里之外。”筹策又叫算筹，它是中国古代普遍采用的一种计算工具。算筹不仅可以替代手指来帮助计数，而且能做加减乘除等数学运算。中国古代数学家正是以“算筹计算机”为工具，运筹帷幄，殚精竭虑，写下了数学史上光辉的一页。公元500年，中国南北朝时期的数学家祖冲之，借用算筹作为计算工具，成功地将圆周率计算到小数点后的第7位，成为当时世界上最精确的π值，比法国数学家韦达的相同成就早了1100多年。

中国古代在计算工具领域的另一项发明是珠算盘，直到今天，它仍然是许多人钟爱的“计算机”。珠算盘最早记录于汉朝人徐岳撰写的《数术记遗》一书里，大约在宋元时期开始流行，而算盘最终彻底淘汰了算筹是在明代完成的。明代的珠算盘已经与现代算盘完全相同，通常具有13挡，每挡上部有2颗珠而下部有5颗珠，中间由栋梁隔开，通过“口诀”即“算法”进行快速运算。由于珠算具有“随手拨珠便成答数”的优点，一时间风靡海内，并且逐渐传入日本、朝鲜、越南、泰国等地，以后又经一些商人和旅行家带到欧洲，逐渐向西方传播，对世界数学的发展产生了重要的影响。

17世纪初，计算工具在西方呈现了较快的发展，首先创立对数概念而闻名于世的英国数学家纳皮尔(J.Napier)，在他所著的一本书中，介绍了一种工具，即后来被人们称为“纳皮算筹”的器具。这就是计算尺原型，纳皮尔算筹与中国的算筹在原理上大相径庭，它已经显露出对数计算方法的特征。英国牧师奥却德(W.Oughtred)酷爱数学，把全部业余时间都花在数学上，他发明的乘法符号“×”一直沿用至今。奥却德发明了圆盘型对数计算尺，后改进成两根相互滑动的直尺状。计算尺不仅能做乘除、乘方、开方，甚至可以计算三角函数、指数和对数，它一直被使用到袖珍计算器面世为止。即使在20世纪60～70年代，熟练使用计算尺依然是理工科大学生必须掌握的基本功，是工程师身份的象征。然而由于它属于“模拟式计算机”的范畴，其精度不高，很难应用于财务、统计等方面，终于未能逃脱被计算器取代的命运。

几乎就在奥却德完成计算尺研制的同一时期，机械计算机也由法国的帕斯卡(B.Pascal)发明出来。帕斯卡设计的计算机是由一系列齿轮组成的用发条作为动力的装置，这种机器只能够做6位数的加法和减法。然而，即使只做加法也有个“逢十进一”的进位问题。聪明的帕斯卡采用了一种小爪子式的棘轮装置。当定位齿轮朝9转动时，棘爪便逐渐升高；一旦齿轮转到0，棘爪就落下，推动十位数的齿轮前进一挡。这被称为“人类有史以来第一台计算机”，后来，人们为了纪念他，将一种计算机的高级语言命名为“PASCAL”。

英国剑桥大学科学家巴贝奇(C.Babbage)对当时的《数学用表》中的错误很反感，20

岁时就想研制一台“机器”来精确编制数学用表。大家知道正弦函数可以表示成

$$\sin(X) = x - \frac{x^3}{3!} + \frac{x^5}{5!} - \frac{x^7}{7!} + \cdots$$

对于小弧度的x值可以当做多项式计算。在计算数学中有个著名的有限差分法，它的基本思想就是：任何连续函数都可用多项式严格地逼近，或者说仅用加减法就能把许多函数计算出来。巴贝奇从提花机的穿孔卡片控制机器运转的设计中得到启发，设想用类似的方法设计一台计算机。他的第一个目标是制作一台“差分机”，快速编制不同函数的数学用表。他整整用了10年的时间，于1822年完成了第一台差分机，可以处理3个不同的5位数，计算精度达到6位小数，当即就演算出了好几种函数表来。第一台差分机从设计绘图到机械零件加工，都由巴贝奇亲自动手实施。成功的喜悦激励着巴贝尔，他上书英国皇家学会，请求政府资助他建造第二台运算精度达20位的大型差分机，这台差分机有零件多达25000个，零件精度要求不超过千分之一英寸，用蒸汽机驱动。英国政府同意为这台机器提供1.7万英镑的资助。由于种种原因，他奋斗了许多年还是未能完成。后来他转向研制一台更先进的分析机，并间接指出了计算机应具有5个部分，同时产生第一个程序员——爱达·奥古斯塔(Ada Augusta)。

1936年，美国哈佛大学教授霍华德·艾肯(Howard Aiken)在读过巴贝奇和爱达的笔记后，提出用机电的方法而不是纯机械的方法来实现分析机的想法，他起草了一份建议，去找IBM公司寻求资助。当时的IBM专门生产打孔机、制表机等商用机器，拥有雄厚的财力。艾肯教授的建议对IBM转向发展计算机起了助推的作用，IBM决定给艾肯100万美元的研究经费。1944年，一台被称为Mark Ⅰ 的计算机在哈佛大学投入运行。这台机器使用了大量的继电器作为开关元件，采用穿孔纸带进行程序控制。尽管它的计算速度很慢，可靠性也不高，但仍然使用了15年。从此IBM公司也转向生产计算机。

顺便提一下，1945年在进行Mark Ⅰ 的后继产品MarkⅡ的开发过程中，研究人员发现在一个失效的继电器中夹着一只压扁的飞蛾，他们小心地把它取出并贴在工作记录上，在标本的下面写着“First actual case of bug being found ”。从此以后，“bug”就成为计算机故障的代名词，而“debugging”就成为排除故障的专业术语。

1.2 现代计算机的诞生

现代计算机孕育于英国，诞生于美国，成长遍布于全世界。所谓“现代”是指利用先进的电子技术代替机械或机电技术。计算机中的笨重的齿轮、继电器依次被电子管、晶体管、集成电路等取代。计算机的发展速度也越来越快。

现代计算机60多年的发展(从1945年至今)历程中，最重要的代表人物是英国科学家艾兰·图灵(A. M. Turing)和美籍匈牙利科学家冯·诺依曼(von Neumann)，他们为现代计算机科学奠定了基础。

1.2.1 图灵和图灵机

图灵对现代计算机的主要贡献有两个：一是建立图灵机(Turing machine)理论模型；二是提出定义机器智能的图灵测试(Turing test)。

1936年，图灵发表了一篇论文：《论可计算的数及其在密码问题的应用》，首次提出逻辑机的通用模型。现在人们就把这个模型机称为图灵机，缩写为TM。TM由一个处理器P、一个读写头W/R和一条存储带M组成，如图1.1所示。其中，M是一条无限长的带，被分成一个个单元，从最左单元开始，向右延伸直至无穷。P是一个有限状态控制器，能使W/R左移或右移，并且能对M上的符号进行修改或读出。那么，图灵机怎样进行运算呢？例如做加法3+2=？，开始先把最左单元放上特殊的符号B，表示分割空格，它不属于输入符号集。然后写上3个“1”，用B分割后再写上2个“1”，接着在再填一个B，相加时，只要把中间的B修改为“1”，而把最右边的“1”修改为B，于是机器把两个B 之间的“1”读出就得到3+2=5。由于计算过程的直观概念可以看成是能用机器实现的有限指令序列，所以图灵机被认为是过程的形式定义。

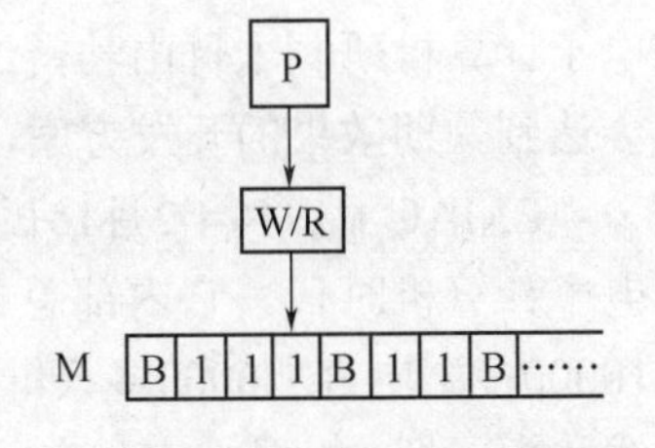

图 1.1　图灵机原理

显然，TM仅仅是理论模型。如果问“哪家公司生产图灵机？”那将令人啼笑皆非。那么，这个理论模型有什么实际意义呢？已经证明，如果TM不能解决的计算问题，那么实际计算机也不可能解决；只有TM能够解决的计算问题，实际计算机才有可能解决。当然，还有些问题是TM可以解决而实际计算机还不能实现的。在这个基础上发展了可计算性理论。理论指出，图灵机的计算能力概括了数字计算机的计算能力，它能识别的语言属于递归可枚举集合，它能计算的问题称为部分递归函数的整数函数。因此，我们认为图灵机对数字计算机的一般结构、可实现性和局限性产生了意义深远的影响。直到今天，人们还在研究各种形式的图灵机，如可逆TM、化学TM，甚至酶TM、细胞TM，以便解决理论计算机科学中的许多所谓基本极限问题。

必须强调指出，图灵并不只是一位纯粹抽象的数学家，他还是一位擅长电子技术的工程专家，第二次世界大战期间，他是英国密码破译小组的主要成员。他设计制造的破译机Bombe实质就是一台采用继电器的高速计算装置。图灵以独特的思想创造的破译机，一次次成功地破译了德国法西斯的密码电文。

为纪念图灵的理论成就，美国计算机协会(ACM)专门设立了图灵奖。从1966年至今已有30多位各国第一流的计算机科学家获得此项殊荣，图灵奖也成为计算机学术界的最高成就奖。图1.2是图灵的照片。

图 1.2　图灵

1.2.2　第一台电子数字计算机 ENIAC

ENIAC是电子数值积分计算机(The Electronic Numerical Integrator and Computer)的缩写。

1943年，第二次世界大战关键时期，战争的需要像一只有力的巨手，推动了电子计算机的诞生。由于美国陆军新式火炮的设计迫切需要运算速度更快的计算机，与此同时，美国宾州大学莫尔学院的莫奇莱教授(John W. Mauchly)和他的学生埃克特博士(J. Presper

Eckert)也多次讨论制造电子计算机的可行性。因此，当军方找到他们寻求合作时，双方一拍即合。在讨论经费(最初为15万美元)时几乎是在几分钟内就确定下来。以后一再追加经费，军方都有求必应，经费一直追加到了48万美元，大约相当于现在的1000多万美元。电子计算机研制项目由勃雷纳德(J.Brainerd)总负责，他曾经说："这是一项不能确保一定会达到预期效果的开发方案，然而，现在正是一个合适的时机。"

ENIAC于1946年2月15日运行成功。标志着电子数字计算机的问世，人类从此迈进了电子计算机时代。它内部总共安装了17468只电子管，7200个二极管，70000多个电阻，10000多个电容和6000多只继电器，电路的焊接点多达50万个；在机器表面布满电表、电线和指示灯。机器被安装在一排高2.75m的金属柜里，占地面积为170m^2，总质量达到30t。这台机器很不完善，比如，它的耗电量超过174kW；电子管平均每隔7min就要被烧坏一只。另外由于存储容量太小，必须通过开关和插线来安排计算程序，因此它还不完全具有"内部存储程序"功能。尽管如此，ENIAC的运算速度达到5000次/s加法，可以在3ms内完成两个10位数乘法，一条炮弹的轨迹20s就能算完，比炮弹本身的飞行速度还要快。ENIAC原来是计划为第二次世界大战服务的，但它投入运行时战争已经结束，这样一来它便转向为研制氢弹而进行计算。当它退役时，计算机技术与氢弹技术都有了很大的发展，从这点看，ENIAC的应用面很窄，它的社会意义并没有人们想象的那么广泛。

1.2.3 冯·诺依曼

冯·诺依曼于1903年出生，1921—1925年他先后在柏林和苏黎世学习化学，1926年获得苏黎世化学工程文凭和布达佩斯数学博士证书。1930年他以客座讲师身份到美国普林斯顿大学讲学，次年应聘为普林斯顿大学教授。图1.3是冯·诺依曼教授。

图 1.3 冯·诺依曼

冯·诺依曼介入ENIAC的工作既有偶然性又有必然性。1945年的一天，在阿伯丁火车站候车时，担任军方与宾州大学两方联络员的戈德斯坦(H.H.Goldstine)遇到了已经成名的冯·诺依曼教授，青年人以敬仰的心情与教授攀谈起来。当冯·诺依曼听到关于ENIAC的进展时，凭着他渊博的知识立刻洞察到这一项目的重要意义，并毅然决定参加这一研究。

当冯·诺依曼准备前往计算机研究小组时，莫克利和艾克特并不十分热情，他们想要考一考这位来自普林斯顿大学的数学天才，并称他们只要从冯·诺依曼提的第一个问题就可知道他是否是真正的天才。世上无巧不成书，冯·诺依曼到达莫尔学院计算机研究实验室看了研制中的计算机之后，提的第一个问题就是这台计算机的逻辑装置和结构，而这正是莫克利等人所谓判别真正天才的标志。

冯·诺依曼在ENIAC当顾问期间，经常举办学术报告会，对ENIAC机不足之处进行认真分析，并讨论全新的存储程序的通用计算机方案。当军方要求比ENIAC性能更好的计算机时，他们便提出EDVAC(埃德瓦克)方案。1946年6月，冯·诺依曼与戈德斯坦(H.Goldstine)等发表了《电子计算机装置逻辑结构初探》的论文，成为EDVAC的设计基础。

ENIAC机的诞生曾使莫尔学院一下子成为全世界关注的焦点。可惜，1945年底，莫尔学院计算机研究小组在ENIAC诞生之后，设计组的专家们因发明权而争得不可开交，小组陷于分裂，最终自行解体，致使研究工作一度中断。在这种情况下，冯·诺依曼与戈德斯坦等人离开了莫尔学院，来到普林斯顿大学研究院继续计算机的研制工作，并在军方的支持下使普林斯研究院代替莫尔学院成为全美计算机研究中心之一。他们于1952年完成了EDVAC机的建造工作。EDVAC机投入运行后，用于核武器的理论计算。

1.2.4 UNIVAC 迎来计算机时代

部分人认为计算机时代是从1951年6月开始的。这有什么理由呢？一般说来它有两条理由，也可以说是计算机时代的两个主要标志：一是计算机从实验室走向社会，作为商品交付客户使用；二是计算机从单纯军事用途的计算进入公众领域的数据处理，引起强烈的社会反响。

UNIVAC(尤尼瓦克)捷足先登，恰如其分地扮演了这一时代角色。

UNIVAC是通用自动计算机(the UNIVersal Automatic Computer)的缩写。它的设计师是ENIAC的主要研制者莫奇莱和埃克特，他们在1947年离开宾州大学后，创建了世界上第一家以制造计算机为主业的公司，即“莫奇莱—埃克特计算机公司”(EMCC)，起初为Northrop生产小型计算机，后来转向设计生产UNIVAC。1951年6月14日，第一台UNIVAC交付美国人口统计局使用。它不仅取代了沿用已久的制表机为人口普查服务，还投入当时正在进行的总统竞选的统计分析工作。在投票结束时，它分析了5%的选票后就预告了艾森豪威尔将当选下届总统。这条又快又准的消息披露后，在西方引起轰动。舆论普遍赞赏计算机的强大功能，认为它已经与公众社会紧密相关，新闻媒介则纷纷报导：“世界已经进入计算机时代。”

其实UNIVAC只是ENIAC用于事务处理的改进版本，并无重大突破。但它“以用立业”，开创了专门进行数据处理的先河。后来，UNIVAC又参与《圣经索引字典》的编辑工作，对文字处理技术影响很大。这台机器一直工作到1963年。

1.3 计算机年代的划分

由于计算机在半个多世纪里连续进行了几次重大的技术革命，留下鲜明的标志，因此人们自然地用第一代、第二代……来区别计算机的发展阶段。显然，这是必要的。可是在年代的划分、划分年代的依据以及这些依据是否正确等方面，人们的看法是不尽相同的。其实，这些正是计算机年代学或称编年史研究的问题。

一般说来，计算机年代划分的原则有：

(1) 按照计算机采用的电子器件来划分。这可以说是一个约定俗成的年代划分方法。通常分为电子管、晶体管、集成电路、超大规模集成电路(VLSI)或微处理器等四代。

大家知道，电子管是1906年发明的，一直用于无线电工业，20世纪40年代后才用到计算机上。晶体管是1948年发明的，10年后用到计算机上。集成电路是1960年出现的，5年后就进入计算机。至于VLSI微处理器是直接面向计算机而设计的，例如Intel公司于1974年推出8080微处理器，次年它就装到微型计算机上。时间差距越来越小，表明技术进步越来越快。因此，尽管这种划分方法有明显的片面性，但是人们还是毫不动摇地坚持这一划分规则。

(2) 结合具有里程碑意义的典型计算机来划分。这就是说不是只从学术价值来判断，而要根据它的社会效益与经济效益来衡量。

ENIAC本来是理所当然的第一代典型机，但由于种种原因，特别是它没有批量生产、没有作为商品推向市场，因此它的社会影响也比较小。只有UNIVAC才在社会上引起巨大的反响，成为揭开计算机时代的宠儿。IBM360首先提出全方位服务理念，并广泛应用于商业。TRS-80打破计算机专用化，使计算机开始进入社会、家庭，是个人计算机的开端。

(3) 考虑计算机系统的全面技术水平来划分。就是说不只是从使用的电子器件、运算部件以及硬件实现来考虑；还要从存储设备、输入输出装置，特别是软件配置情况来评价。通过全面的考虑，才能从年代学的研究中找到对计算机系统发展有积极意义的历史借鉴。

应当指出，计算机划分的做法已经扩展到它的各个分支领域。例如微处理器可以分为几代，存储器也可以分为几代，操作系统可以分为几代，数据库也可以分为几代。同时，这种方法也渗透到其它学科、其它行业中。因此，我们有理由把它作为一种科学方法论来对待。

1.3.1 第一代计算机

第一代计算机(1951—1958年)的特点是：

(1) 采用电子管代替机械齿轮或电磁继电器做开关元件，但它仍然很笨重，而且产生很多热量，既容易损坏，又给空调带来很大负担。

(2) 采用二进制代替十进制，即所有指令与数据都用“1”与“0”表示，分别对应于电子器件的“接通”与“关断”。

(3) 程序可以存储，这使通用计算机成为可能。但存储设备还比较落后，最初使用水银延迟线或静电存储管，容量很小。后来使用了磁鼓、磁芯，有了一定的改进。

(4) 输入输出装置主要用穿孔卡，速度很慢。

我们知道UNIVAC-I是第一代计算机的代表。在它前后出现的一批著名机器形成了开创性的第一代计算机族。它们是：ABC；ENIAC；IAS；EDVAC；ACE；EDSAC；Whirlwind；IBM701，702，704，705，650；RAMAC305等。

IBM公司通过支持哈佛Mark I转向计算机后，1948年开发了SSEC(即选择顺序电子计算机)。1951年10月聘请冯·诺依曼担任了公司的顾问，他向公司领导及技术人员反复介绍了计算机的广泛应用及其意义，提出了一系列有充分科学依据的重大建议。

1952年，IBM公司生产的第一台用于科学计算的大型机IBM701问世；1953年又推出第一台用于数据处理的大型机IBM702和小型机IBM650。1953年4月7日，IBM公司在纽约举行盛大招待会向社会公布它的新产品，著名原子核科学家奥本海默致开幕词祝贺。会上展示了IBM701，字长36位，使用了4000个电子管和12000个锗晶体二极管，运算速度为2万次每秒。采用静电存储管作主存，容量为2048字，并用磁鼓做铺存(磁鼓是利用表面涂以磁性材料的高速旋转的鼓轮和读写磁头配合起来进行信息存储的磁记录装置，1950年首先用于英国国家物理实验室NPL的ACE计算机上)。此外，IBM701还配备了齐全的外设：卡片输入输出机、打印机等。这就为第一代商品计算机描绘出一个丰满而生动的形象。

第一炮打响后，IBM公司于1954年陆续推出了701与702的后续产品704与705。1956年推出第一台随机存储系统RAMAC305，RAMAC是计算与控制随机访问方法(Random Access Method for Accounting and Control)的缩写。它是现代磁盘系统的先驱。RAMAC由50个磁盘组成，存储容量为5MB，随机存取文件的时间小于1s。

20世纪50年代存储技术的重大革新是磁芯存储器的出现，它产生在美国麻省理工学院(MIT)。1944年，福雷斯特开始“旋风”计划，起初是研制一台模拟计算机，后来修改为数字计算机。1953年，它成为第一台使用磁芯的计算机。英国剑桥大学威尔克斯教授当时正访问MIT，亲眼目睹了这一革命性的变化，他说：“几乎一夜之间存储器就变得稳定而可靠了。”

磁芯(Magnetic Core)是用铁氧体磁性材料制成的小环，外径小于1mm，所以磁芯尺寸只有小米粒大小。该材料有矩形磁滞回线，当激磁电流方向不同($+I$，$-I$)时会产生两种剩磁状态($+\Phi$，$-\Phi$)，因此，一个磁芯可存储一个二进制数(1，0)。如果一个存储器有4K字，每字为48位，那就需要4096×48=196608颗磁芯。如此大量的磁芯要细心地组装在若干个平面网形结构的磁芯板上。

很快，磁芯就用在UNIVAC—Ⅱ上，并成为20世纪50年代和60年代存储器的工业标准。

1.3.2 第二代计算机

第二代计算机(1959—1964年)的特点是：

(1) 用晶体管代替了电子管。晶体管有许多优点：体积小、质量轻；发热少、耗电省；速度快、功能强；价格低、寿命长。用它做开关元件使计算机结构与性能都发生了飞跃。

(2) 普遍采用磁芯存储器做主存，并且采用磁盘与磁带做辅存。使存储容量增大，可靠性提高，为系统软件的发展创造了条件，开始是监控程序(Monitor)，后来发展成为操作系统(Operating System)。

(3) 作为现代计算机体系结构的许多意义深远的特性相继出现。例如变址寄存器、浮点数据表示、间接寻址、中断、I/O 处理机等。因此，在第二代计算机发展期间，开始出现了第一代超级计算机，如 CDC 6600。

(4) 编程语言在发展。先是用汇编语言(Assembler Language)代替了机器语言；接着又发展了高级语言(High-level Language)，如 FORTRAN、COBOL。

(5) 应用范围进一步扩大。除了以批处理方式进行科学计算外，开始进入实时的过程控制和数据处理。批处理的目的是使 CPU 尽可能地忙，以使昂贵的处理资源充分利用。输入输出设备也在不断改进，而采用脱机(Off Line)方式工作，以免浪费 CPU 的宝贵时间。

我们知道，晶体管是1948年美国贝尔电话实验室的三位物理学家巴丁(J. Bardeen)、布拉坦(W. Brattain)、肖克莱(W. Shockley)发明的。由于这项影响深远的发明，他们荣获了1956年诺贝尔物理奖。因此，贝尔实验室就成了晶体管计算机的发源地，今天，它已成为AT&T公司的重要成员。

1954年，贝尔实验室制成第一台晶体管计算机TRADIC，它使用了800个晶体管。1955年全晶体管计算机UNIVAC-Ⅱ问世。但是，它们都没有成为第二代计算机的主流产品。

与此同时，高级编程语言得到迅速发展。首先，IBM公司的一个小组在巴科斯(John Backus)领导下，从1954年开始研制高级语言，同年开始设计第一个用于科学与工程计算的FORTRAN语言。1958年MIT的麦卡锡(John McCarthy)发明了用于人工智能的LISP语言。1959年在宾州大学一些用户开会讨论解决程序的移植问题，因为对某种计算机编写的程序，在其它型号的机器上是无法执行的。结果，在国防部的支持下，以格雷斯·霍普(Grace Hopper)为首的委员会提出了COBOL语言。她是计算机语言的先驱，编写了第一个实际的编译程序。

第二代计算机主流产品是IBM7000系列。1958年IBM推出大型科学计算机IBM7090，实现了晶体管化，采用了存取周期为2.18ms的磁芯存储器、每台容量为1MB的磁鼓、每台容量为28MB的固定磁盘，并配置了FORTRAN等高级语言。1960年，晶体管化的IBM7000系列全部代替了电子管的IBM700系列，如IBM7094-I大型科学计算机、IBM7040、IBM7044大型数据处理机。IBM7094—I的主频比IBM7090高，增加了双倍精度运算指令和变址寄存器个数，并采用了交叉存取技术。1963年又推出IBM7094-Ⅱ计算机。总之，在1955—1965年的10年间，美国名牌大学与大公司使用的计算机大多数是从IBM7040到IBM7094这些机型。

以晶体管为发端的全固态化电路为计算机运算速度的提高开辟了广阔的前景，激发了研制超级计算机的积极性。1961年，IBM公司完成了第一台流水线(pipeline)计算机STRETCH(IBM7030)，CPU既有执行定点操作和字符处理的串行运算器，又有执行快速浮点运算的并行运算器，采用最多可重迭执行6条指令的控制方式。为提高速度，使用NPN和PNP高速漂移晶体管做电流开关元件，电路延迟时间为10nm。存储容量为16 000字的磁芯存储器，采用多体交叉存取。为提高可靠性，首先采用了汉明纠错码。此外，还采用了多道程序技术，并且能使CPU与输入输出设备并行工作。作为第一台流水线机器，它成为超级机的雏型。

1960年，美国贝思勒荷姆钢厂成为第一家利用计算机处理定货、管理库存、并进行实时生产过程控制的公司。1963年，俄克拉荷马日报成为第一份利用计算机编辑排版的报纸。1964年，美国航空公司建立了第一个实时订票系统，计算机应用的革命正在开始。

1.3.3 第三代计算机

第三代计算机(1965—1970年)的特点是：

(1) 用集成电路(Integrated Circuit，IC)取代了晶体管。最初是小规模集成电路(SSI)，后来是大规模集成电路(LSI)。IC 的体积更小，耗电更省，功能更强，寿命更长。芯片几乎永不失效，当然它在抗损坏性方面是十分脆弱的。

(2) 用半导体存储器淘汰了磁芯存储器。存储器也集成化了，它与处理器具有良好的相容性。存储容量大幅度提高，为建立存储体系与存储管理创造了条件。

(3) 普遍采用了微程序设计技术，为确立具有继承性的体系结构发挥了重要作用。第三代计算机为计算机走向系列化、通用化、标准化做出了贡献。

(4) 系统软件与应用软件都有很大发展。由于用户通过分时系统的交互作用方式来共享计算机资源，因此操作系统在规模和复杂性方面都有很快的发展，为了提高软件质量，出现了结构化、模块化程序设计方法。

(5) 为了满足中小企业与机构日益增多的计算机应用需求，在第三代计算机期间，开始出现了第一代小型计算机(Minicomputer)，如 DEC 的 PDP-8。

第三代计算机主流产品是IBM360。IBM公司在1961年12月提出了“360系统计划”。当时守旧派认为第二代计算机产品已占西方市场的70%，形成了垄断势头，不必冒进搞什么“360决策”。革新派则认为第二代计算机产品的品种重复、性能单调；程序不兼容，用户负担重。为了克服种种弊端就必须大刀阔斧地搞新的通用机。

1964年4月7日，IBM公司公布了IBM360系统，成为计算机发展史上的一个重要里程碑。IBM公司为此投资50亿美元。到1965年，IBM360系统的各种型号陆续投入市场，共售出33000台，这促使大多数早先的商用计算机被废弃，对计算机工业产生了相当大的冲击。

顺便指出，IBM公司的成功与它的市场战略正确有关。它从一开始就面向商业、面向产品、面向服务。我们知道，IBM公司是从穿孔卡起家的，拥有一大批商业用户。当它转向生产计算机时就着重搞商用计算机，然后把产品推销给老主顾。IBM公司深信，聪明的商人并不买最好的计算机，而是买最能解决问题的计算机。因此，尽管当时有些公司的计算机比IBM公司的好，但他们不提供“一条龙”服务，用户还是走向IBM公司。今天，这种市场战略正被越来越多的公司所理解。在美国，人们常称IBM公司为“Big Blue”，即“蓝色巨人”。一方面反映了它实力雄厚，技术精湛；另一方面也是服务周到的写照，因为它的工作人员，身穿蓝色西服，经常为用户“上门服务”。即使在经济萧条的年代，IBM公司也不惜资金雇用与培训大量服务人员，从事用户服务工作。

在此期间，许多比较小的公司则开发比较小的计算机。其中，成功地开拓了小型机市场的是DEC公司(即数据设备公司)。DEC于1959年展示了它的第一台计算机PDP-1；1963年生产了PDP-5；1965年生产了PDP-8，成为商用小型机的成功版本。它们是12位字长的机器，结构简单，售价低廉。进入20世纪70年代后，该公司又陆续开发了PDP-11系列、VAX-11系列等32位小型机，使DEC成为小型机霸主。

新成立的 DG 公司于 1969 年推出第一台 16 位小型 Nova(诺瓦)机，以后陆续开发了三个系列的诺瓦机。这些机型对我国计算机的发展曾有过较大影响。

1.3.4 第四代计算机

第四代计算机(1971年至今)的特点是：

(1) 用微处理器(Microprocessor)或超大规模集成电路 VISI(Very Large Scale Integration)取代了普通集成电路。这是具有革命性的变革，出现了影响深远的微处理器冲击波。

(2) 从计算机系统本身来看，第四代计算机只是第三代计算机的扩展与延伸，并不像第三代计算机的发展那样富有戏剧性。在这期间，存储容量进一步扩大；输入采用了 OCR 与条形码；输出采用了激光打印机；光盘的引进；新的编程语言 Pascal、Ada 的使用。所有这些都只是进化性的发展，而不是革命性的变化。因此，不少人对第四代计算机的划分并不热心。

(3) 微型计算机(Microcomputer)异军突起，席卷全球，触发了计算机技术由集中化向分散化转化的大变革。许多大型机的技术正垂直下移进入微机领域，出现了工作站、微主机、大微机、超级小型机等。在微机领域出现了 RISC 与 CISC、MCA 与 EISA、LAN 与 Mini、SAA 与 NAS 等的竞争，使计算机世界出现一派生机勃勃的景象。

(4) 数据通信、计算机网络、分布式处理有了很大的发展。计算机技术与通信技术相结合正改变着世界的技术经济面貌。局域网(LAN)、广域网(WAN)和因特网(Internet)正把世界各地越来越紧密地联系在一起。

(5) 由于特殊应用领域的需求，在并行处理与多处理领域正积累着重要的经验，为未来的技术突破创造着条件。例如图像处理领域、人工智能与机器人领域、函数编程领域、超级计算领域都是人们越来越感兴趣的领域。

关于第四代计算机人们的看法也存在着很多分歧。

首先，人们对第四代计算机的起始年代存在分歧。一种主张以微处理器的问世为象征，所以从1971年算起；另一种则主张以VISI的应用为标志，因而从1975年算起。

Intel公司于1968年成立。次年，以年轻的霍夫(M. Hoff)博士为首，成立了为一家日本公司设计袖珍计算器芯片的小组。1971年，第一代微处理器4位芯片Intel 4004问世，在4.2mm×3.2mm的硅片上集成了2250个晶体管组成的电路，其功能竟与ENIAC相仿。1972年推出第二代微处理器8位芯片Intel 8008，1974年推出后继产品8080。1975年，Altair公司利用这种芯片制成了微型计算机。

由于起始年代的不同，再加上主流产品并无明显的差别，造成第三代计算机与第四代计算机之间界限的模糊，从而出现了所谓“三代半”机的说法。

1977年，IBM公司推出3030系列，包括3031、3032、3033等型号。除继承了IBM370体系结构与操作系统外，并大幅度提高了MVS/SE(多虚拟与存储扩展的操作系统)的效率，加强了神秘色彩，使其它厂家难以模仿。以上这些常称为三代半主流产品。

第四代计算机的主流产品是1979年IBM推出的4300系列、3080系列以及1985年的3090系列。它们都继承了370系统的体系结构，使功能得到进一步的加强，如虚拟存储、数据库管理、网络管理、图像识别、语言处理等。

看起来，计算机系统的继承性一旦确立，既对计算机的发展做出很大贡献，难免又会对新的突破产生束缚。

第四代计算机流行过的机种极其繁多。中小型机如IBM AS/400；惠普的HP 9000系列；CDC的4000系列；AT&T的3B2系列；DEC的Micro VAX、Micro PDP；Data General的MV系列……都可以说是四代机的继承与发展。

现在由于集成电路技术的发展和微处理器的出现，计算机发展速度之快，大大超出人们的预料：

① 性能不断提高；

② 体积不断变小；

③ 功耗不断降低；

④ 价格越来越便宜；

⑤ 软件越来越丰富；

⑥ 使用越来越容易；

⑦ 应用领域越来越普遍；

⑧ 计算机数量不断增加。

上述趋势不仅仍在继续，且节奏进一步加快，因此已不再沿用“第x代计算机”的说法。

1.4 微型计算机的发展

第四代计算机的一个重要分支是以大规模、超大规模集成电路为基础发展起来的微处理器和微型计算机，其中微型计算机无疑是发展最快、普及最广泛的。正是微型计算机使计算机从实验室、专门机房走到办公室、家庭、公共场所；正是微型计算机的发展和相应的图形化软件的发展，才使计算机从专业人员走向广大群众。

1.4.1 第一个微处理器芯片和第一台微型计算机

在微处理器发明过程中，起到最关键作用的是霍夫。他代表Intel公司，帮助日本商业通信公司设计台式计算器芯片。日本人提出至少需要用12个芯片来组装机器。1969年8月下旬一个周末，霍夫在海滩游泳，突然产生了灵感。他认为，完全可以把中央处理单元(CPU)电路集成在一块芯片上。

诺依斯和摩尔支持他的设想，并派来逻辑结构专家麦卓尔和芯片设计专家费根，为芯片设计出图纸。1971年1月，以霍夫为首的研制小组完成了世界上第一个微处理器芯片。在3×4mm^{2}的面积上集成2250个晶体管，运算速度达6万次每秒。它意味着计算机的CPU已经微缩成一块集成电路，意味着“芯片上的计算机”诞生。

第一块微处理器芯片已属大规模集成电路范畴。Intel公司命名它为4004，第一个4表示它可以一次处理4位数据，第二个4代表它是这类芯片的第4种型号。图1.4所示为4004芯片的外观。这种数字代号沿用至今，就是现代所谓“386”“486”等计算机俗称的最早源头。1971年11月15日，Intel公司经过慎重考虑，决定在《电子新闻》杂志上刊登一则广告，向全世界公布4004微处理器。这一天，也演变为微处理器的诞生纪念日。目前，已经掠过冥王星的NASA“旅行者”号探测器上还有一块4004芯片仍然在正常工作。

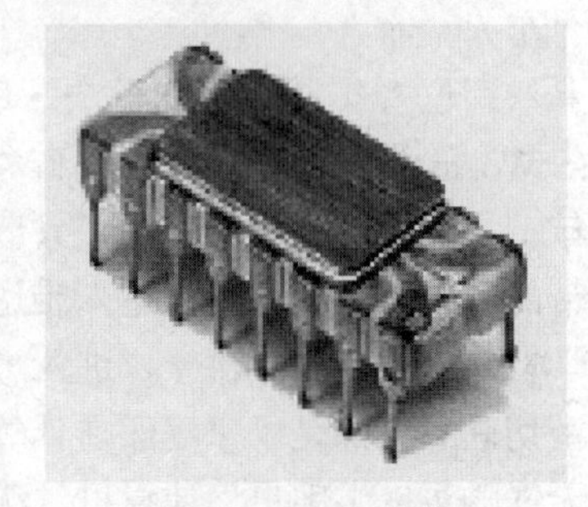

图 1.4 4004 芯片

1972年4月，霍夫小组研制出另一型号的微处理器8008。在做了少许改进后，1975年又推出有史以来最成功的8位微处理器8080。8080集成了约4800个晶体管，每秒执行29万条指令。8080型微处理器正式投放市场是在1974年，这种芯片及其仿制品后来共卖掉数以百万计，引发了汹涌澎湃的微计算机热潮。

在Intel公司的带动下，1975年，Motorola公司也宣布推出8位微处理器6800。1976年，霍夫研制小组的费根，在硅谷组建了Zilog公司，同时宣布研制成功8位微处理器Z-80。从此，可以放在指尖上的芯片计算机全方位地改变了世界。

1974年12月，美国《大众电子》杂志一反常态，把翌年一月号的刊物提前投放，在封面刊登消息说：“世界第一套微型计算机组件挑战所有种类的商业计算机”。这台微型计算机组件名叫“Altair8800”，Altair即“牛郎星”。

“牛郎星”发明人爱德华·罗伯茨(E. Roberts)是计算机爱好者，他开了一家“微型仪器与自动测量系统公司”(MITS)。在竞争的压力下，他以每块75美元价格向Intel公司购到8080微处理器，组装了一台很小的机器。恰好《大众电子》一直在寻找独家新闻，就帮他把这台机器命名为“牛郎星”，并在杂志上进行了隆重报道。

人们普遍认为，这就是世界上第一台用微处理器装配的微型计算机。在金属制成的小盒内，罗伯茨装进两块集成电路，一块即8080芯片，另一块是存储器，仅有256B。需要用手拨动面板上8个开关输入程序；以几排小灯泡的明暗表示计算结果。这种机器每台只标价397美元。

“牛郎星”的反响出人意外，仅在1975年，MITS公司就卖出了2000台。这些微型计算机大都走进了美国家庭的汽车库，购买者是初出校门的青年学生。罗伯茨把“牛郎星”定位在青年计算机迷身上。他们还自发组织了一个“家庭酿造计算机俱乐部”(Homebrew Computer Club)，相互交流组装微型机的经验。车库里第一次聚会后，几个月内就有75%的会员设计出自己的微型计算机。

计算机迷们然后纷纷以汽车库为基地开始创业，挑头掀起一场“解放计算机”的伟大革命。从汽车库里走出的新生代计算机企业，为市场提供了约200个品牌的微型计算机，较有名气的有TRS-80。这些早期的8位机，作为第一代微型计算机的开路先锋，为推动20世纪80年代后计算机大规模普及建立了功勋。

1.4.2 车库里的“苹果”

1976年，美国硅谷“家庭酿造计算机俱乐部”的两位青年，在汽车库里“酿造”出一家闻名全球的计算机公司，从而发动了一场轰动计算机业界的“车库革命”。

图 1.5 乔布斯

两位青年同名，史蒂夫·乔布斯(S.Jobs)和史蒂夫·沃兹奈克(S.Wozniak)都是土生土长的硅谷人，图1.5是苹果教父乔布斯。1972年，乔布斯进入里德学院，只读了一年书便中途辍学，在俄勒冈一带的苹果园打工，后来进入雅达利公司。沃兹奈克辗转读了三所大学后，也于1973年辍学，进入惠普公司工作。两个好友一直保持着密切联系，都是“家庭酿造计算机俱乐部”的常客。1975年，由于无钱购买“牛郎星”计算机，沃兹奈克只得用较便宜的6502微处理器装配了一部。这台计算机严格地讲只是装在木箱里的一块电路板，但有8KB存储器，能显示高分辩率图形。俱乐部成员纷纷提出要订购这种机器。

乔布斯敏锐地看到了商机，他卖掉自己汽车，凑了1300元创业资金。就在乔布斯家里的汽车库里，20世纪微型计算机的制造工业悄悄迈出第一步，这是第一次应客户要求成批生产的真正的微型计算机产品。为了纪念乔布斯当年在苹果园打工的历史，公司取名苹果(Apple)，标志是一个被咬了一口的苹果，因为“咬”(Bite)与“字节”(Byte)同音。他们生产的第一款微型计算机也就命名为“苹果Ⅰ”(AppleⅠ)。那一年，乔布斯才20岁。

乔布斯四处游说为公司筹措资金，曾经在Intel公司担任过销售经理的马克库拉看到了微型计算机的光辉前景，愿意出资10万元就任公司董事长。苹果公司开始扩大规模，把工厂搬出了汽车库。1977年7月，沃兹奈克精心设计出另一新型微型计算机，安装在淡灰色的塑料机箱内，主电路板用了62块集成电路芯片，1978年初又增加了磁盘驱动器。这种计算机达到当时微型计算机技术的最高水准，乔布斯命名它为“苹果Ⅱ”(AppleⅡ)，如图1.6所示。

图 1.6　苹果Ⅱ

1977年4月，苹果Ⅱ在旧金山计算机交易会第一次公开露面，售价仅1298美元，却引起意想不到的轰动。从此，苹果Ⅱ大量走进了学校、机关、企业、商店和家庭，为领导时代潮流的个人计算机铺平了道路。由于苹果Ⅱ带来的巨大收益，这家公司在短短5年时间内创造了神话般的奇迹，1976年，公司营业额超过20万美元；5年之后，营业额竟跃升至10亿美元，跨进美国最大500家公司的行列。乔布斯成为当时美国最年轻的百万富翁。

1980年，AppleⅢ型上市，12月12日，苹果公司股票公开上市，在不到一个小时内，460万股全被抢购一空，当日以每股29美元收市。按这个收盘价计算，苹果公司高层产生了4名亿万富翁和40名以上的百万富翁。

1984年1月24日，Apple Macintosh发布，该计算机配有全新的具有革命性的操作系统，成为计算机工业发展史上的一个里程碑，Mac计算机已经推出，即受到热捧，人们争相抢购，苹果电脑的市场份额不断上升。如图1.7所示。

图 1.7　Apple Macintosh

1985年，乔布斯获得了由里根总统授予的国家级技术勋章。然而，过多的荣誉背后却是强烈的危机，由于乔布斯坚持苹果计算机软件与硬件捆绑销售，致使苹果计算机不能走向大众 ，加上蓝色巨人IBM公司的个人计算机对市场的抢占，使得乔布斯新开发的计算机节节惨败，总经理和董事们便把这一失败归罪于董事长乔布斯。

1985年4月苹果公司董事会撤销了乔布斯的经营大权，乔布斯于当年9月愤而辞去苹果公司董事长职位。乔布斯离开后，苹果公司并未改变公司的经营策略，仍然坚持软件与硬件捆绑销售，同时由于苹果漠视合作伙伴，在新系统开发上市之前并不给予合作伙伴兼容性技术上的支持，从而将可能的合作伙伴全部赶走，微软公司不堪忍受，只能尝试发展自己的系统。不久，Windows 95系统诞生，苹果计算机的市场份额一落千丈，几乎处于崩溃的边缘。

而乔布斯在离开苹果公司后，随即创办一家名为Next的软件开发公司，不久，该公司成功制作第一部电脑动画片《玩具总动员》，并取得巨大成功，1997年8月，苹果宣布收购Next公司，乔布斯由此重新回到了苹果，并开始重新执掌公司。

回到苹果公司的乔布斯，在1998年6月，推出了自己的传奇产品iMac，所有配置都与此前一代苹果计算机几乎一样，但有不一样的时尚外貌，有着红、黄、蓝、绿、紫五种水果颜色可供选择，iMac的推出，标志着苹果公司开始走上振兴之路。1998年12月，iMac荣获《时代》杂志“1998最佳计算机”称号，并名列“1998年度全球十大工业设计”第三名。1999年，苹果公司又推出了第二代iMac和Power Mac，2005年的Mac mini和2006年的Mac pro，一面市就受到了用户的热烈欢迎。

在笔记本产品方面，1999年7月，苹果公司推出外形蓝黄相间的笔记本iBook，是专为家庭和学校用户设计的“可移动iMac”，融合了iMac独特的时尚风格、最新无线网络功能与苹果计算机在便携计算机领域的全部优势。2006年，推出了MacBook pro,2008年，推出了MacBook Air。

2001年3月，苹果计算机的新一代操作系统 Mac OSX 推出，该系统基于动作稳定、性能强大的 UNIX 系统架构进行全面改革，大量使用了乔布斯在 Next公司所获得的技术与经验，Mac OSX的系统稳定性、高处理速度及华丽界面等因素，都成为苹果进行市场宣传的重点所在。

2001年，苹果公司开通了网络音乐服务iTunes网上商店，目前iTunes已成为全球最为热门的网络音乐商店之一。

2001年，苹果公司推出iTunes之后，开始着手研发与之相配的便携式存储器随身听iPod。同年10月，iPod发布，399美元的价格使其销量并不理想，2002年，它只售出10万台。天才的乔布斯用两个手术改变了iPod的命运：小手术是，一改以往苹果产品与Windows不兼容的特性，让PC用户也可以直接使用iPod；大手术是，将iTunes从一个单机版音乐软件变为一个网络音乐销售平台。在随后两年内，iPod的销量超过1000万台，“21世纪的随身听”之名终于确立起来。它做到了随身听所不曾做到的：超越电子产品的范畴，iPod成了一种符号、一个宠物以及身份表征。之后，苹果公司不断推出iPod的新款型，如2003年底的iPod mini，2005年的iPod nano、iPod shuffle，2006年的Apple TV，2007的iPod classic、iPod touch，2010年的iPad，2011年的iPad 2以及2012年的全新iPad等都收获了巨大的成功，成为各大厂家效仿的对象，历代iPod系列的造型也对现代影音MP3/MP4影响巨大，现在，iPod的市场占有率为73.4%，成为业界不可撼动的“一哥”。

2007年夏，苹果推出了iPhone智能手机。该产品提供音乐播放、电子邮件收发、互联网接入等功能。2009年7月，苹果又推出了3G版iPhone。2010年，苹果推出iPhone 4，2011年推出 iPhone 4S，各产品首发期间，全球各国都出现了消费者提前数天排队购买现象，iPhone手机成为了全球关注度最高的一款手机。图1.8 是苹果公司的部分产品。

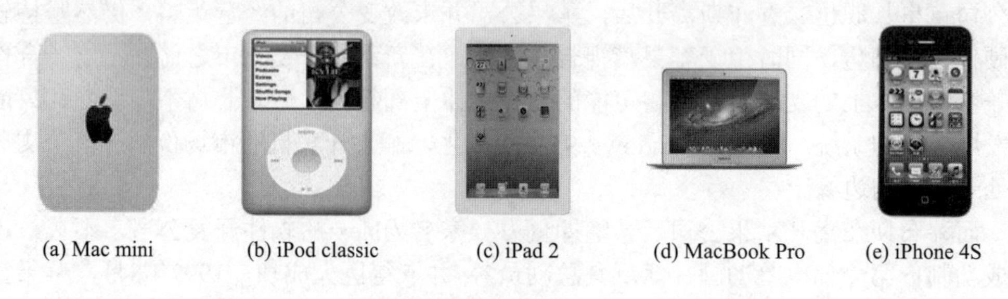

(a) Mac mini　(b) iPod classic　(c) iPad 2　(d) MacBook Pro　(e) iPhone 4S

图1.8　苹果公司部分产品

1.4.3　个人计算机新纪元

如果要把微型计算机短暂的历史划分为两个不同的阶段，那么，1981年无疑是一个分界线。这一年，IBM公司推出了它的个人计算机(PC)，人类社会从此跨进个人计算机新纪元。

20世纪70年代末，IBM公司历来以生产大型计算机为主业，看不起一两千元的微型计算机，以苹果公司为代表的“车库”公司，短短几年就把微型计算机演成了大气候。但IBM公司改变传统也是偶然的。在1980年4月一次高层会议上，实验室主任提议向雅达利公司购买微型计算机，令董事长大发雷霆，认为这是他有生以来听到过的最荒唐的建议。为了让IBM公司拥有“苹果计算机”，他下令在迈阿密建立一个“国际象棋”专案小组，一年内开发出自己的机器。

“国际象棋”(Chess)是IBM公司个人计算机研制项目的秘密代号。以唐·埃斯特奇(D.Estridge)为首的研究小组认识到，要在一年内开发出能迅速普及的微型计算机，IBM公司必须实行“开放”政策。他们决定采用Intel 8088微处理器作为该计算机的中枢，同时委托独立软件公司为它配置各种软件。经反复斟酌，IBM公司决定把新机器命名为“个人计算机”，即IBM PC。

1981年8月12日，IBM公司在纽约宣布IBM PC出世，此后，IBM PC以前所未有的广度和速度面向大众普及。IBM PC主机板上配置有64KB存储器，另有5个插槽供增加内存或连接其它外部设备。它还装备着显示器、键盘和两个软磁盘驱动器。它把过去一个大型计算机机房的全套装置统统搬到个人的书桌上。仅在1982年，IBM PC就卖出了25万台。第二年5月8日，IBM公司再次推出改进型IBM PC/XT个人计算机，增加了硬盘装置，引起计算机工业界极大震动。当时，IBM个人计算机具有一系列特点：设计先进（使用Intel 8088微处理器）、软件丰富（有800多家公司以它为标准编制软件）、功能齐全（通信能力强，可与大型机相连）、价格便宜（生产高度自动化，成本很低）。到1983年，IBM PC迅速占领市场，当年的市场占有率就超过76%，取代了号称美国微型机之王的苹果公司，一举夺得这一新兴市场的领导权。

从此，IBM PC就成为个人计算机的代名词，它甚至被《时代》周刊评选为“年度风云人物”，是IBM公司20世纪最伟大的产品。全世界各地的电子计算机厂商也争相转产PC，仿造出来的产品就是IBM PC兼容机。

IBM PC的诞生不仅掀起了个人计算机的大普及，而且导致了软件工业的兴起。其中，受益最大的是微软公司。

早在1969年，美国西雅图湖滨中学8年级中学生比尔·盖茨(B.Gates)和他的同学保罗·艾伦(P.Allen)，在学校唯一的一台PDP-10小型计算机终端上，设计出第一个软件——“三连棋”游戏。从此，计算机成为他们最钟爱的“玩具”。

1974年12月，保罗·艾伦在报亭上偶尔发现《大众电子》配发的“牛郎星”照片，立即找到已经考入哈佛大学学习法律的比尔·盖茨，共同为“牛郎星”研制出配套的BASIC软件。这种软件后来竟卖出了100万套。

在BASIC软件成功的鼓舞下，1975年7月，19岁的比尔·盖茨走出人生中最关键的一步。他毅然放弃只差一年就到手的哈佛学位，与保罗·艾伦一起在阿尔伯克基市竖起“微软公司”的旗帜。“微软”(Microsoft)取自于“微型”和“软件”二字，专门从事微型计算机软件开发。比尔·盖茨为只有6名员工的小公司定下雄心勃勃的目标：每个家庭每张桌上都有一台计算机运行微软公司的软件。

1980年，当IBM“国际象棋”专案组需要为PC配套操作系统软件时，找到了微软公司，可当时他们并不擅长编写这种软件，比尔·盖茨想起了西雅图软件天才帕特森(T. Patterson)曾编写过一个QDOS软件，正好可以改造为PC的操作系统。微软公司购买到QDOS版权，并且在帕特森帮助下，完成了这件影响深远的磁盘操作系统MS-DOS软件。

MS-DOS伴随IBM PC出征，由于所有PC(包括其它厂商生产的兼容机)都需要安装

MS-DOS，其用户后来竟超过3000万，历史上从来没有哪个软件能够达到如此庞大的用户数。微软公司依托MS-DOS迅速崛起。

1.4.4 软件与硬件交替发展

MS-DOS开始时只支持20多条命令，只能显示黑白的简单字符，只能支持BAISC语言，后来不断地发展成熟，能支持100多条命令，能显示彩色的简单图形，也有了多种高级语言可以运行。与此同时对硬件也提出了更高的要求。当然Intel公司没有停止前进的步伐，386刚刚上市，虞有澄便委任季尔辛格研制下一代芯片，他说："我们将'废掉'自己的386产品，正如一位武林高手在修炼更深奥的武功之前，必须废掉原先的武功。"下一代486芯片不仅要保持兼容性，而且必须创新，把担任计算功能的"数字协处理器"和高速缓冲存储器都集成在芯片里。

由于486的设计制造过于复杂，原定两年半的时间被推迟了两个月。季尔辛格把486芯片设计班子分成三组，24h连轴运转，1989年2月推出了486产品。该芯片集成了120万只晶体管，功能相当于当时的一台大型主机，速度比4004快了50倍。1989年4月，Intel公司在拉斯维加斯计算机大展上首次发布486芯片，标志着PC从此进入486时代。

1987年，在半导体行业仅排名第十的Intel公司，由于坚持在微处理器领域的技术创新，终于在1992年超过日本NEC公司，攀上全球半导体产业的首位。

历史进入到20世纪90年代初，微处理器再次加快升级换代的速度。为了防止商标被人摹仿，从第五代(P5)开始，Intel公司将新研制的芯片更名为"奔腾"(Pentium)。

1993年5月，"奔腾"微处理器在一个小型记者招待会上首次发布，Intel公司打出"送你一颗奔驰的芯"大幅广告。"奔腾"芯片集成了310万枚晶体管，数目大大超过486芯片的120万枚，每个元件的宽度只有0.8μm，大约是一根头发直径的1%，计算机业从此进入"奔腾时代"。

仍由季尔辛格任设计的第六代(P6)产品——"高能奔腾"(PentiumPro)发布，集成了550万个晶体管，内部元件宽度缩微至0.35μm，运算速度高达3亿个指令每秒。

一年半后，Intel公司推出"奔腾Ⅱ"处理器，实现了0.25μm新工艺，它内置多媒体(MMX)功能，集数据、音频、视频、图形、通信于一体，是自"奔腾"以来最重要的新品。"奔腾Ⅱ"一改传统的插脚方式，改变为"单边接触盒"，企图中止其它芯片商对"奔腾"的仿制，并且申请了专利。就在同一天，IBM、DELL、康柏、惠普等公司同步推出"奔腾Ⅱ"计算机产品。

2008年，Intel公司将推出45nm Core 2 Extreme QX9770处理器，这款四核产品的时钟频率为3.2GHz，前端总线为1600MHz，将配备 X48 Express芯片组。

微处理器的发展遵照"摩尔定律"，集成的元件数目以每18个月翻一番的进程，默默走过了20余年。如果走进Intel公司博物馆，人们可以清晰地观看到它的生产过程和它的发展足迹。从第一代4004到第八代Pentium 4，芯片的集成度增加了2400倍，速度提高了5000倍。至1995年，全世界用做计算机"心脏"的微处理器产量已达2亿4千万个；用做电器控制的微处理器产量高达30亿个。

摩尔定律不仅预测计算性能将不断提升，同时还预测其成本将不断降低。Intel公司2007年最新芯片系列中一个晶体管的价格只有1968年晶体管平均价格的百万分之一。如果汽车价格按照同样的幅度下降，那么今天一辆新车的价格将只有1美分。

英特尔产品整体发展过程为：8088(8086)→80286 →80386→80486→Pentium →Pentium PRO→Pentium II→Pentium III → Pentium 4 → 奔腾D → 奔腾至尊 →酷睿→酷睿2 → Core i3/ i5/ i7。

Intel公司微处理器的更新换代，也给微软公司视窗软件升级带来契机。从开始的DOS1.0到DOS6.22，从字符界面到图形化界面，1990年在当时386的基础上推出了Windows操作系统。

1995年，世界范围出现了迎接“视窗95”(Windows95)的热潮。比尔·盖茨在其好友、股票大王巴菲特(W. Buffett)建议下，不惜以1200万美元买到英国“滚石”摇滚乐团“启动我”原创歌曲使用权，并于8月24日召开发布会，30多个国家500多位报刊记者和几十位电视台的节目主持人，以及各软件公司代表和计算机经销商近万人赶来参加视窗95的盛会。

实际上每当Intel公司推出一款新的微处理器，微软公司也推出一款新的操作系统，包括Windows 95、Windows 98、Windows Me、Windows 2000、Windows XP、Windows Vista、Windows 7、Windows 8……每一款在功能上都有一定的提升，从简单图标处理到图片、声音、图像、三维动图、视频、联网功能、安全功能、帮助功能、高清视频等。但对机器性能要求也高了，以刺激用户的购买欲，同时也推动了PC的发展。据说PC市场的60%利润被Wintel联盟获得。

凭借着Windows 95的成功销售，微软公司控制了PC操作系统90%以上的市场份额，比尔·盖茨也登上美国《财富》杂志全球富豪排行榜榜首，并在此后13年间蝉联美国首富宝座，微软公司数千名员工成为百万富翁或千万富翁。此外，2006年在美国前5位富翁中有4位被信息产业人员占据，这当之无愧成为知识经济来到的标志。

1.4.5 我国计算机的发展

自从1946年世界上第一台数字电子计算机在美国诞生以来，与计算机最邻近领域的数学和物理界的泰斗，世界数学大师华罗庚教授和中国原子能事业的奠基人钱三强教授，就十分关注这一新技术如何在国内发展。从1951年起，他们先后聚集国内外相近领域人才加入到计算机事业的行列中，并且积极推动将发展计算机列入国家的第一个12年发展规划。1956 年8月25日，我国第一个计算技术研究机构——中国科学院计算技术研究所筹备委员会成立，华罗庚任主任。这就是我国计算技术研究机构的摇篮。1958年，由七机部张梓昌高级工程师领衔研制的中国第一台数字电子计算机103机(定点32二进制位，2500次每秒)交付使用，随后，由总参张效祥教授领衔研制的中国第一台大型数字电子计算机104机(浮点40二进制位，1万次每秒)在1959年也交付使用，在104机上，由钟萃豪、董蕴美领导的中国第一个自行设计的编译系统是在1961年试验成功(Fortran型)。

在世界历史上，发展计算机首先是为国防服务，中国也不例外。为了发展我国“两弹一星”工程，1967年由蒋士騛领衔自行设计了专为“两弹一星”服务的计算机——大型晶体管计算机109乙(浮点32二进制位，6万次每秒)，之后推出109丙机。两台计算机分别安装在二机部供核弹研究用和七机部供火箭研究用，它们的使用时间长达15年，被誉为“功勋计算机”，它是中国第一台具有分时、中断系统和管理程序的计算机，同时中国第一个自行设计的管理程序(操作系统的前身)就是在它上面建立的。

1973年，北京大学与北京有线电厂等单位合作研制成功运算速度100万次每秒的大型通用计算机；1974年清华大学等单位联合设计，研制成功DJS-130小型计算机，以后又推DJS-140小型机，形成了100系列产品。与此同时，以华北计算所为主要基地，组织全国57个单位联合进行DJS-200系列计算机设计，同时也设计开发DJS-180系列超级小型机。20世纪70年代后期，电子部32所和国防科技大学分别研制成功655机和151机，速度都在百万次级。

1983年12月，电子部六所研制成功与IBM PC兼容的DJS-0520微机。同时电子部六所开发成功微机汉字软件CCDOS，这是我国第一套与IBM PC-DOS 兼容的汉字磁盘操作系统。我国微机产业走过了一段不平凡道路，现在联想微机已占领主要PC市场。

1983年，国防科技大学研制成功运算速度上亿次每秒的“银河-Ⅰ”巨型机，这是我国高速计算机研制的一个重要里程碑。

1991年，新华社、科技日报、经济日报正式启用汉字激光照排系统。中国计算机科学家——王选所领导的科研集体研制出的汉字激光照排系统为新闻、出版全过程的计算机化奠定了基础，被誉为“汉字印刷术的第二次发明”。1992年，王选又研制成功世界首套中文彩色照排系统，并先后获日内瓦国际发明展览金牌、中国专利发明金奖、联合国教科文组织科学奖、国家重大技术装备研制特等奖等众多奖项。

1989年7月，金山公司的WPS软件问世，它填补了我国计算机字处理软件的空白，并得到了极其广泛的应用。该软件至今在国内还有一定的影响。

1992年，国防科技大学研究出“银河-Ⅱ”通用并行巨型机，峰值速度达4亿次每秒浮点运算(相当于10亿次每秒基本运算操作)，为共享主存储器的四处理机向量机，其向量中央处理机是采用中小规模集成电路自行设计的，总体上达到20世纪80年代中后期国际先进水平。它主要用于中期天气预报。

1994年，中关村地区教育与科研示范网络(NCFC)完成了与Internet的全功能IP连接，从此，中国正式被国际上承认是接入Internet的国家。

1995年，曙光公司又推出了国内第一台具有大规模并行处理机(MPP)结构的并行机曙光1000(含36个处理机)，峰值速度25亿次每秒浮点运算，实际运算速度上了10亿次每秒浮点运算这一高性能台阶。曙光1000与美国Intel公司1990年推出的大规模并行机体系结构与实现技术相近，与国外的差距缩小到5年左右。

1997—1999年，曙光公司先后在市场上推出具有机群结构(Cluster)的曙光1000A，曙光2000-Ⅰ，曙光2000-Ⅱ超级服务器，峰值计算速度已突破1000亿次每秒浮点运算，机器规模已超过160个处理机，

2000 年，曙光公司推出 3000 亿次每秒浮点运算的曙光 3000 超级服务器。

2001 年，中科院计算所研制成功我国第一款通用 CPU——“龙芯”芯片，结束了我国不生产 CPU 的“空芯化”历史。

2002年，曙光公司推出完全自主知识产权的“龙腾”服务器，龙腾服务器采用了“龙芯-1”CPU，采用了曙光公司和中科院计算所联合研发的服务器专用主板，采用曙光LINUX操作系统，该服务器是国内第一台完全实现自有产权的产品，在国防、安全等部门发挥了重大作用。

2003年，百万亿次数据处理超级服务器曙光4000L通过国家验收，再一次刷新国产超级服务器的历史纪录，使得国产高性能产业再上新台阶。

2005年5月，联想公司完成收购IBM公司全球PC业务(包括笔记本和台式机业务)，杨元庆担任联想集团董事局主席，柳传志担任非执行董事。前IBM公司高级副总裁兼IBM公司个人系统事业部总经理斯蒂芬·沃德(Stephen. Ward)出任联想公司CEO及董事会董事。合并后的新联想公司将以130亿美元的年销售额一跃成为全球第三大PC制造商。我国计算机产业从此达到世界先进水平。

2005年8月5日，百度在美国纳斯达克市场挂牌交易，一日之内股价上涨354%，刷新美国股市5年来新上市公司首日涨幅的记录，百度公司也因此成为股价最高的中国公司，并募集到1.09亿美元的资金，比该公司最初预计的数额多40%。

2005年8月11日，阿里巴巴公司和雅虎公司同时宣布，阿里巴巴公司收购雅虎中国公司的全部资产，同时得到雅虎公司10亿美元投资，打造中国最强大的互联网搜索平台，这是中国互联网史上最大的一起并购案。

2014年1月30日，联想集团以29亿美元的价格从谷歌手中收购了摩托罗拉移动公司，在陆续收购IBM PCD业务、IBM X86服务器业务后，对于联想来说，多了摩托罗拉移动公司的加持，联想将会在移动业务上取得更大的发展。

1.5 计算机应用的发展

计算机之所以迅速发展，其生命力在于它的广泛应用。最早设计计算机的目的是用于军事方面的科学计算，而当制造完成后，由于它无比的优越性，就开始用于其它领域。第一台商用计算机就被用于“圣经”的文字处理，不久就在银行用于信息处理。目前，计算机的应用范围几乎涉及人类社会的所有领域：从国民经济各部门到个人家庭生活，从军事部门到民用服务，从科学教育到文化艺术，从生产领域到消费娱乐，无一不是计算机应用的天下，对于这么多的应用，这里不可能一一介绍，下面将计算机的应用归纳成七个方面来叙述。

1.5.1 科学计算

科学研究和工程技术计算领域是计算机应用最早的领域，也是应用得较早、较广泛的领域。例如数学、化学、原子能、天文学、地球物理学、生物学等基础科学的研究，以及航天飞行、飞机设计、桥梁设计、水力发电、地质找矿等方面的大量计算，都要用到计算机。利用计算机进行数值计算，可以节省大量时间、人力和物力。

例如，大范围地区的日气象预报，采用计算机计算，不到一分钟就可算出结果。若用手摇计算机计算，就得用几个星期，那么“日预报”就毫无价值了。

还有一类问题，用人工计算不一定能选出最佳方案。现代技术工程往往投资大、周期长，因此设计方案的选择非常关键。为了选择一个理想方案，往往需要详细地计算几十个乃至几百个方案，然后从中选优。如果没有计算机帮助，仅计算一个方案就要花费大量人力和时间，而要计算出很多方案来选优，更是难上加难，即使做出了选择，所选方案也不一定是最佳的。

总之，计算机在科学计算和工程设计中的应用，不仅减轻了大量繁琐的计算工作量，更重要的是，使得一些以往无法及时解决或无法精确解决的问题得到圆满的解决。

1.5.2 自动控制

自动控制是涉及面极广的一门学科，应用于工业、农业、科学技术、国防以至我们日常生活的各个领域。特别是有了体积小、价廉可靠的微型计算机和单片机后，自动控制就有了强有力的工具，使自动控制进入以计算机为主要控制设备的新阶段。

用计算机控制各种加工机床，不仅可以减轻工人的劳动强度，而且生产效率高、加工精度高。例如，微型计算机控制的铣床可以加工形状复杂的涡轮叶片，加工精度可以提高到0.013mm，加工时间从原来的3星期缩短到4h。

更进一步发展，用一台或多台计算机控制很多台设备组成的生产线，控制一个车间以至整个工厂的生产，其经济和技术效果更为显著。例如一台年产200万吨的标准带钢热轧机，如用人工控制，每周产量500t就很不简单了。采用计算机控制后，大大提高了轧钢机的速度，每周产量可达5万吨，产量提高了100倍。有人说“计算机是提高生产力最简便的方法”，这是很有道理的。

1.5.3 CAD / CAM / CIMS

1. CAD

CAD(Computer Aided Diesign)是人们借助计算机来进行设计的一项专门技术，广泛应用于航空、造船、建筑工程及微电子技术等方面。利用CAD技术，首先按设计任务书的要求设计方案，然后进行各种设计方案的比较，确定产品结构、外形尺寸、材料，进行模拟组装，再对模拟整机的各种性能进行测试，根据测试结果还可对其进行不断修正，最后确定设计。产品设计完成后再将其分解为零件、分装部件，并给出零件图、分部装配图、总体装配图等。上述全部工作均可由计算机完成，大大降低了产品设计的成本，缩短了产品设计周期，最大限度地降低了产品设计的风险。因此CAD技术已被各制造业广泛应用。

2. CAM

CAM(Computer Aided Manufacturing)是利用计算机来代替人去完成制造系统中的有关工作。广义CAM一般指利用计算机参与从毛坯到产品制造过程中的直接或间接的活动，包括工艺准备、生产作业计划、物料采购计划、生产控制、质量控制等。狭义CAM通常仅指数控程序的编制，包括刀具路径的规划、刀位文件的生成、刀具轨迹仿真及数控代码的生成等。目前人们已经将数控、物料流控制及储存、机器人、柔性制造、生产过程仿真等计算机相关控制技术统称为计算机辅助制造。

3. CIMS

CIMS(Computer Integrated Manufacturing System)即将企业生产过程中有关人、技术、设备、经费管理及其信息流和物质流等有机集成并优化运行，包括信息流和物质流与组织的集成，生产自动化、管理现代化与决策科学化的集成，设计制造、监测控制和经营管理的集成；采用各种计算机辅助技术和先进的科学管理方法，在计算机网络和数据库的支持下，实现信息集成，进而使企业优化运行，达到产品上市快、质量好、成本低、服务好的目的，以此提高产品的市场占有率、企业的市场竞争力和应变能力。

1.5.4 信息处理

信息是我们人类赖以生存和交际的媒介。通过五官和皮肤，我们可以看到文字图像，听到唱歌说话，闻到香臭气味，尝到酸甜苦辣，感到冷热变化。文字图像、唱歌说话、香臭气味、酸甜苦辣、冷热变化都是信息。人本身就是一个非常高级的信息处理系统。

在商业业务上，广泛应用的项目有办公室计算机、数据处理机、数据收集机、发票处理机、销售额清单机、零售终端机、会计终端、出纳终端等。

在银行业务上，广泛采用金融终端、销售点终端、现金出纳机。银行间利用计算机进行的资金转移正式代替了传统的支票。个人存款也使用“电子存款”，不用支票，雇员的薪金用计算机转账。

在邮政业务上，大量的商业信件现在开始使用传真系统传送。甲地寄出的信件可以自动拆开，用电子传真系统传送到乙地，然后再人工送到收信者手中，或在收件者的打印机上打印出来。未来的邮政局将一般邮件都用“电子邮件”方法办理。

自有人类社会以来，各种组织就有各种不同的信息处理系统。因为有社会活动，就必须有组织，有组织就必须收集、处理各种信息。长期以来，人们都用手工来收集、处理各种信息。但是随着社会发展，组织日益复杂，管理职能越来越不适用。

以物资管理为例，目前全国的物资库存，包括生产资料、商业物资和外贸物资，超过数千亿元，品种规模繁多，信息量很大。仅就钢材一项，品种已超过10万，要人工把全国钢材汇总起来，需要3000人/年。以滚珠轴承来说，目前库存是6000多种、3.7亿套。其年产量只有2亿套左右，库存几乎比年产量大一倍，这6000多种、3.7亿套轴承分散在全国各地，简直无法查对。

计算机的引入，使信息处理系统获得了强有力的存储和处理手段。上述的物资管理，如用计算机进行，情况就大不一样：可以随时掌握各类物资库存情况，合理调剂，减少库存。一个企业，只要花1万元引入一台微型计算机，至少可以减少库存50万元。又如全国人口普查，用计算机对120万人按年龄、性别、职业等14项目进行统计分析，总共只需3h。

1.5.5 教育和卫生

创立学校、应用书面语言、发明印刷术被称为教育史上的三次革命。目前，计算机广泛应用于教育，被誉为“教育史上的第四次革命”。

较多的应用是“计算机辅助教学”，例如，学生坐在“学生机”前，通过键盘向计算机网络中的“教师机”送去课程代号，选出所需的教材，并将存储这个教材的光盘机与教室中的学生机接通。于是，教室的大屏幕上或者学生机上显示文字或图像，喇叭里放出教师讲课的声音。假如有一段没有听懂，通过键盘输入，教师机就会控制光盘机重放一遍。假如还听不懂，教师机就会控制光盘机送出原先准备好的补充讲解内容。用这种设备进行教学，学生可以生动活泼地进行学习，教师也可以减少大量重复的课堂讲授，而把精力放在提高教材质量和研究教学方法上。

目前我国正在进行“校校通”工程，当它实现以后，在教学过程中将广泛采用计算机教学法，这时人们可坐在家里，通过计算机远程网络，按照自身的条件确定个人的学习计划和进度。

计算机辅助教学既用于普通教育，又用于专业训练方面。例如通过计算机管理的“飞行模拟器”来训练飞机驾驶员，可以收到多快好省的效果。飞行员坐在地面上的飞行模拟器中进行训练，其环境犹如真实飞机在空中飞行一样。

计算机的问世，同样为人类健康长寿带来了福音。一方面，使用计算机的各种医疗设备应运而生，如CT图像处理设备、身体诊断设备、心脑电图分析仪、医疗系统等，这些较先进的设备和仪器无疑为及早发现疾病提供了强有力的手段；另一方面，集专家经验之大成，利用计算机建成了各种各样的专家系统，如中医专家诊疗系统、肝病计算机诊治系统、肺癌计算机诊断系统、黄疸病诊疗系统等，事实表明，这些专家系统行之有效，为诊治疾病发挥了很大作用。对人类健康有直接或间接影响的其它领域还有环境保护、水质检测等。

1.5.6 家用电器

计算机不仅在国民经济各部门发挥越来越大的作用，而且已渗入个人生活，特别是广泛应用到家用电器中。例如彩色电视机的调台器，就是把微型计算机的锁环频率合成器结合起来构成的，从而使电视机增加了数字选台、自动选台、预约节目、遥控等多种功能。目前，不仅使用各种类型的PC，而且将单片机广泛应用于微波炉、磁带录音机、自动洗衣机、煤气定时器、家用空调设备控制器、电子式缝纫机、电子玩具、游戏机等。未来的家用计算机将指挥机器人扫地、清洁地毯、控制炉灶的烹调时间、调节室内温度、执行守护房屋和防火工作，还可以接受主人的电话命令，开启暖炉或冷气机。在21世纪，计算机网络和计算机控制的设备将广泛地应用于办公室、工厂和家庭。通过国际互联网，可以传递多种多样的有益信息，如新闻时事、商业行情、电子商务等。

1.5.7 人工智能

“人工智能”(Artificial Intelligence，AI)，又称“智能模拟”，人工智能是研究、开发用于模拟、延伸和扩展人的智能的理论、方法、技术及应用系统的一门新的技术科学。人工智能是计算机科学的一个分支，它企图了解智能的实质，并生产出一种新的能以人类智能相似的方式做出反应的智能机器，该领域的研究包括机器人、语言识别、图像识别、自然语言处理和专家系统等。

简单地说，人工智能就是要使计算机能够模仿人的高级思维活动。影片《未来世界》中所描绘的机器人，就是在人工智能研究成果基础上所设想的未来世界的情景。不管影片中所描绘的几乎与真人差不多的机器人是否能够实现，或者到什么时候实现，但现在确实在人工智能研究方面进行着大量工作。

现今能够用来研究人工智能的主要物质基础以及能够实现人工智能技术平台的机器就是计算机，人工智能的研究课题是多种多样的：知识表示、自动推理和搜索方法、机器学习和知识获取、知识处理系统、自然语言理解、计算机视觉、智能机器人、自动程序设计等方面，内容很多。

人工智能在计算机上实现时有两种不同的方式。一种是采用传统的编程技术，使系统呈现智能的效果，而不考虑所用方法是否与人或动物机体所用的方法相同。这种方法叫工程学方法，它已在一些领域内作出了成果，如文字识别、计算机下棋等。以下棋为例，如果程序人员把走棋的法则编成程序存入计算机，计算机就可以按规则走动棋子，与人对奕。下棋的结果，可能是计算机输了，第二次再下，当人走法不变时，计算机就再输一次。但是如果从方法和程序上研究一种新的手段，使计算机下棋输了一次以后它能进行自学习、自组织、自积累经验，那么下次再下棋就不会重犯上次的错误。另一种是模拟法，它不仅要看效果，还要求实现方法也和人类或生物机体所用的方法相同或相类似。遗传算法和人工神经网络均属后一类型。

20 世纪 70 年代以来，人工智能被称为世界三大尖端技术之一（空间技术、能源技术、人工智能），也被认为是 21 世纪（基因工程、纳米科学、人工智能）三大尖端技术之一。人工智能近 30 年来获得了迅速的发展，在很多学科领域都得到了广泛应用，并取得了丰硕的成果，目前，在文字识别、图形识别、景物分析以及语言理解等方面都已取得了不少成就。例如在文字识别方面，对规范的印刷体和严格的手写体的识别，已经达到了成熟实用的水平，而对任意的手写体，在通过几次学习以后也能识别出来。

人工智能已逐步成为一个独立的分支，无论在理论上还是在实践上都已自成一个系统。

习　题

1. 4个计算机时代各自主要的硬件技术特点是什么？
2. 从体积、成本和处理速度几方面评价4代计算机。
3. 从计算机发展过程中，你能联想到一些什么？
4. IBM 兼容机很快在市场上出现，为什么经过很长时间才出现了苹果微型计算机的兼容机？
5. 举出两个实例，说明如何在未来应用人工智能提高人们的生活质量。
6. 例举你所了解的计算机应用。
7. 举出一两件适合计算机干的事情。
8. 能否说出有关冯・诺依曼、图灵、巴贝奇、比尔・盖茨、摩尔的故事？
9. 能否说出有关 IBM360、bug、Mark I、ENIAC、Apple I、Pascal 的故事？

第2章　计算机的组成

2.1　数字表示和信息编码

计算机尽管能处理很复杂的问题，且速度很快。但计算机的整个硬件基础，归根结底却是数字电路。在计算机的整个运行过程中，计算机内部的所有器件只有两种状态:“0”和“1”，计算机也只能识别这两种信号，并对它们进行处理。因此，计算机处理的所有问题，都必须转换成相应的“0”“1”状态的组合以便与机器的电子元件状态相适应。并且所有信息也都可以用“0”“1”的状态组合来表示。例如，灯亮可以表示为“1”，灯灭可以表示为“0”。再如，天阴为“01”，天晴为“10”，下雨为“00”等。只要二进制位数足够多，就可以表示所需要的多种状态。总之，计算机的运算基础是二进制。

2.1.1　数的表示及数制转换

我们日常生活中最常用的是十进制，但计算机中使用的是二进制，为了读写方便，还采用了八进制、十六进制等，下面就介绍各种数制的表示法及相互之间的转换。

1. 各种进位计数制及其表示法

进位计数制就是按进位方法进行计数。日常生活中人们已习惯于“逢十进一”的十进制计数，它的特点是:

(1) 用十个符号表示数。常用 0、1、2、3、4、5、6、7、8、9 符号，这些符号叫做数码。

(2) 每个单独的数码表示 0～9 中的一个数值。但是在一个数中，每个数码表示的数值不仅取决于数码本身，还取决于所处的位置。4024 中的两个 4 表示的是两个不同的值，4024 可写成下列多项式的形式:

$$4\times10^3+0\times10^2+2\times10^1+4\times10^0$$

上式中的10^3、10^2、10^1、10^0分别是千位、百位、十位、个位。这“个、十、百、千……”在数学上称为“权”。每一位的数码与该位的“权”乘积表示该位数值的大小。

(3) 十进制有 0～9 共 10 个数码，数码的个数称为基数。十进制的基数是 10。当计数时每一位计到 10 往上进一位，也就是“逢十进一”。所以基数就是两相邻数码中高位的权与低位权之比。

(4) 任一个十进制数 N 可表示为

$$N=\pm[a_{n-1}\times10^{n-1}+\cdots+a_1\times10^1+a_0\times10^0+a_{-1}\times10^{-1}+\cdots+a_{-m}\times10^{-m}]=\pm\sum_{i=n-1}^{-m}a_i10^i \qquad (2.1)$$

不难看出，式(2.1)是一个多项式。式中的m、n是幂指数，均为正整数；a_i称为系数，可以是0～9十个数码符号的任一个，由具体的数决定。10是基数。

对式(2.1)推广，对于任意进位计数制，若基数用R表示，则任意数N可表示为

$$N = \pm \sum_{i=n-1}^{-m} a_i R^i \tag{2.2}$$

式中：m、n的意义同上；a_i则为0、1、…、$(R-1)$中的任一个；R是基数。

对于二进制，数N可表示为

$$N = \pm \sum_{i=n-1}^{-m} a_i 2^i \tag{2.3}$$

基数是2，而数码符号只有0和1两个，进位为“逢二进一”。

对于八进制，数N可表示为

$$N = \pm \sum_{i=n-1}^{-m} a_i 8^i \tag{2.4}$$

基数是8，可用8个数码符号0、1、2、3、4、5、6、7，进位为“逢八进一”。

对于十六进制，数N可表示为

$$N = \pm \sum_{i=n-1}^{-m} a_i 16^i \tag{2.5}$$

基数是16，可用16 个数码符号0、1、2、3、4、5、6、7、8、9、A、B、C、D、E、F，进位为“逢十六进一”。

2. 二进制数的特点

那么计算机为什么要采用二进制呢？其主要优点是：

(1) 二进制数只有 0、1 两个状态，易于实现。例如电位的高、低，脉冲的有、无，指示灯的亮、暗，磁性方向的正反等都可以表示为 1、0。这种对立的两种状态区别鲜明，容易识别。而十进制有十个状态，要用某种器件表示十种状态显然是难以实现的。

(2) 二进制的运算规则简单。对于每一位来说，每种运算只有四种规则：

加法运算规则：0＋0=0；0＋1=1；1＋0=1；1＋1=10（产生进位）。

减法运算规则：0－0=0；0－1=1(产生借位)；1－0=1；1－1=0。

乘法运算规则：0×0=0；0×1=0；1×0=0；1×1=1。

(3) 二进制信息的存储和传输可靠。由于用具有两个稳定状态的物理元件表示二进制，两个稳态很容易识别和区分，所以工作可靠。

(4) 二进制节省设备。从数学上推导，采用 $R = e \approx 2.7$ 进位数制实现时最节省设备，据此，采用三进制是最省设备的，其次是二进制。但三进制比二进制实现困难很多，所以计算机广泛采用二进制。

(5) 二进制可以用逻辑代数作为逻辑分析与设计的工具。逻辑代数是研究一个命题的真与假、是与非等一对矛盾的数学工具，因此可以把二进制“0”和“1”作为一对矛盾来看待，使用逻辑代数进行逻辑分析和设计。

当然，二进制数也有它的缺点。第一个缺点是人们不熟悉、不易懂，人们熟悉的是十进制。第二个缺点是书写起来长，读起来不方便，为克服这个问题，又提出了八进制和十六进制。

尽管计算机中采用了二进制、八进制、十进制、十六进制等不同的进制，但必须明确的是，计算机硬件能够直接识别和处理的还只是二进制数。虽然计算机对外的功能是

非常复杂的，但是构成计算机内部的电路却是很简单的，都是由门电路组成的。这些电路都是以电位的高低表示1、0的。因此，计算机中的任何信息都是以二进制形式表示的。

3. 各种进制之间的转换

当两个有理数相等时，其整数部分和小数部分一定分别相等，这是不同进制数之间转换的依据。

1) 十进制整数转换成二进制整数

十进制整数转换二进制整数，采用连续除2记录余数的方法。设N为要转换的十进制整数，当它已经转换成n位二进制时，可写出下列等式：

$$N = a_{n-1} \times 2^{n-1} + a_{n-2} \times 2^{n-2} + \cdots + a_1 \times 2^1 + a_0 \times 2^0$$

把等式两边都除以2，得到商和余数：

$$N/2 = \{a_{n-1} \times 2^{n-2} + a_{n-2} \times 2^{n-3} + \cdots + a_1 \times 2^0\} + a_0$$

显然上式中括弧内是商Q_1，余数正是我们要求的二进制数的最低位a_0，然后把商Q_1除以2，得

$$Q_1/2 = \{a_{n-1} \times 2^{n-3} + a_{n-2} \times 2^{n-4} + \cdots + a_2 \times 2^0\} + a_1$$

这次得到的余数是二进制数的次低位a_1。按此步骤，一直进行到商数为0为止。

[例2-1] 把十进制的59转换为二进制数。

解：为了清楚起见，把计算步骤列成下述图示：

0 ←	1 ←	3 ←	7 ←	14 ←	29 ← 59	商数
÷2↓	÷2↓	÷2↓	÷2↓	÷2↓	÷2↓	
1	1	1	0	1	1	余数
a_5	a_4	a_3	a_2	a_1	a_0	

把各余数排成$a_5a_4a_3a_2a_1a_0$=111011即为59的二进制数。但必须注意的是这里先算出来的是低位，而后算出来的是高位。

2) 十进制小数转换成二进制小数

十进制小数转换二进制小数采用连续乘2而记录其乘积中整数的方法。设N是一个十进制小数，它对应的二进制数共有m位，则

$$N = a_{-1} \times 2^{-1} + a_{-2} \times 2^{-2} + \cdots + a_{-m+1} \times 2^{-m+1} + a_{-m} \times 2^{-m}$$

把等式两边都乘以2，得到整数部分和小数部分F_1：

$$2N = a_{-1} + \{a_{-2} \times 2^{-1} + \cdots + a_{-m+1} \times 2^{-m+2} + a_{-m} \times 2^{-m+1}\}$$

显然上式中括弧内是小数部分F_1，整数部分正是我们要求的二进制数的最高位a_{-1}，然后把小数部分F_1乘以2，得

$$2F_1 = a_{-2} + \{a_{-3} \times 2^{-1} + \cdots + a_{-m+1} \times 2^{-m+3} + a_{-m} \times 2^{-m+2}\}$$

这次得到的整数部分是二进制数的次高位a_{-2}。依次类推，就逐次得到$a_{-1}a_{-2}a_{-3}a_{-4}a_{-5}$的值，这就是所求的二进制数。

[例2-2] 把十进制的0.625转换为二进制数。

解：为了清楚起见，把计算步骤列成下述图示：

$$
\begin{array}{lccc}
 & 0.625 & \rightarrow 0.25 & \rightarrow 0.5 \rightarrow 0 \\
 & \downarrow \times 2 & \downarrow \times 2 & \downarrow \times 2 \\
\text{整数} & 1 & 0 & 1
\end{array}
$$

所以0.625的二进制小数为0.101。

值得注意的是，在十进制小数转换成二进制小数时，整个计算过程可能无限制地进行下去(即积的小数部分始终不为0)，此时可根据需要取若干位作为近似值，必要时对舍去部分采用类似十进制四舍五入的零舍一入的规则。

3) 十进制混合小数转换成二进制数

混合小数由整数和纯小数复合而成。转换时将整数部分和纯小数部分分别按上述进行转换，然后再将它们组合起来即可。

[例2-3] 把十进制数59.625转换成二进制数。

解：先将59用“除2取余”法转换成二进制数，得到111011，再将0.625用“乘2取整”法转换成二进制数，得到0.101，最后把两个二进制数组合起来，得到结果111011.101就是59.625的二进制数，即$(59.625)_{10}=(111011.101)_2$。

4) 二进制数转换成十进制数

二进制数转换为十进制数的方法比较简单，只要将被转换的数按式(2.2)展开，并计算出结果即可。

$$
\begin{aligned}
(111011.101)_2 &= 1\times2^5+1\times2^4+1\times2^3+0\times2^2+1\times2^1+ \\
&\quad 1\times2^0+1\times2^{-1}+0\times2^{-2}+1\times2^{-3}= \\
&(59.625)_{10}
\end{aligned}
$$

5) 二进制数与八进制数之间的转换

三位二进制数恰有八种组合(000、001、010、011、100、101、110、111)。因此，二进制数转换为八进制时，可以小数点开始向左和右分别把整数和小数部分每三位分成一组。最高位和最低位的那二组如果不足三位，要用0补足三位。整数部分最高位的一组把0加在左边。小数部分最低位的一组把0加在右边。然后用一个等值的八进制数代换每一组的三位二进制数。现举例说明如下。

设有一个二进制数1101001.0100111，要转换成八进制数。我们将它从小数点开始分别向左和向右分为三位一组：

$$
\begin{array}{ccccccc}
\underline{001} & \underline{101} & \underline{001} & . & \underline{010} & \underline{011} & \underline{100} \\
1 & 5 & 1 & . & 2 & 3 & 4
\end{array}
$$

每一组的三位二进制数转换成八进制数，得151.234。

特别要注意最右边的一组要用0补足三位。否则会发生错误，在上例中，最右边一组只有1，如不加00就错了。

如果要把八进制转换为二进制数，只要用三位二进制数来代替每一位八进制数就可以了。

例如八进制数406.274转换为二进制数：100 000 110 . 010 111 100。

6) 二进制数与十六进制数之间的转换

4位二进制数能得到16种组合。因此，4位二进制数可直接转换为十六进制数。一个二进制数的整数部分要转换为十六进制数时，可从小数点开始向左按4位分成若干组，最高位一组不足4位时在左边加0补齐。二进制数的小数部分可以从小数点开始向右按4位一组分成若干组，最右一组如果不足4位，要用0补足4位。然后把每一组的4位二进制数转换为十六进制数。

例如：二进制数10010100101.1110011101可用以下方法转换为十六进制数：

0100　1010　0101　.　1110　0111　0100

4　　A　　5　　.　E　　7　　4

因此　$(10010100101.1110011101)_2 = (4A5.E74)_{16}$

把十六进制数转换为二进制数是上述过程的逆过程，只要把十六进制数的每一位转换为对应的二进制数即可。

例如：$(2F7E.A70C)_{16} = (10\ 1111\ 0111\ 1110\ .\ 1010\ 0111\ 0000\ 1100)_2$

7) 任意进制数之间的转换

如果一个R进制数转换为十进制数可以利用(2.1)式计算。而一个十进制数转换为R进制还是要分成整数部分和小数部分分别转换，其方法是整数部分用“除R取余”，而小数部分用“乘R取整”来计算。

表2.1列出了常用的十、二、八、十六进制数的转换。书写时为了区别数制，可在数的右下角注明数制。如$(1011)_2$、$(32)_8$、$(7B)_{16}$的下标表示它们的进制。也可在数字后面加字母来区别，如加B(Binary)表示为二进制数；以字母O(Octal)表示为八进制数；以D(Decimal)或不加字母表示为十进制数；用字母H(Hexadecimal)表示为十六进制数。如1011B表示是二进制数，127H表示是十六进制数。

表 2.1　常用的十、二、八、十六进制数的转换

十进制	二进制	八进制	十六进制
0	0000	0	0
1	0001	1	1
2	0010	2	2
3	0011	3	3
4	0100	4	4
5	0101	5	5
6	0110	6	6
7	0111	7	7
8	1000	10	8
9	1001	11	9
10	1010	12	A
11	1011	13	B
12	1100	14	C
13	1101	15	D
14	1110	16	E
15	1111	17	F

2.1.2　数的定点与浮点表示

在计算机中，涉及到小数点位置时，数有两种表示方法，即定点表示和浮点表示。所谓定点表示，就是小数点在数中的位置是固定不变的；所谓浮点表示，就是小数点在数中的位置是浮动的。

1. 定点数表示

通常，任意一个二进制数总可以表示为纯整数(或纯小数)和一个2的整数次幂的乘积。例如，二进制数N可写成

$$N = 2^{p} \times S$$

式中：S为N的尾数；P为N的阶码；2为阶码的底。

尾数S表示了N的全部有效数字，阶码P指明了小数点的位置。此处P、S都是用二进制表示的数。

当阶码为固定值时，称这种表示法为数的定点表示法。这样的数称为定点数。

如假定P=0，且尾数S为纯整数，这时定点数只能表示整数，称为定点整数。

如假定P=0，且尾数S为纯小数，这时定点数只能表示小数，称为定点小数。

定点数的这两种表示法，在计算机中均有采用。究竟采用哪种方法，都是事先约定的。

在计算机中数的符号也用二进制数码表示，通常取正数的符号为0，负数的符号为1，在机器内定点数用下述方式表示。

定点小数——约定小数点在符号位与最高数值位之间，即

S	$d\ d\ d\ d\ d\ d \cdots d$
数符 ↑	数值部分

小数点隐含表示

定点整数——约定小数点在最低有效位后面，即

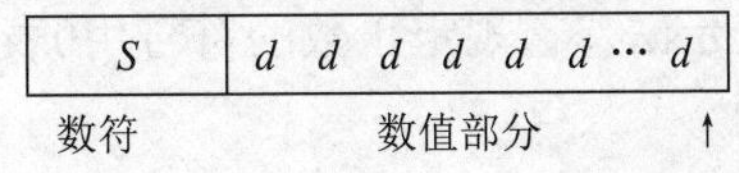

数符　　数值部分　　↑

小数点隐含表示

当定点数的位数确定以后，定点数表示的范围也就确定了。如果一个数超过了这个范围，这种现象称为溢出。

2. 浮点数表示

如果阶码可以取不同的数值，并与尾数一并表示，称这种表示法为数的浮点表示法。这样的数称为浮点数。这时，$N = 2^{p} \times S$。

其中阶码P用整数表示，可为正数或负数。用一位二进制数P_f表示阶码的符号位，当P_f=0时，表示阶码为正数；当P_f=1时，表示阶码为负数。而尾数S一般为纯小数，用定点小数来表示，同样用S_f表示尾数的符号，S_f =0表示尾数为正数(也就是N为正)；S_f =1表示尾数为负数。在计算机中表示形式为

P_f	$P\ P \cdots P$	S_f	$S\ S\ S \cdots S$
↓	阶码	↓	尾　数
阶码符号		尾数符号	

可见，在机器中表示一个浮点数，要分为阶码和尾数两个部分来表示。一般来说，阶码部分的位数决定了数的表示范围，而尾数部分的位数决定了数的精度。但是不同机器对浮点数定义是不同的。而美国电气与电子工程师协会(IEEE)制定了有关浮点数表示的工业标准IEEE754，它已被包括Pentium在内的大多数处理器所采用。

2.1.3 原码、补码、反码

前面介绍了数据数值的进制表示及数据的小数点表示，下面还需要解决数据的符号表示，为此引出了数据的原码、补码及反码的表示形式，它即可表示定点小数，也可表示定点整数。这里只介绍定点整数的表示。

1. 机器数与真值

数的符号在机器中亦被“数码化”。用“0”表示正数符号，用“1”表示负数符号。设有$N_1 = +1001001$；$N_2 = -1001001$。则它们在机器中表示为

N_1：| 01001001 |　　N_2：| 11001001 |

至此，一个数的数值与符号全部数码化了。那么，在对数据进行运算操作时，符号位如何处理呢？是否亦同数值一道参加运算操作呢？参加运算的结果会对运算操作带来什么影响？为了妥善地处理好这个问题，就产生了把符号位和数值位一起编码来表示相应的数的各种表示方法，如原码、补码、反码等。为了区别一般书写表示的数和机器中这些编码表示的数，把“符号化”的数称为机器数，而符号没有数码化的数称为数的真值。

上面提到的$N_1=+1001001$，$N_2=-1001001$为真值，其在机器中的表示01001001和11001001为机器数。另外，机器数一般是固定长度的，数的位不够时应当补足。

2. 原码

原码是一种简单的机器数表示法。它规定正数的符号用0表示，负数的符号用1表示，数值部分即为该数的本身。例如：

$X=\ +100101$，其原码表示为$[X]_{原}=00100101$。

$X=-100101$，其原码表示为$[X]_{原}=10100101$。

当X为整数且$|X|<2^{n-1}$时，原码的定义是

$$[X]_{原}=\begin{cases} X, & 0\leqslant X<2^{n-1} \\ 2^{n-1}-X=2^{n-1}+|X|, & -2^{n-1}<X\leqslant 0 \end{cases}$$

式中：n为包括符号位在内的字长的位数。

由上可见，机器数用原码表示简单易懂，易于真值转换。但进行加减运算比较复杂。这是因为，原码实际上只是把数的符号“数码化”了，其运算方法与手算类似。例如要做$x+y$的运算，首先要判别符号，若x、y同号，则相加；若x、y异号，就要判别两数绝对值的大小，然后将绝对值大的数减去绝对值小的数。显然，这种运算方法不仅增加运算时间，而且使设备也复杂了。而机器数的补码表示法可避免上述缺陷。

3. 补码

补码表示法的指导思想：把负数转化为正数，使减法变成加法，从而使正负数的加

减运算转化单纯的正数相加运算。

为了便于理解补码这个概念，我们以日常生活中常见的机械式钟表为例来说明。表面标有12个表示小时的刻度，时针沿着刻度周而复始地旋转。当时针超过12后，理应是13，但由于没有13刻度，仍用1表示，实际上时针把12“丢掉”了，因为它把12作为0重新开始计时。假设现在表的时间不对，要“对时”。若时针停在10点上，正确时间为6点，两者差4小时。为了校正时间，可以顺拨8格；也可以逆拨4格。这就相当于是加8和减4，可以得到相同的数值。这就是模的概念，模数即为被丢掉的数值，一般用Mod来表示。

当X为整数时，补码的定义是

$$[X]_{补}=\begin{cases}X, & 0\leqslant X<2^{n-1}\\ 2^n+X, & -2^{n-1}\leqslant X\leqslant 0\end{cases}\quad (\text{Mod}\quad 2^n)$$

这里(Mod　2^n)表示模2^n，即当结果超过2^n时，就丢掉2^n而保留下剩余部分。

$X=+100101$　　　　$[X]_{补}=00100101$

$X=-1010101$　　　　$[X]_{补}=2^8-1010101=10101011$

显然求补码比较复杂，这里介绍一种简单的转换方法：$X\geqslant 0$时其补码与原码相同；$X<0$时，其补码符号位为1，其它各位求反码，然后在最低位加1。所谓反码就是将1变为0，0变为1。如：

$X=-1010101$　　　$[X]_{补}=1\ 0101010+1=10101011$

那么如何从$[X]_{原}$转换成$[X]_{补}$呢？已知$[X]_{原}$，则正数X的补码为其本身；负数X的补码等于它的原码$[X]_{原}$除符号位外“求反加1”。反之，若已知负数的补码$[X]_{补}$，同样可以通过对$[X]_{补}$除符号位外“求反加1”得到它的原码$[X]_{原}$。

在用补码减法运算求$Y-X$的值时，因为Y和X本身都可能带正负号，故应将$Y-X$写成：$[Y]_{补}-[X]_{补}$。但这样写仍要做减法，为把减法转化为加法，可以写成：$[Y]_{补}+[-X]_{补}$。那么$[-X]_{补}$又怎么求呢？可以证明，若已知$[X]_{补}$，把$[X]_{补}$连同其符号位一起求反加1即可得到$[-X]_{补}$。我们把$[-X]_{补}$又称为$[X]_{补}$的机器负数。

如：$X=+100101$　　　$[X]_{补}=00100101$　　　$[-X]_{补}=11011011$

　　$X=-100101$　　　$[X]_{补}=11011011$　　　$[-X]_{补}=00100101$

4. 反码

在补码表示中已经提到反码，这也是一种机器数的表示法。反码的定义为

$$[X]_{反}=\begin{cases}X, & 0\leqslant X<2^{n-1}\\ (2^n-1)+X, & -2^{n-1}<X\leqslant 0\end{cases}\quad (\text{Mod}\ \ (2^n-1))$$

在求反码时，与求补码相似，只是少加了一个1而以。

$X=+1101010$　　　　　$[X]_{反}=01101010$

$Y=-1101010$　　　　　$[Y]_{反}=10010101$

由反码定表示法中，0的表示法不是唯一的。

$[+0]_{反}=00000000$　　　　　　$[-0]_{反}=11111111$

反码又称为1的补码，它是补码的特例。通常作为求补过程的中间形式。

表2.2列出了常用原码、补码、反码的对照表。

表 2.2　常用原码、补码、反码的对照表

数值	原码	反码	补码
0	00000000	00000000	00000000
0	10000000	11111111	00000000
＋1	00000001	00000001	00000001
－1	10000001	11111110	11111111
－15	10001111	11110000	11110001
－127	11111111	10000000	10000001
－128			10000000

2.1.4　算术运算

一个数字系统可以只进行两种基本运算：加法和减法。利用加法和减法，就可以进行乘法、除法，而有了加减乘除就可以进行其它的数值运算。在计算机中通常加减运算采用补码，乘除运算可以用原码也可以用补码。为了方便暂时假定机器字长为8位，并且使用纯整数。

1. 补码加法运算

当 $|X|<2^7$，$|Y|<2^7$，$|X+Y|<2^7$满足时，有

$$[X]_补+[Y]_补=[X+Y]_补 \quad (\mathrm{Mod}\ 2^8)$$

这表示在模2^8意义下，任意两个数的补码之和等于该两数之和的补码。这是补码加法的理论基础。这里要强调一下补码加法的特点：一是符号位要作为数的一部分一起参加运算；二是要在模2^8的意义下相加，即超过2^8的进位要丢掉。这里的8就是补码位数。

[例2-4]　X=－1001010，Y=－101001，用补码加法求$X+Y$=?

解：　$[X]_补$＝10110110　　$[Y]_补$＝11010111　。

用补码运算：　　　　　　　　用真值运算：

```
  [X]补   10110110              -1001010    X
+[Y]补   11010111          +   -101001     Y
--------------------       -----------------
丢掉←[1] 10001101 = [X+Y]补     -1110011    X+Y
```

$[X+Y]_补=[X]_补+[Y]_补$=10110110＋11010111=10001101

由补码运算结果可知：$X+Y$=－1110011。这与真值运算的结果一致。

2. 补码减法运算

前面讨论了负数的加法可以转化为补码的加法来做，那么减法运算当然要设法转化为加法来做。

$$[X-Y]_补=[X+(-Y)]_补=[X]_补+[-Y]_补 \quad (\mathrm{Mod}\ 2^8)$$

可见，为了求两数之差的补码$[X-Y]_补$，只需将$[X]_补$与 $[-Y]_补$相加即可。因此，只要能从$[Y]_补$求得$[-Y]_补$，减法就转换为加法了。

[例2-5]　X=＋1101010，Y=＋110100，用补码加法求$X-Y$=?

解： $[X]_{补}$＝01101010，$[Y]_{补}$＝00110100，$[-Y]_{补}$＝11001100

$[X-Y]_{补}$=$[X]_{补}$＋$[-Y]_{补}$=01101010＋11001100=00110110

$X-Y$=＋110110。

[例2-6]　X=－1101011，Y=－110001，用补码加法求$[X-Y]_{补}$?

解：$[X]_{补}$＝10010101，$[Y]_{补}$＝11001111，$[-Y]_{补}$＝00110001

$[X-Y]_{补}$=$[X]_{补}$＋$[-Y]_{补}$=10010101＋00110001=11000110

3. 溢出检查

上面按照这种方法进行运算是正确的，但是否总是如此？再看两个例子：

[例2-7]　X=＋1001011，Y=＋1101001，用补码加法求$[X+Y]_{补}$?

解： $[X]_{补}$＝01001011，$[Y]_{补}$＝01101001

$[X+Y]_{补}$=01001011＋01101001=10110100　(溢出)

两个正数相加，结果是负数，显然是错误的。

[例2-8]　X=－1110100，Y=－1101001，用补码加法求$[X+Y]_{补}$?

解：$[X]_{补}$＝10001100，$[Y]_{补}$＝10010111

$[X+Y]_{补}$=10001100＋10010111= 00100011　(溢出)

两个负数相加，结果是正数，显然是错误的。

产生上述错误的原因，是因为在定点运算中参加运算的两个数的绝对值都是小于2^7，但在运算过程中可能出现绝对值大于2^7的现象，这种现象称为“溢出”，只有当两个数符号相同且做加法时，才有可能产生溢出。因此，判别溢出的方法就是：如果同号相加而结果为异号，则就产生了溢出。在此，如果发现了溢出，我们只需在结果后加注“溢出”即可。至于解决方法将在其它课程中讲解。

4. 乘除运算

在介绍乘除运算前，我们先来看一下用手计算二进制乘法的过程。

```
          1101       被乘数
      ×   1011       乘数
     ------------
          1101
         1101
        0000
   +)  1101
     ------------
       10001111        乘积
```

从上述过程中可以看出二进制的乘法实际只是被乘数的左移和加法，同理，除法可以通过移位和减法来实现，具体实现方法将在计算机组成原理中讲述。

2.1.5　逻辑运算

逻辑运算又称布尔运算。布尔（George Boole）是19世纪的英国数学家，他用数学方法研究逻辑问题，成功地建立了逻辑演算。他用等式表示判断，把推理看做等式的变换。这种变换的有效性不依赖人们对符号的解释，只依赖于符号的组合规律。人们将这一逻辑理论称为布尔代数。20世纪30年代，逻辑代数在电路系统上获得应用，随后，由于电子技术与计算机的发展，出现各种复杂的大系统，它们的变换规律也遵守布尔所揭示的规律。逻辑运算 (logical operators) 通常用来测试真假值。

逻辑运算与算术运算不同，算术运算是将一个二进制数的所有位综合为一个数值整体，低位的运算结果会影响到高位（如进位等），而逻辑运算是按位进行运算，故逻辑运算没有进位或借位，常用的逻辑运算有“与”运算（逻辑乘）、“或”运算（逻辑加）、“非”运算（逻辑非）及“异或”运算（逻辑异或）等，下面将介绍这些运算的规则，并举例说明之。

1. 与运算

“与”（AND）逻辑的一般定义为：只有决定一件事的全部条件都具备时，这件事才成立；如果有一个（或者一个以上）条件不具备，则这件事不成立，这样的因果关系称为“与”逻辑关系，“与”逻辑运算也叫逻辑乘。

“与”运算的规则如下：

$0 \wedge 0=0 \qquad 0 \wedge 1=0 \qquad 1 \wedge 0=0 \qquad 1 \wedge 1=1$

式中：“∧”是“与”运算符号，通常也可用“·”代替（它仅表示“与”的逻辑功能，无数量相乘之意）。

“与”运算的一般式为

$$C=A \wedge B$$

式中：只有当A与B同时为“1”时，结果C才为“1”；否则，C总为0。例如，两个8位二进制数的“与”运算结果如下：

$$\begin{array}{r} 10110110 \\ \wedge \quad 11010111 \\ \hline 10010110 \end{array}$$

2. 或运算

“或”（OR）逻辑的一般定义为：在决定一件事的各种条件中，只要有一个（或一个以上）条件具备时，这件事就成立；只有所有条件都不具备时，这件事才不成立。这样的因果关系称为“或”逻辑关系，“或”逻辑运算也叫逻辑加。

“或”运算的规则如下：

$0 \vee 0=0 \qquad 0 \vee 1=1 \qquad 1 \vee 0=1 \qquad 1 \vee 1=1$

式中：“∨”是“或”运算符号，通常也可用“+”代替（它仅表示“或”的逻辑功能，无数量累加之意）。

“或”运算的一般式为

$$C=A \vee B$$

式中：只有当A与B同时为“0”时，结果C才为“0”；否则，C总为1。例如，两个8位二进制数的“或”运算结果如下：

$$\begin{array}{r} 10110010 \\ \vee \quad 10010111 \\ \hline 10110111 \end{array}$$

3. 非运算

“非”（NOT）逻辑的一般定义为：假定一件事成立与否条件 A 的具备与否有关。若 A 具备，则这件事不成立；若 A 不具备，则这件事成立。这件事和 A 之间的这种因果关系被称为“非”逻辑关系。“非”逻辑运算也叫逻辑否定。

“非”运算的规则如下：

$$\overline{0}=1 \qquad \overline{1}=0$$

式中：“－”是“非”运算符号。

“非”运算的一般式为

$$C=\overline{A}$$

该式表明，C为A的非。例如，对二进制数的11001010进行“非”运算，则得其反码00110101。

4. 异或运算

“异或”(Exclusive OR，EOR)运算的规则如下：

$$0\oplus 0=0 \qquad 0\oplus 1=1 \qquad 1\oplus 0=1 \qquad 1\oplus 1=0$$

式中：“⊕”是“异或”运算符号。

“异或”运算的一般式为

$$C=A\oplus B$$

当A与B值相异时，结果C才为“1”；否则，C为0。例如，两个8位二进制数的“异或”运算结果如下：

$$\begin{array}{r} 10100110 \\ \oplus\quad 11010111 \\ \hline 01110001 \end{array}$$

综上可知，计算机中的逻辑运算是按位计算的(没有进位问题)，它是一种比算术运算更为简单的运算。由于计算机中的基本电路都是两状态的电子开关电路，这种极为简单的逻辑运算正是描述电子开关电路工作状态的有力工具。

2.1.6 计算机中的编码

字符是各种文字和符号的总称，包括各国家文字、标点符号、图形符号、数字等。计算机只能识别1和0，因此在计算机内表示的数字、字母、符号等都要以二进制数码的组合来代表，这就是二进制编码。根据不同的用途，有各种各样的编码方案，较常用的有ASCII码、BCD码、汉字编码等。利用它们，计算机就能够识别和存储各种字符并进行准确的处理。

1. ASCII 码

ASCII码(American Standard Code for Information Interchange)即美国标准信息交换码，在计算机界，尤其是在微型计算机中得到了广泛使用。这一编码最初是由美国制定的，后来由国际标准组织(ISO)确定为国际标准字符编码。为了与国际标准接轨，我国根据它制定了国家标准，即GB 1988。其中除了将货币符号转换为人民币符号外，其它都相同。

ASCII码采用7位二进制位编码，共可表示128个字符，它包括26个英文字母的大小写符号、数字、一些标点符号、专用符号及控制符号(如回车、换行、响铃等)，计算机中常以8位二进制即一个字节为单位表示信息，因此将ASCII码的最高位取0。而扩展的ASCII码取最高位为1，又可表示128个符号，它们主要是一些制表符。ASCII码表见表2.3。

表 2.3　ASCII 码表

高位 低位	000	001	010	011	100	101	110	111
0000	NUL	DLE	SP	0	@	P	`	p
0001	SOH	DC1	!	1	A	Q	a	q
0010	STX	DC2	“	2	B	R	b	r
0011	EXT	DC3	#	3	C	S	c	s
0100	EOT	DC4	$	4	D	T	d	t
0101	ENQ	NAK	%	5	E	U	e	u
0110	ACK	SYN	&	6	F	V	f	v
0111	BEL	ETB	‘	7	G	W	g	w
1000	BS	CAN	(	8	H	X	h	x
1001	HT	EM	)	9	I	Y	i	y
1010	LF	SUB	*	:	J	Z	j	z
1011	VT	ESC	+	;	K	[	k	{
1100	FF	FS	,	<	L	\	l	|
1101	CR	GS	—	=	M	]	m	}
1110	SO	RS	.	>	N	^	n	~
1111	SI	US	/	?	O	_	o	DEL

2. BCD 码

由于人们日常使用的是十进制，而机器内使用的是二进制，所以，需要将十进制表示成二进制码。

一位十进制数字，用4位二进制编码来表示可以有多种方法，但常用的是8421码。4位二进制数表示16种状态。只取前10种状态来表示0~9，从左到右每位二进制数的权为8、4、2、1，因此称为8421码。

8421码有10个不同的码，即0000、0001、0010、0011、0100、0101、0110、0111、1000、1001，且它是逢“十”进位的，所以是十进制，但它的每位是用二进制编码来表示的，因此称为二进制编码的十进制(Binary Coded Decimal)。BCD码十分直观，可以很容易实现与十进制的转换。在商业上有它特殊的意义。

例如：(0010 1000 0101 1001 . 0111 0100)$_{8421BCD}$可以方便地认出是十进制2859.74。

3. 汉字编码

汉字编码是一门涉及语言文字、计算机技术、统计数学、心理学、认知科学等多学科的边缘学科。优秀的编码应该建立在科学的基础上，即符合汉字结构规律，适应人们的书写习惯，又以国民知识为背景，具有友好的人机界面，便于使用，易于普及。

1) 国标码

汉字是世界上最庞大的字符集之一。国家标准GB 2312－80提供了中华人民共和国国家标准信息交换用汉字编码，简称国标码。该字符集的内容由三部分组成：第一部分是各类符号、各类数字以及各种字母、包括英文、俄文、罗马字母、日文平假名与片假名、拼音符号和制表字符，共687个；第二部分为常用汉字，有3 755个汉字，通常占常用汉字的90%左右，按拼音字母顺序排列，以便于查找；第三部分为二级常用汉字，有3008个，按部首顺序排列。

所有字符与汉字都排列在字符集的不同区域的不同位置上，用4位数字分别代表这些区域与位置，这就形成分配给它们的标准代码。因此，这种代码作为一种编码方法使用时则称为区位码。4位数字的前两位表示区号，后两位表示位号。例如“编”字在17区64号上，区位码就是1764。区位码两字节表示的十进制编码，其中区位和国标码的转换关系是：国标码=区位码+2020H。国标码用十六进制表示。

所有的国标码汉字及符号组成一个 94 行 94 列的二维代码表中。在此方阵中，每一行称为一个“区”，每一列称为一个“位”。这个方阵实际上组成一个有 94 个区（编号由 01 到 94），每个区有 94 个位（编号由 01 到 94）的汉字字符集。每两个字节分别可用两位十进制编码，前字节的编码称为区码，后字节的编码称为位码，此即区位码，其中，高两位为区号，低两位为位号。这样区位码可以唯一地确定某一汉字或字符；反之，任何一个汉字或符号都对应一个唯一的区位码，没有重码。如“保”字在二维代码表中处于 17 区第三位，区位码即为“1703”。

国标码并不等于区位码，国标码是一个 4 位十六进制数，区位码是一个 4 位的十进制数，但因为十六进制数很少用到，所以大家常用的是区位码，由区位码稍作转换得到国标码，其转换方法为：先将十进制区码和位码转换为十六进制的区码和位码，这样就得了一个与国标码有一个相对位置差的代码，再将这个代码的第一个字节和第二个字节分别加上 20H，就得到国标码，国标码=区位码+2020H。

例如：“保”字的国标码为 3123H，它是经过下面两步转换得到的：

(1) 1703D (区位码)→1103H。

(2) 1103H + 20H →3123H。

注意：区位码两字节使用十进制编码。

在中文Pwin98系统的字符集中包含了20902个汉字，采用GBK编码标准，使用4B来表示，Pwin98提供了基于GBK的区位码汉字输入和全拼汉字输入方法。

此外，还有许多关于少数民族文字编码的国家标准。也还有一些少数民族文字编码标准仍在制定中。

2) 机内码

该编码是指一个汉字被计算机系统内部处理和存储而使用的代码。国标码的表示方法(2B，每个字节高位为0)和英文字符的ASCII码(西文的机内码，1B表示，高位为0)在计算机内会产生冲突。为了保证中西文兼容，既允许西文机内码存在，又允许国标码存在，就将国标码的每个字节的最高位(第7位)置“1”，来保证西文机内码和国标码在计算机内部的唯一性。因此，汉字操作系统将国标码的每个字节的最高位均置为1，标识为汉字机内码，简称汉字内码。2B机内码如下所示：

1	国标码第一字节		1	国标码第二字节

3) 字形码

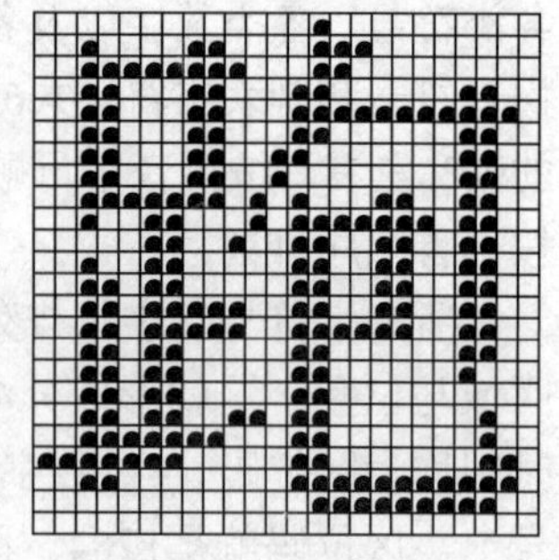

图 2.1　汉字字形

字形码就是描述汉字字形信息的编码，它主要分为两大类：字模编码和矢量编码。字模编码是将汉字字形点阵进行编码，其方法是将汉字写在一个 24×24 的坐标纸上，在每个格子中就出现有墨和无墨两种情况，计算机就让每一个格子占一个二进制位，并规定有墨的地方用“1”表示，无墨的地方用“0”，然后将这些 1、0 按顺序排列下来，就成为汉字字模码。这样可以看出一个 24×24 汉字字模要占 576 个二进制位，即 72B。图 2.1 给出了一个汉字字形码的例子。要存储全部 GB 2312 的汉字字模就需要 576KB 容量。在实际汉字系统中一般需要多种字体，如黑体、仿宋体、宋体、楷体等，对应每种字体都需要一套对应的字模。当然为了不同需要也可以有不同大小的点阵字模，如 16×16、48×48、64×64 等，点阵的点越多时，一个字的表示(显示或打印)质量就也越高，也就越美观，但同时占用的容量也越大。点阵汉字表示简单，但在放大、缩小、变形后不够美观，为此就产生了矢量汉字编码法。矢量汉字就是将汉字的形状、笔划、字根等用数学函数进行描述的方法。如 TrueType 就是一种，这样的字形信息便于缩放和变换，并且字形美观。近年来开发的新的汉字操作系统中常常使用矢量汉字表示法。

4) 汉字输入码

该编码指在键盘上利用数字、符号或字母将汉字以代码的形式输入。由于存在多种输入编码方案，如区位码、首尾码、拼音码、简拼码、五笔字型码、电报码、郑码、笔形码等，因此对常用的6000多个汉字和符号各有一套汉字输入码。显然，一个汉字操作系统若支持几种汉字输入方式下，则在内部必须具备不同的汉字输入码与汉字国标码的对照表。这样，在系统支持的输入方式下，不论选定哪种汉字输入方式，每输入一个“汉字输入码”，便可根据对照表转换成唯一的汉字国标码。

汉字输入技术是汉字信息处理技术的关键之一。与英文等拼音文字相比，用键盘输入汉字要困难得多。英文是拼音文字，每个单词的字母是按照自左向右的顺序排列的，只要按照单词的字母顺序击键，就能得到它们的编码。而汉字是方块图形文字，字数多，字形复杂，加之简、繁、正、异各体，总数不下6万个，即使是GB 2312中收集的汉字也有6 000多个，这给汉字的输入带来了一定的困难。根据汉字的字形各异，每字涵义独特，个性鲜明，有表形、表义、表音的功能，几个汉字组成汉字词组等特点，多年来，我国已陆续开发出基于普通西文键盘的汉字输入方法已达几百种，常用的也有几十种，汉字输入技术已日趋成熟。汉字输入法主要分为：

① 数字编码，如电报码、区位码，它无重码，但难记难用；

② 基于字音的音码，如拼音、双拼，它易学，但重码率高；

③ 基于字形的形码，如五笔字形型、二维三码等，它重码率不高，易学，但要记字根；

④ 基于字音和形的音形混合码，如自然码，它综合了前两种的特点。

人们为了提高汉字输入速度对输入法进行了不断的改进，从开始时以单字输入为主，发展到以词组输入为主、以整句输入为主，并向着以意义输入为主的方向发展。

2.2 计算机系统组成

总体上讲，计算机系统由计算机硬件系统和计算机软件系统两大部分组成。计算机硬件系统由一系列电子元器按照一定逻辑关系连接而成，是计算机系统的物质基础。计算机软件系统由操作系统、语言处理系统、以及各种软件工具等软件程序组成。计算机软件指挥、控制计算机硬件系统按照预定的程序运行、工作，从而达到我们预定的目标。本章主要讨论计算机硬件系统，第3章主要讨论计算机软件系统。

2.2.1 计算机硬件系统的组成

计算机的基本工作原理是存储程序和程序控制。计算机硬件系统则是根据计算机的基本工作原理将各种硬件设备按照一定的结构体系连接而成。

1. 冯·诺依曼原理

存储程序和程序控制原理最初是由冯·诺依曼于1945年提出来的，故称为冯·诺依曼原理。其基本思想是：预先要把指挥计算机如何进行操作的指令序列(通常称为程序)和原始数据通过输入设备输入到计算机的内部存储器中。每一条指令中明确规定了计算机从哪个地址取数、进行什么操作、然后将结果送到什么地址等步骤。计算机在运行时，先从内存中取出第一条指令，通过控制器的译码，按指令的要求，从存储器中取出数据进行指定的运算和操作，然后再按地址把结果送到内存中去。接下来，再取出第二条指令，在控制器的指挥下完成规定操作。依此进行下去，直至遇到停止指令。简而言之即将程序和数据一样存储，按程序编排的顺序，一步一步地取出指令，自动地完成指令规定的操作。

按照冯·诺依曼原理构造的计算机又称冯·诺依曼计算机，其体系结构称为冯·诺依曼结构。目前计算机已发展到了第四代，基本上仍然遵循着冯·诺依曼原理结构。但是，像“集中的顺序控制”又常常成为计算机性能进一步提高的瓶颈。当今的计算机系统已对冯·诺依曼结构进行了许多变革，如指令流水线技术、多总线。但总体上没有突破冯·诺依曼结构。

冯·诺依曼计算机的基本特点如下：

(1) 使用单一处理器部件来完成计算、存储及通信工作。

(2) 线性组织的定长存储单元。

(3) 存储空间的单元是直接寻址的。

(4) 使用低级机器语言，指令和数据都以二进制表示。

(5) 对计算机进行集中的顺序控制。

虽然人们把“存储程序计算机”当作现代计算机的重要标志，并把它归于冯·诺依曼的努力，但是，他本人认为现代计算机的设计思想来自图灵的创造性工作。

2. 计算机的硬件结构

计算机硬件通常由5部分组成：输入设备、输出设备、存储器、运算器和控制器。这5部分之间的连接结构如图2.2所示，称为冯·诺依曼结构图，其以运算器和控制器为中心。

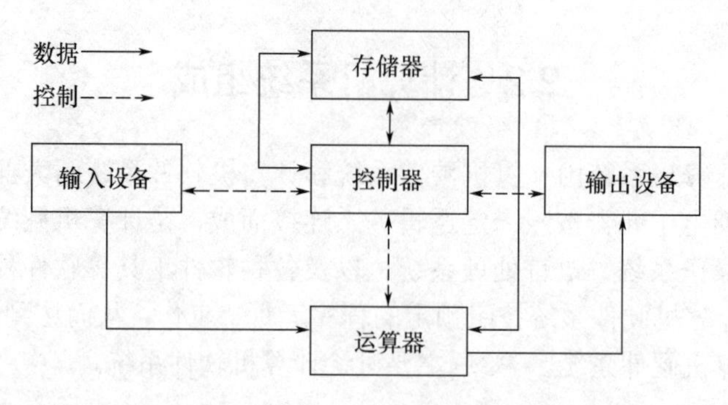

图 2.2　冯·诺依曼结构图

(1) 输入设备。输入设备是向计算机输入信息的装置，用于把原始数据和处理这些数据的程序输入到计算机系统中。常用的输入设备有键盘、鼠标、光笔、扫描仪等。不论信息的原始形态如何，输入到计算机中的信息都使用二进位来表示。

(2) 输出设备。各种输出设备的主要任务是将计算机处理过的信息以用户熟悉、方便的形式输送出来（文字、符号、图形、声音等）。常用的输出设备有屏幕显示器、打印机、绘图仪、音箱等。

(3) 存储器。存储器是计算机的记忆装置，用于存放原始数据、中间数据、最终结果和处理程序。为了对存储的信息进行管理，把存储器划分成单元，每个单元的编号称为该单元的地址。各种存储器基本上都是以1B(8位二进制)作为一个存储单元。存储器内的信息是按地址存取的。向存储器内存入信息也称为“写入”；写入新的内容则覆盖了原来的旧内容。从存储器里取出信息，也称为“读出”。信息读出后并不破坏原来存储的内容，因此信息可以重复取出，多次利用。

(4) 运算器。运算器是对信息进行加工处理的部件。它在控制器的控制下与内存交换信息，负责进行各类基本的算术运算、逻辑运算、比较、移位、逻辑判断等各种操作。此外，在运算器中还含有能暂时存放数据或结果的寄存器。

(5) 控制器。控制器是整个计算机的指挥中心。它负责对指令进行分析、判断，发出控制信号，使计算机的有关设备协调工作，确保系统正确运行。

(6) 总线。用于连接CPU、内存、外存和各种I/O设备并在它们之间传输信息的一组共享的传输线及其控制电路。

控制器和运算器一起组成了计算机的核心，称为中央处理器，即CPU。

通常把控制器、运算器和主存储器一起称为主机，而其余的输入、输出设备和辅助存储器称为外部设备。

2.2.2 计算机的工作过程

当编好的程序存入计算机的内存之后，计算机的工作过程就是取出指令和执行指令这两个阶段。由于实际的计算机结构较复杂，对初学者来说不易掌握基本部件及基本概念来建立整机的工作过程。为此，我们先从一个初级的计算机入手来讨论计算机的工作过程，以后再扩展到实际的计算机。

1. 初级计算机

图2.3示出了一个假想的初级计算机结构，由CPU、存储器、接口电路组成，通过接口电路再与外部设备相连接。相互之间通过三条总线(地址总线AB、双向数据总线DB和控制总线CB)来连接。为了简化问题，先不考虑外部设备以及接口电路，并认为要执行的程序以及数据已存入存储器内。

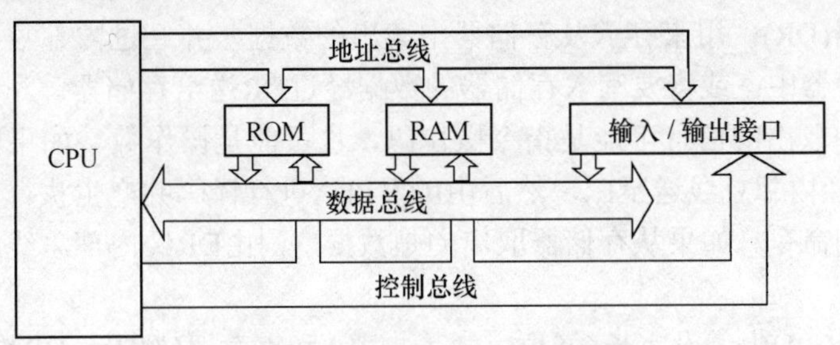

图 2.3　初级计算机结构

(1) CPU 的结构。初级计算机的 CPU 的结构如图 2.4 所示。

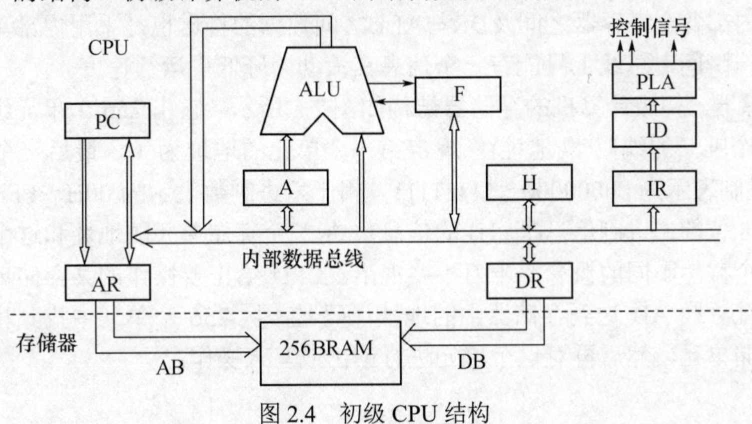

图 2.4　初级 CPU 结构

算术逻辑单元(ALU)是执行算术和逻辑运算的装置，它以累加器A的内容作为一个操作数；另一个操作数由内部数据总线提供，可以是寄存器组中一个寄存器(如H寄存器)的内容，也可以是数据寄存器(DR)提供的由内存读出的内容等。操作的结果通常放在累加器A中。

寄存器组H是多个寄存器组成，它用于暂时存放数据。

指令寄存器(IR)是用于存放当前正在执行的指令。当前指令执行完后，下条指令才可存入。如果不取入新的指令，指令寄存器的内容是不会改变的。

指令译码器(ID)用来对指令进行分析译码，根据指令译码器的输出信号(可由可编程逻辑阵列PLA实现)，时序逻辑产生出各种操作电位、不同节拍的信号、时序脉冲等执行当前指令所需要的全部控制信号。

标志寄存器(F)由一些标志位组成，它为逻辑判断提供状态信息，如溢出。

程序计数器(PC)又称指令计数器，它的作用是指明将要执行的下一条指令在存储器中的地址。一般情况下，每取一个指令字节，PC自动加1。当程序顺序执行时，PC自动计数。如果程序要执行转移或分支指令，只要把转移地址放入PC中即可。

内部数据总线把CPU内部各寄存器和ALU连接起来，以实现各单元之间的信息传输。

256B RAM是假想存储器，它用于存放指令和数据。

地址寄存器(AR)，把要寻址的单元地址(可以是指令，其地址由PC提供；也可以是数据，其地址要由指令中的地址码部分给定)通过地址总线送至存储器。

数据寄存器(DR)，用来存放从存储器中读出的数据，并经过内部数据总线送到需要这个数据的寄存器中；或将要写入存储器的数据经过DR送给存储器。

从存储器中取出的信息可能是指令操作码，也可能是操作数。如果取出的是指令操作码，则由DR经内部总线送至IR，然后由ID及PLA进行译码并产生执行一条指令所需的全部微操作控制命令。如果从存储器取出的是数据，则由DR经内部总线送至ALU、累加器A或寄存器H。

在这个初级CPU中，设字长为8位，故累加器A和寄存器(如H)、DR均为8位，双向数据总线也是8位。假定该计算机的内存为256个单元，为了寻址这些单元，需地址线8根。因此，这里的PC和AR也都是8位。

在CPU内部各个寄存器之间及DR与ALU之间数据的传送也是采用内部单总线结构。因此，在任一瞬间，总线上只能有一个信息在流动，降低了运行速度。

(2) 存储器。初级计算机的存储器结构如图 2.5 所示。它由 256 个单元组成。每个单元被规定一个唯一的编码(既地址)。规定第一个单元的地址为 0，最后一个单元地址为 255。用二进制表示为 00000000～11111111。用十六进制数表示为 00H～FFH。每个单元可存放一个 8 位的二进制信息(即 1B 的信息)。每一个存储单元的地址和这个地址中存放的内容是两个截然不同的概念，千万不要混淆。CPU 给出要操作的某存储单元地址，该地址通过地址总线 AB 送到存储器中的地址译码器，从 256 个单元中找到相应于该地址码的那个存储单元，然后再对这个单元进行读出或写入操作。

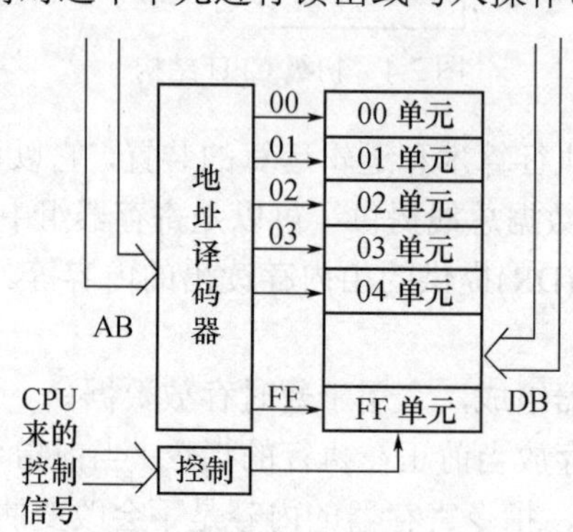

图 2.5 初级的存储器结构

读操作：假定要把06H号存储单元的内容读出到数据总线上，那么首先要求CPU的AR给出地址编码06H，然后通过地址总线送到存储器，存储器中的地址译码器对它进行译码，找到06H号单元。这时CPU再发出读操作命令，将06H号单元的内容(84H)经过数据总线送到数据寄存器DR中，如图2.6所示。

写操作：若要把数据寄存器中的内容26H写入到10H号存储单元中，则要求CPU的AR先给出地址10H，并通过地址总线(AB)送到存储器，经存储器中地址译码器译码后找到

10H号单元；然后把DR中的内容26H放到数据总线(DB)上；CPU发出写操作命令，于是数据总线上的内容26H就写入到10H单元，如图2.7所示。

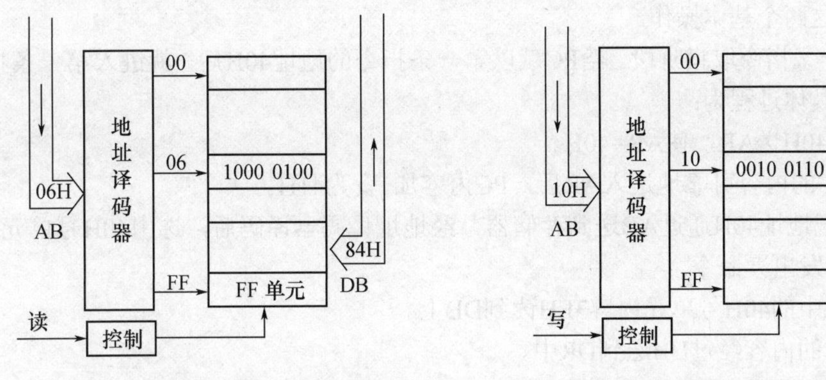

图 2.6　存储器读操作示意图　　　图 2.7　存储器写操作示意图

2. 计算机的工作过程

下面通过一个浅显通俗的例子来讨论这些电路是怎样配合起来执行一段程序的，以了解计算机的工作过程。

例如，要求计算Y=5+9，且将结果放在累加器A中。显然这是相当简单的问题。但对计算机来说却困惑不解。人们必须告诉计算机如何去做，直到最小的细节。怎样让计算机领会人的意图呢？这就要有专用助记符和操作代码。例如MOV表示数据传送指令、ADD表示加法指令、HALT表示停机指令等。所以，人们想使计算机进行什么操作，只要给它送去相应的指令即可。对于一个具体问题，到底使用什么指令？每种计算机都有自己的指令表，这里假设以下三条指令及功能。

```
MOV   A，05H       ；将立即数 05H 送至累加器 A 中
ADD   A，09H       ；将立即数 09H 加到累加器 A 中
HALT               ；停机
```

为了让计算机能够按照上述程序来操作，必须将此程序通过键盘(或其它方式)送入存储器中，在存储器指令以二进制形式存放，每个存储单元存放1B的内容。上述三条指令共有5B，占据5个存储单元。可以把这5B的程序存放在存储器的任意区域。假设把它们存放在以40H地址开始的5个连续单元中，则如图2.8所示。

地址（十六进制）	存储器内容（二进制）RAM	指令助记符
40	0011 1110	MOV　A, 05H
41	0000 0101	
42	1100 0110	ADD　A, 09H
43	0000 1001	
44	0111 0110	HALT

图 2.8　存储器中的程序

程序输入到计算机后，只要告诉计算机程序的起始地址(这里是40H)，并发出一个启动命令，机器就被启动来执行这段程序。执行程序的过程实际上就是反复进行取出指令和执行指令这两个基本操作。

(1) 第一条指令取指阶段。给PC赋以第一条指令的地址40H后，就进入第一条指令的取指阶段，具体过程为：

① PC=40H送AR，使AR=40H。

② 当PC的内容可靠地送入AR后，PC内容加1变为41H。

③ AR把地址40H通过AB送到存储器，经地址译码器译码后，选中40H号单元。

④ CPU发出读命令。

⑤ 所选中的40H号单元内容3EH读到DB上。

⑥ 读出的内容经过DB送到DR中。

⑦ 在取指阶段，取出的是指令操作码，故DR把它送到IR中，然后经过ID和PLA，发出执行这条指令的各种微操作命令。其过程如图2.9所示。

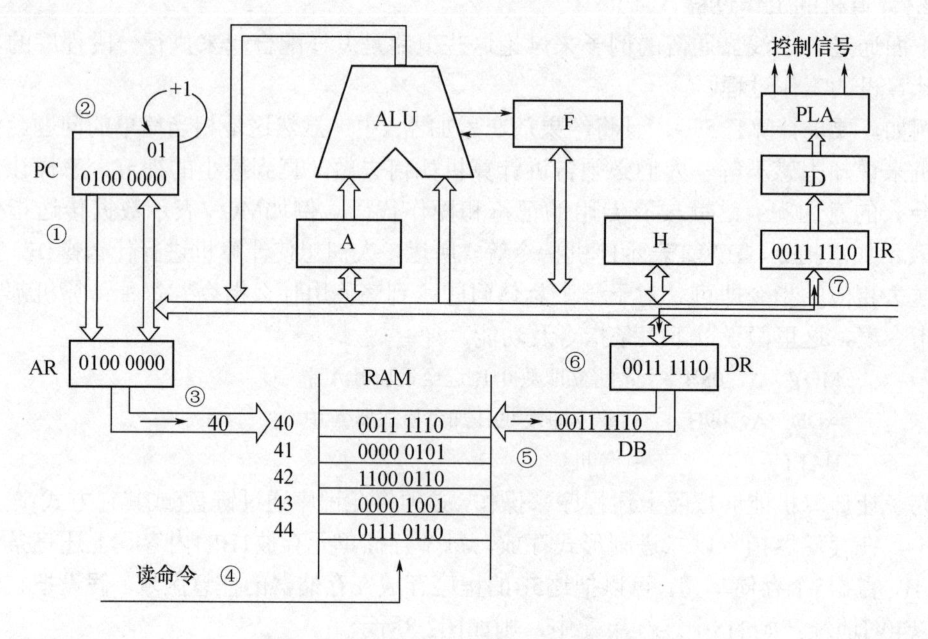

图 2.9 第一条指令取指阶段操作示意图

(2) 第一条指令执行阶段。经过对第一条指令操作码译码后知道，这是一条把操作数送入累加器A的操作，而操作数是在指令的第二字节。所以，执行第一条指令就必须把第二字节中的操作数取出来并送到累加器A中。其过程如下：

① 把PC内容41H送AR，使AR=41H。

② 当PC的内容可靠地送入AR后，PC自动加1，变为42H。

③ AR把地址41H通过AB送到存储器，经地址译码器译码后，选中41H号单元。

④ CPU发出读命令。

⑤ 选中的41H号单元内容05H读到DB上。

⑥ 读出的内容经过DB送到DR中。

⑦ 因已知读出的操作数，且指令要求把它送累加器A，故由DR通过内部DB送到累加器A中，其过程如图2.10所示。

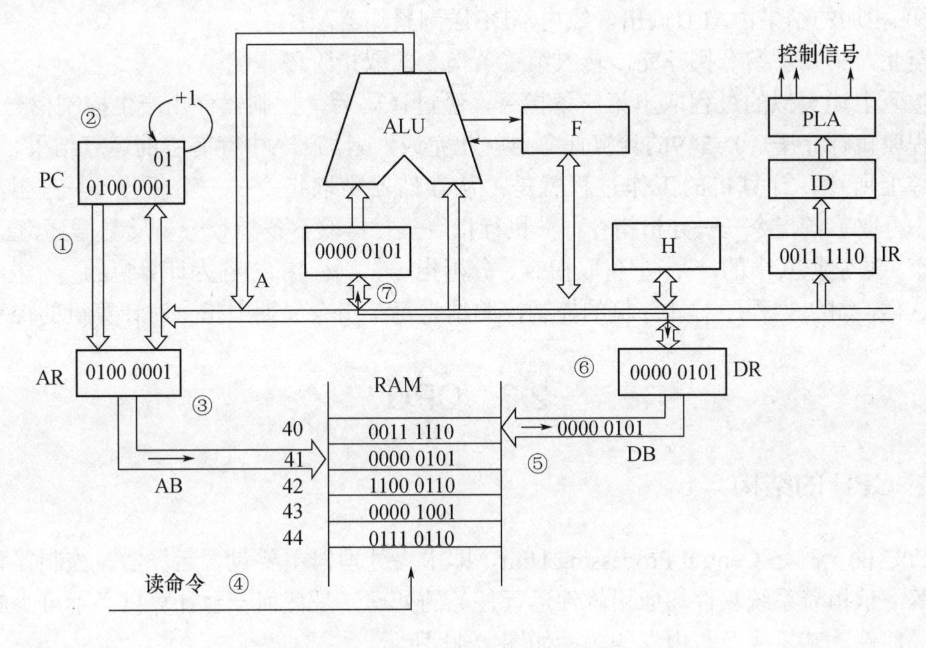

图 2.10　第一条指令执行指令阶段操作示意图

至此，第一条指令执行完毕，进入第二条指令的取指阶段。

(3) 第二条指令取指阶段。

① PC内容42H送AR，使AR=42H。

② 当PC的内容可靠地送入AR后，PC内容加1变为43H。

③ AR通过AB把地址42H送到存储器，经地址译码器译码后，选中42H号单元。

④ CPU发出读命令。

⑤ 把被选中的42H号单元内容C6H读到DB上。

⑥ 读出的内容经过DB送到DR中。

⑦ 因是取指阶段，读出的是指令，DR将它送到IR，并经过ID译码后，发出执行这条指令的各种微操作命令。与取第一条指令的过程相同。

(4) 第二条指令执行阶段。经过对第二条指令操作码译码后知道，它是加法指令，以累加器A中的内容为一个操作数，另一个操作数在指令的第二个字节中，执行第二条指令，必须取出指令的第二字节。

① 把PC内容43H送AR，使AR=43H。

② 当PC的内容可靠地送入AR后，PC自动加1，变为44H。

③ AR通过AB把地址43H送到存储器，经译码后选中43H号单元。

④ CPU发出读命令。

⑤ 被选中的43H号单元内容09H读到DB上。

⑥ 读出的内容09H经过DB送到DR中。

⑦ 由指令译码已知读出的为操作数，且要与累加器A中的内容相加，故数据09H由

DR通过内部DB送至ALU的另一输入端。

⑧ 累加器A中的内容送ALU，且ALU做加法操作。

⑨ 相加的结果由ALU输出，经内部DB送到累加器A中。

至此，第二条指令执行完，转入第三条指令的取指阶段。

按照上述类似的过程取出第三条指令，经过译码后，控制器停止产生控制信号而停机。程序执行完毕，Y=5+9的计算任务也就此完成，累加器A中存有它的运算结果。

综上所述，计算机的工作过程就是：从存储器中取指令——分析指令——执行指令——再取下条指令——分析指令——执行指令——再取下条指令……反复循环，直至程序结束。通常把其中的一个循环(取指令、分析指令、执行指令)称为计算机的一个指令周期。这样，可以把程序对计算机的控制，归结为每个指令周期中指令对计算机的控制。

2.3 CPU

2.3.1 CPU 的结构

CPU 的全称是 Central Processing Unit，即中央处理器主要包含运算器、控制器和寄存器等，承担着系统软件和应用软件运行任务的处理，是任何一台计算机必不可少的核心组成部件，其组成及与内存的关系如图 2.11 所示。

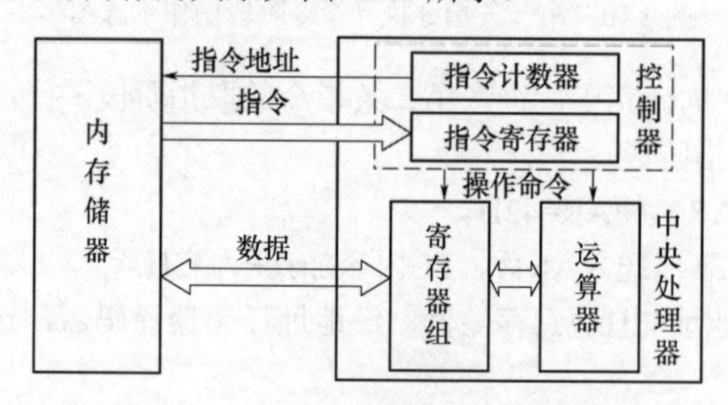

图 2.11 CPU 的组成及其与内存的关系

CPU 的主要任务是执行指令，它按指令的规定对数据进行操作。其中运算器用来对数据进行各种算术或逻辑运算，所以称为算术逻辑部件 (ALU)，参加 ALU 运算的操作数通常来自通用寄存器 GPR，运算结果也送回 GPR，而控制器就是按着事先编好的程序控制计算机各个部件有条不紊地自动工作的。

2.3.2 CPU 的性能指标

CPU担负着执行各种命令、完成各种数学和逻辑运算的任务，是计算机系统中的核心部件。计算机的快速发展过程，实质上就是CPU从低级向高级、从简单向复杂的发展过程。

CPU的主要性能指标有：

1. 主频

主频即CPU工作的时钟频率。CPU的工作周期性的，它不断地执行取指令、执行指令等操作。这些操作需要精确定时，按照精确的节拍工作，因此CPU需要一个时钟电路产生标准节拍，一旦机器加电，时钟便连续不断地发出节拍，就像乐队的指挥一样指挥CPU有节奏地工作，这个节拍的频率就是主频。一般说来，主频越高，CPU的工作速度越快。

2. 外频

实际上，计算机的任何部件都按一定的节拍工作。通常是主板上提供一个基准节拍供各部件使用，主板提供的节拍称为外频。

3. 倍频

随着科技的发展，CPU的主频越来越快，而外部设备的工作频率跟不上CPU的工作频率，解决的方法是让CPU以外频的若干倍工作。CPU主频相对外频的倍数称为CPU的倍频。

$$\text{CPU工作频率}=\text{倍频}\times\text{外频}$$

4. 指令综合能力

处理器能执行的指令条数和每条指令的能力直接影响处理速度，在传统的指令基础上为了提高处理器在多媒体和通信应用方面的性能，引入了MMX (Multi-Media eXtension)指令。后来又有了SSE指令、“3Dnow！”指令等。当然指令平均执行时间也一项重要的指标。

当然并不是说指令越多越好，这就有了RISC各CISC之分，RISC（精简指令集）主要是CPU中设计少量指令并使每条指令执行速度很快；CISC（复杂指令集）主要是CPU中设计大量指令以减少执行指令的数量。两者各有优缺点，目前CISC在市场上占优。

5. 地址总线宽度

PC采用的是总线结构。地址总线宽度（地址总线的位数）决定了CPU可以访问的存储器的容量，不同型号的CPU总线宽度不同，因而使用的内存最大容量也不一样。32位地址总线能使用的最大内存容量为4GB。

6. 数据总线宽度

数据总线宽度决定了CPU与内存、输入/输出设备之间一次数据传输的信息量。Pentium以上的计算机，数据总线的宽度为64位，即CPU一次可以同时处理8B的数据。

7. 高速缓存

缓存是位于CPU和内存之间的容量较小但速度很快的存储器，使用静态RAM做成，存取速度比一般内存快3～8倍。由于缓存的速度与CPU相当，因此CPU就能在零等待状态下迅速地完成数据的读写。只有缓存中不含有CPU所需的数据时，CPU才去访问内存。它为CPU频繁取用指令和数据提供了一个快速的局部存储器，不但提高了CPU的存取速度，同时也降低了系统总线的使用率，使总线有较多时间为其他设备服务。

为了进一步提高速度将缓存分L1、L2、L3，称为一级、二级、三级缓存，目前有些CPU将二级缓存（甚至三级）也做到了CPU芯片内。L2高速缓存的容量一般为128～512KB，有的甚至在1MB以上。

8. 工作电压

工作电压是指CPU正常工作时所需要的电压。早期CPU的工作电压一般为5V，而随着CPU主频的提高，CPU工作电压有逐步下降的趋势，以解决发热过高的问题。目前CPU的工作电压一般为1.6～2.8V。CPU制造工艺越先进，则工作电压越低，CPU运行的耗电功率就越小。这对笔记本电脑而言显得特别重要。

9. 协处理器

一般的CPU只能对定点数进行一些简单的运算，如加减乘除等。如要进行浮点数运算，或进行复杂的数学运算就需要有专门的处理器——协处理器，含有内置协处理器的CPU可以加快特定类型的数值计算。某些需要进行复杂运算的软件系统，如CAD就需要协处理器支持。Pentium以上的CPU都内置了协处理器。

10. 多核(Multi-Core)

多核是指单个裸片上具有多个可见的处理器，并且这些处理器各自拥有独立的控制和工作状态，互相之间无需共享关键资源。随着信息时代对计算能力需求的强劲增长，也随着90nm、65nm等先进制造工艺的应用，多核技术走向个人计算机不仅被铺平了道路，并成为影响CPU性能的重要的技术指标之一。

2.3.3 常见的 CPU 产品

CPU从最初发展至今已经有40多年的历史了，这期间，通用微处理器（CPU）的技术和性能，始终按摩尔定律在不断发展，字长、结构、功能、晶体管数目和工作频率等每隔几年就会发生变化。

1. Intel 公司产品

1) Pentium处理器

1993 年，全面超越 486 的新一代 586 处理器问世，为了摆脱 486 时代处理器名称混乱的困扰，Intel 公司把自己的新一代产品命名为 Pentium 以区别 AMD 和 Cyrix 的产品。它是真正的第五代处理器。早期的 Pentium 60 和 Pentium 66 分别工作在与系统总线频率相同的 60MHz 和 66MHz 两种频率下，没有现在所说的倍频设置，而且最初的部分产品还有浮点运算错误，因此它并没有受到人们的欢迎。后来的 Pentium 处理器采用了现在一直使用的“外频×倍频=CPU 工作频率”的设置，工作频率从 75MHz～200MHz 多种规格。1996 年，Intel 公司推出了 Pentium Pro(高能奔腾)。它是为 32 位操作系统设计的，16 位性能并不出色，加上当时成品率太低导致其价格居高不下，因此它并没有流行起来。

1997 年初，Intel 公司发布了 Pentium 的改进型号——Pentium MMX(多能奔腾)，Pentium MMX 在原 Pentium 的基础上进行了重大的改进，增加了片内 16KB 数据缓存和 16KB 指令缓存，同时新增加了 57 条 MMX 多媒体指令，这些指令专门用来处理音频、视频等数据，以大大缩短 CPU 处理多媒体数据的时间，使计算机的性能达到一个新的水准。之后，Intel 公司陆续推出了 Pentium II、Pentium III、Pentium 4、Pentium D、奔腾至尊、酷睿、酷睿 2 和 Core i3/ i5/ i7。如图 2.12 所示为处理器外型。

酷睿 i5 处理器

酷睿 i3

图 2.12　Intel 公司的处理器

Pentium 4 处理器从 1. 3 GHz 起步，其超流水线技术使主频达到 3.40GHz。其 800MHz 系统总线频率与超快速 RDRAM 系统内存的完美组合可以支持出色的内存吞吐能力，同时也提供了强大的图形和多媒体性能。144 条新指令改善了如多媒体、三维和音频 / 视频等领域的性能。Pentium 4 处理器采用了超线程技术(HT)，使一个 Pentium 4 处理器可以同时执行两条线程(两个独立的代码流)。

Pentium D 引入了 Intel 的新芯片组技术，具有两个独立的执行核心以及两个 1MB 的二级缓存，两执行核心共享 800MHz 的前端总线与内存连接。新的双核奔腾至尊版 840 处理器，运行频率是 3.2GHz，每核心同样分别具有 1MB 的 L2 缓存，针对的是愿意花费大笔金钱的游戏玩家。

Pentium D、奔腾至尊、酷睿 2 等增加了 13 条 SSE3 指令，即流式单指令多数据指令(Streaming SIMD Extention,SSE)，处理 128 位长操作数。

Core i5 和 Core i7 在酷睿 2 的基础上又增加了 40 多条 SSE4 指令。

2) Celeron处理器

为了同时占领高端市场和低端市场，Intel公司专门推出Pentium的廉价版本Celeron(赛扬)系列，其目标是压低成本，降低售价。Celeron核心技术与Pentium相同。最初的Celeron采用0.35μm工艺制造，外频为66MHz，从333MHz开始就改用了0.25μm的制造工艺。最初的Celeron犯了一个错误，就是把Celeron的二级缓存给去掉了，因此它的性能不理想。随后Intel公司改正了这个错误，在Celeron内部集成了128KB的全速二级Cache。目前的Celeron主频已达到 2.60 GHz。事实说明这种策略是对的，赛扬系列处理器到现在还很有市场。

3) Itanium处理器

Intel Itanium(安腾)是 2001 年问世的 64 位处理器，给了用户又一个高性能计算系统的选项。2002 年，Intel 公司发布 Itanium 2 处理器，其核心采用微体系结构，Itanium 2 处理器和第一代 Itanium 处理器均采用 0.18μm 工艺制造。Itanium 2 处理器的系统总线频率为 400 MHz、128 位数据总线。Itanium 2 处理器高速缓存系统最重要的创新就是将 3 MB 三级高速缓存集成到处理器硅片上，而不是作为系统主板的一个独立芯片。这不仅加快了数据检索速度，同时可将三级高速缓存和处理器内核间的整体通信带宽提高了 3 倍多。

新一代代号为 Madison 和 Deerfield 的处理器将采用 0.13μm 工艺制造。Madison 将采用 6 MB 三级高速缓存。代号为 Montecito 的第五代 Intel Itanium 处理器将采用 90 nm 工艺制造，从而可进一步提高性能标准。

Itanium 2 处理器将为企业资源规划、大型数据库和交易处理、安全电子商务、高性能科学和技术计算、计算机辅助设计等应用提供卓越性能。

4) Xeon处理器

Xeon(至强)芯片是 Intel 公司于 2003 年 3 月推出的到目前为止速度最快的、用于服务器和工作站的处理器。其超线程技术能更加有效地使用处理器资源，增强多线程、多处理应用程序的性能。

5) 酷睿

英特尔酷睿™微体系结构，是一款领先节能的新型微架构，设计的出发点是提供卓然出众的性能和能效，提高每瓦特性能，也就是能效比。英特尔酷睿™微体系结构面向服务器、台式机和笔记本电脑等多种处理器进行了多核优化，其创新特性可带来更出色的性能、更强大的多任务处理性能和更高的能效水平，各种平台均可从中获得巨大优势。

英特尔酷睿™微架构拥有4组解码器，相比Pentium Pro (P6) / Pentium II / Pentium III / Pentium M架构可多处理一组指令，简单讲，就是每个内核可以同时处理更多的指令。

6) 多核处理器

随着 CPU 芯片复杂度增加和工作频率的提高，芯片的功耗和散热问题成为制约 CPU 发展的瓶颈，Intel 公司不再把提高主频作为改善微处理器性能的研发重点，而是在一个芯片上采用 2 个或多个 CPU 内核，使其并行工作，按需分配功能，降低功耗，使 CPU 性能明显提升。从 2006 年起，Intel 公司陆续开发完成了 Core 2（双核）、Core i5（4 核）及 Core i7(6 核)等多核处理器，用于高档计算机。

CPU的产品并非只出于Intel公司一家，IBM、Apple、Motorola、AMD、Cyrix等也是著名的微处理器产品的生产公司。

2. AMD 公司产品

1) AMD K6处理器

AMD K6处理器是与Pentium MMX同一个档次的产品，其由原来的NexGen公司的686改装而来，包括了全新的MMX指令以及64KB L1缓存，因此K6的整体性能要优于奔腾MMX，基本相当于同主频的Pentium II的水平，但其弱点是需要使用MMX或浮点运算应用程序时，与Intel公司的产品相比速度较慢。

2) AMD K6-2处理器

K6-2是AMD的拳头级产品，为了打败Intel公司，K6-2进行了大幅度的改进，其中最重要的一条便是支持“3Dnow！”指令，“3Dnow！”指令是对x86体系结构的重大突破，它大大加强了处理三维图形和多媒体所需要的密集浮点运算能力。“3Dnow！”技术带给我们的好处是真正优秀的三维表现，更加真实地重现三维图像以及大屏幕的声像效果。同时CPU的核心工作电压为2.2V，使K6-2的发热量大幅度降低。

3) AMD Athlon 7处理器

1998年，AMD公司向人们展示了它最新的K7处理器，其出色的性能完全具备与Pentium Ⅲ相抗衡的实力。1999年，AMD公司正式将K7处理器更名为“Athlon”，它作为AMD公司新一代的旗舰产品，起点主频定位在500MHz。但不久就推出了600MHz、700MHz的产品，Athlon处理器不但主频超过了Pentium Ⅲ，而且一向被人们认为弱项的浮点运算表现也超过同频的Petium处理器。这是CPU发展史上具有意义的一页，兼容CPU厂商第一次全面在性能上超过Intel公司的同级产品。

4) AMD 速龙(TM)64处理器

2003年，AMD公司推出面向台式计算机和笔记本电脑的 AMD 速龙(TM)64处理器。

2011年10月，AMD公司发布FX系列CPU，为台式机用户带来了全面无限制的个性化定制体验。这款台式机处理器是世界上首款8核台式机处理器。

目前该处理器在CPU 市场上的占有率仅次于Intel公司，但仍有不少差距，AMD处理器的市场占有率勉强超过20%，而Intel处理器拥有将近80%的市场占有率。

3. 64 位处理器

当用32位计算的386机型取代16位计算的286时，PC的一次重大革命开始了，也就是从DOS操作系统进化到了Windows系统。虽然这样，但这一系列的处理器都采用x86-32位微处理器的架构和指令集，20多年没有变过，有的只是对x86的改进和增强。而2001年以Intel公司Itanium为代表的64位CPU出现，预示着32位处理器的竞争将要结束，即将进入新的系统架构——64位CPU。目前已有Intel、AMD、IBM和SUN这四家公司准备投入64位处理器的战场。

从32位到64位架构的改变是一个根本的改变，因为大多数操作系统必须进行全面性修改，以取得新架构的优点。64位架构无疑可应用在需要处理大量数据的应用程序，如数码视频、科学运算和早期的大型数据库。

1) Intel公司

Intel公司在2001年就宣布推出第一款64位的Itanium处理器，采用IA-64u架构，最大支持16GB内存(远远超过了先前4GB的限制)，提供4.2GB/s内存峰值带宽，此外还具备新的性能强大的浮点单元、极大的内存寻址能力、更精确且更快的分支预测单元等优点。接着，Intel公司又推出Itanium 2处理器(开发代号为McKinley)，使用0.18μm技术生产，晶体管数量为2.2亿个，内置4.5MB三级缓存。据悉，Intel公司在2004年推出下一代64位处理器Madison 9M和Deerfield。其中，Madison 9M具有9MB的三级缓存，工作频率达到1.5GHz以上，超过5亿个晶体管。

2) AMD公司

AMD公司的第八代处理器是采用x86-64v架构，其面向工作站和服务器的CPU产品命名为Opteron(开发代号为SledgeHammer)，面向台式机的产品命名为Athlon 64(开发代号为ClawHammer)。从AMD公司的构想得知，基于Opteron的系统不但能运行32位软件，同时也具有64位系统优秀的扩展能力。并且AMD公司在Opteron的设计上充分发挥了独创才智，在处理器内部集成内存控制器，这样不但解决了前端总线的性能瓶颈、提高内存的存取速度，而且使内存容量可随处理器数量的增加而增加。面对普通用户的Athlon 64处理器采用0.13μm制造工艺，内置的单内存控制器可支持DDR333内存，最大支持4GB内存，集成128KB一级缓存，256KB或512KB二级缓存。

3) IBM公司

IBM作为高端服务器处理器的最大制造商，为捍卫其霸主地位，设计了Power 4。该处理器采用0.13μm制造工艺，主频速度将超越1.3GHz，每块Power 4中集成了两个完整的子CPU，1.5MB二级缓存，它可以让两个子CPU同时执行自己的线程，而每个线程内部照样使用目前最先进的超标量、流水线等结构。

当然，IBM公司不会满足现状。2004年，IBM公司推出了支持64路（32个双核心处理器）的Power 5处理器。Power 5处理器频率为1.5~2.3GHz，制造工艺130~90nm，指令集构架 PowerPC v.2.02，核心数 2 ，L1缓存 32+32 KB/core，L2缓存1.875 MB/chip，L3缓存 36 MB/chip (off-chip)，比Power 4在性能上提高了40%。Power 5具有和超线程类似的Simultaneous Multithreading功能，不论是浮点还是整数运算能力都比原来提高超过50%。

Power 5处理器另一个值得注意的是其超大容量的CPU缓存，除了具有1.9MB的片载二级缓存外，Power 5还同时配备了惊人的36MB板载三级缓存。构架上Power 5处理器还具有硬件层面上的虚拟机技术，通过Power 5的虚拟引擎，多操作系统能在同一个硬件上互不察觉或在干扰的情况下同时运行。

2007年，IBM推出当时频率最高的微处理器Power 6，其生产工艺是65nm，晶体管数量 7900万，核心面积 341mm^2，指令集构架 Power ISA v.2.05，核心数 2，每个核心可实现2路并行多线程（SMT），L1缓存 64 KB指令缓存及64 KB数据缓存，L2缓存 4MB，L3缓存 32MB。双核Power 6处理器的速度为4.7 GHz，是Power 5处理器的2倍，但运行和散热所消耗的电能基本相同。这意味着客户可以使用新的处理器将性能提高100%或将能耗减少1/2。Power 6处理器的速度几乎是HP服务器产品线所使用的最新HP Itanium处理器的3倍。Power5的数据传输速率是150Gb/s，而Power 6的传输速率则达到了300Gb/s。IBM公司为了与更快的时钟频率保持同步，它提高了Power 6的通信能力。

在Power 6芯片研发工作中，IBM 利用了大量的技术成果，如指令执行的全新改进方法、降低能耗、电压/频率"可调"、全新的芯片设计方法等。

2010年，IBM推出了功能更加强大的Power 7。最高设计频率2.4~4.25GHz，制造工艺45 nm，指令集构架 Power ISA v2.06，核心数4、6、8，L1缓存32+32 KB/core，L2缓存256 KB/core ，L3缓存32 MB。

IBM Power7贯彻了之前Power系列芯片的45nm SOI铜互联工艺制程，是一个单晶片的八核处理器，密集部署了12亿个晶体管在芯片上，最大特点是它具有12个执行单元，以及4个同步多线程（Power 5和Power 6都是2个），这样保证Power 7处理器每个循环最高可以处理6个简单指令，如果运行4个混合多处理附加指令的话，每个循环最高可以执行8个浮点计算。同步多线程是充分利用乱序架构的好方法，相对来说，顺序架构利用起来就比较难。近年来处理器的发展是追求低功耗、大规模并行，越来越走向多路处理了，既然走向了多核心，那么走向更多路的SMT同步多线程也就顺理成章了。相对来说，Power 7的功耗并不高，主要用在服务器等大型超级计算机里面。

4) SUN公司

SUN公司一直关注高端服务器和工作站市场，其UltraSparcⅢ是64位处理器，采用0.13μm制造工艺，主频为1.2GHz。接下来，SUN推出UltrasparcⅢ的升级版本——UltrasparcⅣ，它采用0.13μm制造工艺，将进一步缩减核心面积。未来两三年内，SUN公司将推出采用0.09μm制造工艺的UltrasparcⅤ处理器，SUN想借此产品与IBM和Intel等公司一决高下。

64位处理器的诱人性能早已耳熟能详，但为什么我们还一直在32位处理器面前停滞不前？其中最主要的原因在于32位计算和64位计算之间的那道"隔离墙"——64位架构不能运行32位软件。32位软件必须进行移植，以使用新的性能；目前较旧的软件一般可借由硬件兼容模式（新的处理器支持较旧的 32 位版本指令集）或软件模拟进行支持。或者直接在 64 位处理器里面实际作 32 位处理器内核（如同 Intel 的 Itanium 处理器，其内含有 x86 处理器内核，用来执行 32 位 x86 应用程序）。支持 64 位架构的操作系统，一般同时支持 32 位和 64 位的应用程序。

当然64位计算的时刻必将来到，为早日真正进入64位计算的魔幻世界，目前急需解决的就是使64位解决方案同样高性能地运行在64位和32位两种平台之上，同时，在64位操作系统上能非常稳定地运行32位应用软件。

4．英国 ARM 公司

1991年，ARM公司成立于英国剑桥，主要出售芯片设计技术的授权。ARM（Advanced RISC Machines），既可以认为是一个公司的名字，也可以认为是对一类微处理器的通称，还可以认为是一种技术的名字。世界各大半导体生产商从ARM公司购买其设计的ARM微处理器核，根据各自不同的应用领域，加入适当的外围电路，从而形成自己的ARM微处理器芯片进入市场。基于ARM技术的微处理器应用约占据了32位RISC微处理器75％以上的市场份额，ARM技术正在逐步渗入到我们生活的各个方面。我国的中兴集成电路、大唐电信、中芯国际和上海华虹，以及国外的一些公司如德州仪器、意法半导体、Philips、Intel、Samsung等，都推出了自己设计的基于ARM核的处理器。

到目前为止，ARM微处理器及技术的应用已经广泛深入到国民经济的各个领域，如工业控制领域、网络应用、消费类电子产品、成像和安全产品等，ARM微处理器的主要特点有低功耗、低成本、高性能、采用RISC体系结构、大量使用寄存器以及高效的指令系统。

ARM微处理器系列包括ARM7系列、ARM9系列、ARM9E系列、ARM10E系列、SecurCore系列、Intel的Xscale，其中，ARM7、ARM9、ARM9E和ARM10为4个通用处理器系列，每一个系列提供一套相对独特的性能来满足不同应用领域的需求。SecurCore系列专门为安全要求较高的应用而设计。

ARM7系列是低功耗的32位RISC处理器，最适合用于对价位和功耗要求较高的消费类应用。如工业控制、Internet设备、网络和调制解调器设备、移动电话等多种多媒体和嵌入式应用。

ARM9系列微处理器在高性能和低功耗特性方面提供最佳的表现。ARM9系列微处理器主要应用于无线设备、仪器仪表、安全系统、机顶盒、高端打印机、数字照相机和数字摄像机等。ARM9E和ARM10E系列微处理器主要应用于下一代无线设备、数字消费品、成像设备、工业控制、通信和信息系统、存储设备和网络设备等领域。

2.4 存储设备

存储器（Memory）是计算机系统中的记忆设备，是计算机中的主要设备之一。

它采用具有两种稳定状态的物理器件来存储信息，这些器件也称为记忆元件。在计算机中采用只有两个数码“0”和“1”的二进制来表示数据。记忆元件的两种稳定状态分别表示为“0”和“1”。日常使用的十进制数必须转换成等值的二进制数才能存入存储器中。计算机中处理的各种字符，如英文字母、运算符号等，也要转换成二进制代码才能存储和操作，所以存储器中存放的是二进制数0和1。有了存储器，计算机才有记忆功能，才能保证正常工作。把信息存入存储器或从存储器取出信息的速度越快，计算机处理信息的速度就越高。因此，如何设计一个容量大、速度快、成本低的存储器是一个重要课题。本节主要介绍存储器的类别，并分类阐述其特点、性能及工作原理等。

2.4.1 存储设备概述

1. 存储器分类

由于信息载体和电子元器件的不断发展，存储器的功能和结构都发生了很大变化，相继出现了各种类型的存储器，以适应计算机系统的需要。下面从不同的角度介绍存储器的分类情况。

(1) 按存取速度分，可以高速、中速、低速。

(2) 按存储材料分，有半导体存储器、磁记录存储器、激光存储器等。

(3) 按功能分，有寄存器型存储器、高速缓冲存储器、主存储器、外存储器、后备存储器等。

(4) 按存储方式分，有随机存储器、顺序存储器、只读存储器等。

最近又出现了固态存储器、移动存储器、微型存储器等。

2. 存储器的层次结构

由于目前的存储器种类多，其性能和价格差异很大，为了得到快速、廉价、大容量的存储器，一方面要提高技术使每种存储器的性能提高；另一方面可以利用程序的局部性特点，建立合理的层次结构，同样可达到很好的效果。

(1) 寄存器型存储器。它是由多个寄存器组成的存储器，如当前许多CPU内部的寄存器组。它可以由几个或几十个寄存器组成，其字长与机器字长相同，主要用来存放地址、数据及运算的中间结果，速度可与CPU匹配，但容量很小。

(2) 高速缓冲存储器。它是计算机中的一个高速小容量存储器，其中存放的是CPU近期要执行的指令和数据。一般来用双极型半导体存储器作为高速缓冲存储器。由于它存取速度高，加上合理的调度算法可提高系统的处理速度。

(3) 主存储器。计算机系统中的主要存储器称为主存储器(简称主存)。它被用来存储计算机运行期间较常用的大量的程序和数据。由于它是计算机主机内部的存储器，故又称内存。主存一般由半导体MOS存储器组成。

(4) 外存储器。计算机主机外部的存储器称为外存储器，也叫辅助存储器(简称外存、辅存)。它的容量很大，但存取速度较低，如目前广泛使用的磁盘存储器和光盘存储器，它主要用来存放当前暂不参加运算的程序和数据。

上述各类存储器之间的关系如图2.13所示。由图2.13可知，计算机主要包括CPU、主存和高速缓冲存储器。高速缓冲存储器处于CPU和主存之间，主存介于高速缓冲存储器和外存储器之间。越靠近CPU的存储器，其存取速度越快，但容量相对来说就越小。计算机系统中没有高速缓冲存储器时，CPU直接访问主存(向主存存取信息)。一旦有了高速缓冲存储器，CPU当前要使用的指令和数据都是先通过访问高速缓冲存储器获取，如果高速缓冲存储器中没有，才会访问内存储器。另外，CPU不能直接访问外存储器，当需要用到外存储器上的程序和数据时，先要将它们从外存储器调入主存储器，再从主存储器调入高速缓冲存储器后为CPU所利用。用这种分层的方法，使CPU认为有一个Cache速度，外存储器为容量和价格的存储器。

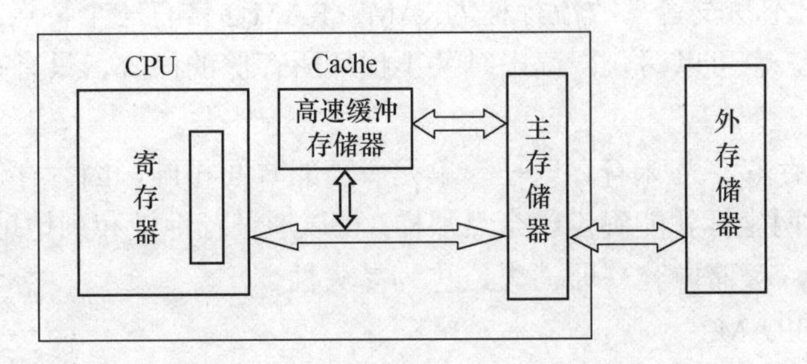

图 2.13　各类存储器之间的关系

3. 存储器的性能指标

各种存储器的性能可以用存储容量、存取速度、数据传输率三个基本指标表示。除这三个技术指标外，通常还要考虑每位存储价格这个经济指标。

(1) 存储容量。存储容量是指存储器有多少个存储单元。最基本的存储单元是位(bit)，但在计算容量时常用字节(Byte)或机器字长(Word)作单位。最常用的单位是千字节(KB，1024B)，依次为兆字节(MB，1024KB)、吉字节(GB，1024MB)、太字节(TB，1024GB)。

例如，硬磁盘目前水平是250GB～1TB，半导体存储器DRAM目前水平是每片1～4GB。

(2) 存取速度。把数据存入存储器称为写入，把数据取出称为读出。存取速度是指从请求写入(或读出)到完成写入(或读出)一个存储位的时间。它包括找到存储地址与传送数据的时间，半导体存储器的读取时间与地址无关，因此它只有一个存储时间，一般是固定的；目前微型计算机上采用的DDR和DDR2技术的内存条主要就是提高了存取速度。而磁盘、光盘的读取时间与地址有关，存取速度由以下因素决定：

① 寻道时间：一组读写头要同时找到某一磁道的位置。

② 读写头切换时间：在一组读写头中，确定哪一个要进行读写操作。

③ 转动延迟时间：在所需磁道上找到所需的记录，这依靠磁盘的转动来实现。

(3) 数据传输率。这个指标大多用于外存储器，衡量它与内存储器交换数据的能力。目前，IDE接口硬磁盘机的数据传输率为1.25～10MB/s；ATA接口硬磁盘机的数据传输率为40～100MB/s。对于WORM光盘来说，数据传输率为2.5～6.5Mb/s。依惯例，在所用单位中，B/s表示每秒字节数，b/s表示每秒比特数。

2.4.2　半导体存储器

目前，半导体存储器主要用于计算机、数据处理和通信设备，做内存储器使用。随着技术的发展和应用的开拓，半导体存储器已经开始向高清晰度电视机、数码照相机、数码录像机、彩色显示器、游戏机、数字复印机、电话等领域扩展。

半导体存储器一般可分为三大类：随机存储器(RAM)、只读存储器(ROM)、特殊存储器。下面着重介绍前两类，即RAM和ROM。

1. 随机存储器

1) RAM

RAM的全名是读写随机存取存储器(Read Write Random Access Memory)，本应缩写

为RWRAM，但它不易发音，故流行称为RAM。RAM通常有三个特点：

① 可以读出，也可以写入，读出时并不损坏所存储的内容，只有写入时才修改原来所存储的内容。

② 所谓随机存取，意味着存取任一单元所需的时间相同，因为存储单元排成二维阵列，就像通过X、Y两坐标就能确定一个点那样，可以通过行地址和列地址来存取一个单元。

③ 当断电后，存储内容立即消失，称为易失性。

2) DRAM与SRAM

RAM可分为动态(Dynamic RAM，DRAM)和静态(Static RAM，SRAM)两大类。DRAM是用MOS电路和电容来做存储元件的，由于电容会放电，所以需要定时充电以维持存储内容的正确，这称为“刷新”，例如每隔2ms刷新一次，因此称为动态存储器。SRAM是用双极型电路或MOS电路的触发器来做存储元件的，没有电容造成的刷新问题。只要有电源正常供电，触发器就能稳定地存储数据，因此称为静态存储器。SRAM的特点是高速度，但密度低、成本高；DRAM的特点是高密度，成本低。通常用DRAM做主存，如图2.14所示为微型计算机的内存条；用SRAM做Cache。

图 2.14　内存条

3) NVRAM

NVRAM是一种非易失性的随机读写存储器，既能快速存取，而且系统断电时又不丢失数据。最常见的NVRAM就是Flash存储器，它能可靠操作达10万次，非易失能力保证能存储10年以上。20世纪90年代Intel公司发明的Flash存储器突破了传统的存储器体系，改善了现有存储器的特性，因而是一种全新的存储器技术。NVRAM通常存储计算机的系统设置参数或重要数据。

2. 只读存储器

ROM为只读存储器(Read Only Memory)的缩写。顾名思义，它只能读出原有的内容，而不能写入新内容，原有内容由厂家一次性写入，并永久保存下来，当然是非易失的。1985年美国Mostek公司推出1Mb的ROM芯片，此后ROM集成度不断提高。显然，大容量的ROM对计算机系统的设计有重要意义，嵌入式系统中只要一块芯片就能把某个操作系统全部存下。

PROM是可编程只读存储器(Programmable Read Only Memory)的缩写。它与ROM的性能一样，存储的程序在处理过程中不会丢失、也不会被替换，区别仅是厂家能针对用户对软件的专门需求来烧制其中的内容。因此，PROM大都固化某些在使用中不需变更的程序和数据，从结构上说它是根本无法擦除的。

EPROM是可擦除可编程只读存储器(Erasable Programmable Read Only Memory)的缩写。它的内容通过紫外光照射可以擦除，这种灵活性使EPROM得到广泛的应用。

E^2PROM是电擦除可编程只读存储器(Electrically Erasable Programmable ROM)的缩

写。它包含了EPROM的全部功能，而在擦除与编程方面更加方便。

目前只读存储器基本上被Flash存储器所取代。

2.4.3 磁记录存储器

利用磁能方式存储信息的设备有磁芯存储器、磁带、软盘、硬盘存储器，这里讨论利用磁表面工作的软、硬磁盘存储设备。

1. 磁记录的基本概念

利用外加磁场在磁介质表面进行磁化，产生两种方向相反的磁畴单元来表示0和1，这是磁记录的基本原理。外加磁场是磁头提供的，磁介质表面则有磁盘、磁带等形式。

无论是哪种磁记录设备，增大存储容量的基本途径是提高磁介质表面的记录密度。

(1) 面密度。磁介质表面的单位面积上，存储的二进制信息量称为磁记录的面密度。其单位为每平方英寸比特数(b/in^2)，例如采用垂直记录技术的硬盘，它的面密度可达1Gb/in^2。

(2) 道密度。磁记录多以一条条磁道的形式实现。在磁道的垂直方向上，单位长度包含的磁道数称为道密度。其单位为每英寸磁道数(t/in)或者每厘米磁道数t/cm。例如，硬盘的道密度从1956年的20t/in提高到目前的2400t/in；软盘的道密度从1970年的48t/in提高到目前的777t/in。

道密度等于磁道间距的倒数，而磁道间距则是相邻两条磁道中线间的距离。

(3) 位密度。磁道上单位长度存储的二进制信息量称为位密度也称为线密度。其单位为每英寸比特数b/in，例如，硬盘的位密度从1956年的l00b/in提高到目前的35000b/in。又如，5.25in软盘的三种容量1MB、1.6MB、2MB对应的位密度分别为5900b/in、9500b/in、11800b/in，而采用垂直记录技术的软盘，位密度可达70Kb/in。

2. 软磁盘及其设备

1972年，IBM公司在其3740数据输入系统中，首先来用了8in的单面单密度软盘驱动器。这比硬磁盘组的出现整整晚了10年。

(1) 软磁盘(Floppy Disk)。软磁盘是人们广泛使用的一种廉价介质。它的作用可以与纸对人类文明的贡献相提并论。它是在聚酯塑料盘片上涂布容易磁化并有一定娇顽力的磁薄膜而制成的。所用磁介质有钡铁氧体、金属介质等。制成的盘片封装在保护外套中，外套上开着几个窗孔：驱动轴孔、磁头读写槽、定时孔、写保护口等。软盘的主要规格是磁片直径。1972年出现的是8in软盘，1976年与微型计算机同时面世的是5.25in软盘，简称5in盘；1985年日本索尼公司推出3.5in盘。1987年又推出2.5in磁盘，简称2in盘。

(2) 软盘驱动器。只有磁盘而没有驱动读写装置，那是无法用它存储数据的，这就像只有胶卷而没有照相机无法进行摄影一样。软盘驱动器由机械运动和磁头读写两部分组成。机械运动部分又由主轴驱动系统和磁头定位系统两部分组成。通常，主轴驱动系统使用直流伺服电机，带动磁盘以300r/min的速度旋转。磁头定位系统则使用步进电机，在有关电路的控制下，使磁头沿着磁盘径向来回移动，以便寻找所要读写的磁道。磁头读写部分则负责信息的传送与读写操作的完成。

3. 硬磁盘及其设备

硬盘（Hard Disk Drive，HDD）全名为温彻斯特式硬盘，是计算机系统中最主要的辅助存储媒介之一，由一个或者多个铝制或者玻璃制的碟片组成。这些碟片外覆盖有铁磁性材料，硬盘盘片与其驱动器合二为一，绝大多数硬盘都是固定硬盘，被永久性地密封固定在硬盘驱动器中，常称为硬盘机，后来统称为硬盘，如图2.15所示。按硬盘的几何尺寸划分，硬盘主要分为3.5in和5.25in两种。近年来，市场上出现只有硬币大小的微小硬盘。按硬盘接口划分，主要有IDE、EIDE、ATA和SCSI接口硬盘。

图 2.15　硬盘

硬盘主要的性能指标：

(1) 容量。硬盘的容量指的是硬盘中可以容纳的数据量。硬盘的容量以兆字节（MB/MiB）或吉字节（GB/GiB）为单位，1GB=1024MB而1MB=1024KB。但硬盘厂商通常使用的GB相当于1000MB，而Windows系统依旧以“GB”字样来表示“GiB”单位（以1024换算），因此在BIOS中或在格式化硬盘时看到的容量会比厂家的标称值要小。

从硬盘外观来看，不同的硬盘几乎没有差别，但由于制造技术不同，相同大小的硬盘其容量却不尽相同，发展趋势是容量越来越大。一般情况下，硬盘容量越大，单位字节的价格就越便宜，但是超出主流容量的硬盘略微例外。

(2) 转速。转速是指硬盘内电机主轴的旋转速度，也就是硬盘盘片在1min内所能完成的最大转数。转速是标示硬盘档次的重要参数之一，也是决定硬盘内部传输率的关键因素之一，在很大程度上直接影响到硬盘的速度。

硬盘的转速越快，硬盘寻找文件的速度也就越快，相对硬盘的传输速度也就得到了提高。硬盘转速以每分钟多少转来表示，单位表示为r/min(Revolutions per minute，转/每分钟)。转速值越大，内部传输率就越快，访问时间就越短，硬盘的整体性能也就越好。

家用的硬盘的转速一般有5400r/min、7200r/min，是台式机用户的首选；而对于笔记本用户则以4200r/min、5400r/min为主，虽然已经有公司发布了10000r/min的笔记本硬盘，但在市场中还较为少见；服务器用户对硬盘性能要求最高，服务器中使用的SCSI硬盘转速基本都采用10000r/min，甚至还有15000r/min的，性能要超出家用产品很多。但是，随着硬盘转速的不断提高，也带来了温度升高、电机主轴磨损加大、工作噪声增大等负面影响。

(3) 平均寻道时间。平均寻道时间指的是磁头到达目标数据所在磁道的平均时间，它直接影响到硬盘的随机数据传输速度，目前的主流硬盘中，除了希捷的酷鱼稍快（为7.6ms）外，其余品牌基本为8.5～9ms。

(4) 缓存。缓存是硬盘控制器上的一块内存芯片，具有极快的存取速度，它是硬盘内部存储和外界接口之间的缓冲器。由于硬盘的内部数据传输速度和外界介面传输速度不同，缓存在其中起到缓冲的作用。缓存的大小与速度是直接关系到硬盘的传输速度的重要因素，能够大幅度地提高硬盘整体性能。当硬盘存取零碎数据时，需要不断地在硬盘与内存之间交换数据，缓存大就可以将那些零碎数据暂存在缓存中，减小外系统的负荷，提高数据的传输速度。

当然硬盘的性能指标还有价格、可靠性、品牌、体积大小、服务等，弄明白了上述硬盘的性能指标后，就可根据需要选购合适的硬盘了，其实，市面上不同时期都有不同档次的流行款式，选购硬盘并不是太难的事。

2.4.4 光盘存储器

光盘存储器具有记录密度高、存储容量大、采用非接触方式读 / 写信息、信息可长期保存等优点，而且其技术还在不断发展和成熟，因此它在计算机外存储器当中占有重要一席。

自20世纪70年代初期光存储技术诞生以来，在不长的时间内，光盘技术便获得了迅速发展，根据光盘结构，光盘主要分为CD、DVD、蓝光光盘等几种类型，这几种类型的光盘在结构上有所区别，但主要结构原理是一致的；而只读的CD光盘和可记录的CD光盘在结构上没有区别，它们的主要区别是材料的应用和某些制造工序不同，DVD也是同样的道理。

光盘存储器主要有固定型光盘、追记型光盘、可改写型光盘等三种产品。

(1) 固定型光盘，又叫只读光盘，它把需要的信息事先制作到光盘上，用户不能抹除，也不能再写入，只能读出盘中的信息，现在广泛使用的CD-ROM光盘就是此类。

(2) 追记型光盘，又叫只写一次式光盘，它可以由用户将所需要信息写入光盘，但写过后不能抹除和修改，只能读出。这种光盘主要供用户作信息存档和备份一个大型系统用。

(3) 可改写型光盘，也叫可擦写型光盘，用户可以自己写入信息，也可以对写入的信息进行擦除和改写。就像使用软盘、硬盘一样，能反复使用。这种光盘价格较高。

上述三种光盘信息的存储和读出，都依赖于激光技术。由于激光具有高度聚光性，能够将它变成可控制的激光束，利用激光束可以在光盘片上写数据或者读取预先写入的数据。现以追记型光盘为例，介绍光盘的信息存储/读取原理。

对追记型光盘，把数据写入到光盘上的方法是：将聚焦的激光照射在光盘表面的存储介质上，对其被照射的微小区域进行加热，烧出微米级的小孔(又称为凹坑)，利用这种凹坑的边缘来代表二进制1，平坦部分代表0。把数据从光盘上读出的方法是：用比写入时功率低的激光照射到光盘上，光被反射回来凹坑边缘处反射光的相位与无凹坑处不同，经光电传感器检测出来后，再送到鉴别电路处理，就还原成了0、1信号。

光盘存储器有许多明显的优点，它的存储容量较大，有很高的可靠性，不容易损坏，它在正常情况下是非常耐用的。这是由于光盘表面不会接触其它物质，而其表面存储介质也很难受潮湿和温度影响。光盘存储器的缺点主要是读出速度慢，平均访问时间是250ms，比起硬盘的访问时间(20ms以内)要慢得多。光盘存储器的趋势是向高容量存储发展，如开始面世的DVD+R DL产品，业界的技术研发也以此为导向。现在，已经出现了单面双层的DVD盘片。

2.4.5 新型存储器

近年来由于技术的发展，出现了一些新型的存储器，如移动硬盘、U 盘以及各种存储卡(SD 卡、CF 卡、忆棒、XD 卡)等。它们常用在数码相机、数码摄像机、MP3 和MP4 中。

1. 移动硬盘

图 2.16 移动硬盘

移动硬盘 (Mobile Hard disk)以硬盘为存储介质，计算机之间交换大容量数据，强调便携性的存储产品。市场上绝大多数的移动硬盘都是以标准硬盘为基础的，而只有很少部分以微型硬盘(1.8in 硬盘等) 为基础，转速为 4200～5400r/min，但价格因素决定着主流移动硬盘还是以标准笔记本硬盘为基础。因为采用硬盘为存储介制，因此移动硬盘在数据的读写模式与标准硬盘是相同的。移动硬盘多采用 USB、IEEE1394 等传输速度较快的接口，可以较高的速度与系统进行数据传输。移动硬盘具有尺寸小、质量轻、安全可靠、可随时插拔的特点，如图 2.16 所示。

移动硬盘的存储容量通常为 320GB、600G、1TB、4TB 等，最高可达 12TB 的容量，甚至更大，移动硬盘大多采用 USB、IEEE1394、eSATA 接口，能提供较高的数据传输速度。不过移动硬盘的数据传输速度还一定程度上受到接口速度的限制，尤其在 USB1.1 接口规范的产品上，在传输较大数据量时，将考验用户的耐心。而 USB2.0、IEEE1394、eSATA 接口就相对好很多。USB2.0 接口的传输速率是 60MB/s，USB3.0 接口的传输速率是 625MB/s，IEEE1394 接口的传输速率是 50~100MB/s。因此移动硬盘与主机交换数据时，速度很快，保存一个 GB 数量级的大型文件只需几分钟就可完成，适合于图像文件、音视频文件的存储与交换。

这些都是接口理想状态下所能达到的最大数据传输率，在实际应用中会因为某些客观的原因（如存储设备采用的主控芯片、电路板的制作质量是否优良等），减慢了在应用中的传输速率。

3.5in 的硬盘盒使用台式计算机硬盘，体积较大，便携性相对较差。3.5in 的硬盘盒内一般都自带外置电源和散热风扇。

2. U 盘

U 盘，全称为 USB 闪存驱动器，英文名为“USB flash disk”。它是一种使用 USB 接口的无需物理驱动器的微型高容量移动存储产品，通过 USB 接口与计算机连接，实现即插即用。U 盘的称呼最早来源于朗科科技生产的一种新型存储设备，名曰“优盘”，使用 USB 接口进行连接。优盘连接到计算机的 USB 接口后，其中的资料可与计算机交换。而之后生产的类似技术的设备由于朗科公司已进行专利注册，而不能再称为“优盘”，而改称谐音的“U 盘”。后来，U 盘这个称呼因其简单易记而广为人知。如图 2.17 所示。

图 2.17 U 盘

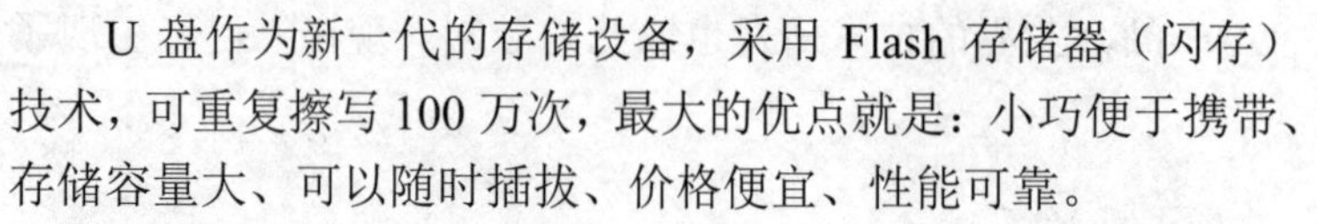

U 盘作为新一代的存储设备，采用 Flash 存储器（闪存）技术，可重复擦写 100 万次，最大的优点就是：小巧便于携带、存储容量大、可以随时插拔、价格便宜、性能可靠。

U 盘体积很小，仅大拇指般大小，质量极轻，一般在 15g 左右，特别适合随身携带，可以挂在胸前、吊在钥匙串上、甚至放进钱包里。一般的 U 盘容量有 1GB、2GB、4GB、8GB、16GB、32GB、64GB 等，存盘中无任何机械式装置，抗震性能极强。另外，U 盘还具有防潮防磁、耐高低温等特性，安全可靠性很好；具有写保护功能，数据保存安全可靠，使用寿命可长达 10 年之久；读写速度比软盘快 15 倍；利用 USB 接口，可以与几乎所有计算机连接，有些产品还可以在 Windows 操作系统受到病毒感染时模拟软驱和硬盘启动操作系统。目前，U 盘已经非常普及。

3. 存储卡

(1) CF 卡(Secure Digital)。由 SanDisk 公司于 1994 年研制成功，有可永久保存数据、无需电源、速度快等优点，价格低于其它类型的存储卡。常见的有两种规格：CF Type I 型卡和 CF Type II。II 型卡的最大容量目前可达到 3GB。CF 卡主要在佳能、柯达、尼康等数码相机上使用。

(2) 记忆棒(Memory Stick)。这是索尼公司推出的数码存储卡。它采用了单一平面的 10 针独立针槽设计，易于从插槽中插拔而不易损坏。从规格上看，Memory Stick 有普通棒、高速棒(Memory Stick Pro)和短棒(Memory Stick DUO)三种。记忆棒目前主要在索尼数码摄像机、照相机上使用。

(3) XD 卡（XD Picture Card）。是由日本奥林巴斯株式会社和富士有限公司联合推出的一种新型存储卡，邮票般大小，有极其紧凑的外形，尺寸为 20mm×25mm×1.7mm，总体积有 0.85cm^3，质量为 2g，是目前较为轻便、小巧的数字闪存卡。XD 卡的理论最大容量可达 8GB，具有很大的扩展空间。目前市场上见到的 XD 卡有 512MB、1GB、2GB 等不同的容量规格。

还有一种存储设备叫固态硬盘（SSD），它是使用 NAND 型闪存做成的外存储器，如图 2.18 所示。在便携式计算机中代替传统的硬盘。它的外形与常规硬盘相同，如 1.8in、2.5in 或 3.5in，与主机的接口也相互兼容。存储容量为 64～128GB，甚至更大。其主要优点是：低功耗、无噪声、抗震动、低热量，读写速度也快于传统硬盘。同时存在问题以下问题：一方面它的成本高于常规的硬盘；另一方面 Flash 存储器都有一定的写入寿命，寿命到期后，数据会读不出来且难以修复。

图 2.18　固态硬盘

2.5　输入输出设备

2.5.1　输入设备

输入设备中既有日常生活中常见的，如键盘和鼠标，也有为非常特殊的目的而设计的，如医院里用于监视病人生命信号(血压、心率等)的各种设备。但不管怎样，一个重要的事实就是不同的设备有不同的用途。下面我们要对许多这样的设备进行讨论。

1. 键盘

键盘可以说是一种万用输入设备，也是最常用、最方便的输入设备，允许用户输入数字、字母、符号、文字等数据。只有在无法自动输入数据时，才应考虑使用键盘(稍后会对自动化进行解释)。通常将平时用到的标准键盘称为QWERTY键盘，这6个字母顺序排列于键盘字母区域的左上方，这种布局是在机械打字机的年代规定好的。

图2.19所示的键盘为人体工程键盘，这种设计可以减少键盘操作者的手部疲劳；提高

输入速度。而日常生活中的许多公共终端，如自动柜员机，采用的是“薄膜键盘”，而非一个个独立的按键。这种键盘也在工厂设备和电子测试仪器中得到了广泛应用。在工厂和维修车间这样的地方，往往存在着大量的灰尘、油和水，此类薄膜键盘可有效加以抵御，不像普通键盘那样容易失灵。这种键盘一般提供了专为特殊目的设计的按键。但对这种键盘来说，它最大的一个缺点就是对按键不很敏感，所以往往只在按少数几个键的场合使用。

图 2.19　键盘

2. 指点设备

键盘最主要的用途是输入文字和数字。然而，越来越多的软件产品要求用户同图标打交道(屏幕上显示的一些图形符号，代表文档或程序)，并从“菜单”的一种列表中作出选择。指点设备便是基于这一目的而设计的。指点设备的类型包括鼠标、轨迹球、轨迹杆和触摸板。使用鼠标时，需要在一个平滑的表面(如桌面)移动它，注意屏幕上的光标会按相同方向运动。鼠标移动时，位于底部的一个小球也会跟着转动，为选择一个菜单项，通常要单击鼠标左键。轨迹球不需要移动鼠标本身，只需旋转位于顶部的圆球，即可实现光标的运动。轨迹杆看起来就像一只铅笔擦，位于键盘中央，可用拇指或手指朝希望光标运动的方向压送这个小杆。触摸板是一个小的矩形平面，将一根手指放在上面移动，光标就会沿手指的方向运动。触摸板也具有不需要占用额外桌面空间的优点。另一种类型的指点设备是游戏杆，往往用于电子游戏及模拟培训课程中。

3. 源数据自动化

在传统意义上，数据输入是数据处理过程中最薄弱的一环，亟待改进。尽管真正的数据处理可以非常快地完成，但大量的时间都浪费在数据的准备、检查和录入上面。而另一种形式的数据输入名为源数据自动化，可在一个事件发生时，在其发生的地点收集与之相关的数据，并采用计算机认可的形式。这样便消除了数据错误录入计算机的可能。源数据自动化改善了数据处理的速度、准确性及效率，往往能省下用于数据输入的大量人力和财力。下面将讨论一些最常见的源数据自动化形式。

(1) 光学记号识别。光学识别设备能读取纸质文档上的记号和符号，并将它们转换成电子脉冲。脉冲随后可直接传给CPU。光学识别最简单的一种形式就是光学记号识别(OMR)。这种形式通常用于机读试卷，为多重选择试题打分。

(2) 光学字符识别。和OMR不同，光学字符识别(OCR)不需要特殊的印制纸张。OCR设备能读入由打印或手写的文字，OCR设备会扫描每个字符的形状，并尝试判断出与其对应的字母、数字或者汉字。随后，将这些字符转换成相应的计算机系统代码，并将信息保存在计算机中。

(3) 条形码阅读机。另一种类型的光学阅读机叫做条形码阅读机或条码阅读机，它能判读特殊的线条，即条形码。条形码是一种由光学符号组成的图案，代表与特定物品有关的信息。条码的应用范围很广，包括自动收银机(POS)系统以及产品标识，实现仓储的自动化控制，不同的条码宽度和间距代表着不同的数据。

(4) 磁性带。日常生活中使用的许多卡，如信用卡、电话卡等，是在背面制作了一条磁性带。这些磁卡可用来购买商品和为服务付费、使用自动提款机或者进入工作单位的保密场所等。

(5) 非接触式IC卡。读卡器发出一定的电磁波，当IC卡靠近时可以吸收电磁波作为能量，同时接收读卡器的指令、数据，也可回传数据或修改卡内数据。它具有较好的安全性。我国第2代居民身份证就是采用非接触式IC卡制成的。

4. 数字化仪

数字化仪是一种特殊的输入设备，允许用户在一张特殊的平板上绘图，并将图形传输给计算机系统。与传统指点设备相比，数字化仪的优点是它能达到很高的精确度。尽管数字化仪非常昂贵，但它们能达到许多专家(如工程师、建筑师和专业绘图人员等)所需要的精确度，所以也是物有所值。

5. 图像扫描仪

利用一部图像扫描仪(图2.20)，可将印刷材料转换成数字格式，使其能保存于计算机系统。文字、图形和照片都可以扫描。根据情况可以选用黑白扫描仪或者彩色扫描仪。由于图像扫描仪扫描图形的速度往往不够快，所以一般只用它们向系统输入数量有限的几页。然而，这些扫描仪文字扫描速度通常快得多，效率也比打字员录入高。目前可见到两种基本类型的扫描仪，即平板扫描仪和手持式扫描仪。其中，平板扫描仪的使用类似于复印机，一次扫描一张纸。

扫描仪扫描所得到的都是图像。即使在文档中包括了文字，它们也都是以图形格式存储到计算机中。这就是说，不能在字处理程序中直接编辑或处理这些文字 。这时候，需要用一种OCR软件将这些文字图形转变成计算机中字母、数字和汉字代码。目前OCR软件的质量有了很大的提高，识别率也大大提高，中文认别的也能达到98%以上。已经有越来越多的人愿意用OCR软件将印刷文档快速转变成可以由计算机处理的文档格式。

6. 特殊输入设备

键盘和鼠标这样的硬件均属于常规用途输入设备，适用于多种不同的场合。下面讨论的设备则是为了满足特殊要求而设计的。

(1) 触摸屏。公共场所使用的许多输入设备都采用触摸屏。商场里为消费者提供的立式终端多数采用了这一技术，它允许用户访问与商场有关的信息，或直接在上面发出订单。触摸屏工作起来就像前面介绍过的鼠标触摸板。屏幕上会显示一系列选项，是一种友好的输入设备。图书馆和博物馆也多有采用触摸屏。

(2) 光笔。光笔和普通笔在外形上几乎没有什么两样，只是光笔在笔头安装了一个光线感应装置，该装置向系统通告笔尖目前正指向屏幕的哪个位置。光笔有时用于工程和其它技术领域，用来修改图表、图画，或用于直接写入汉字。

(3) 话音输入。也称为话音识别，允许通过讲话向系统发出指令或者输入数据。有的电话目录求助服务系统依赖的便是话音输入。客户提供被查询者的城市及姓名，系统据此搜索出对方的电话号码。有些软件产品，如IBM公司的ViaVoice和L&H的Voice Xpress，允许用户对麦克风讲话，由软件将讲话内容转换成文本输入到计算机，事实上，好的话音输入系统应当具有学习能力。软件首先引导用户试读一些内容，以适应不同用户的发音习惯，提高系统的识别能力。

(4) 视觉输入。视觉输入设备必须使用一部摄像机，以再现人类的视觉。系统会识别摄取到的图像，并将其与一个内部数据库对比，尝试判断对象是什么。许多因素都会影响视觉输入的准确性。视觉输入目前常用于视频聊天和监视场合。如图2.21所示为计算机常用的摄像头。

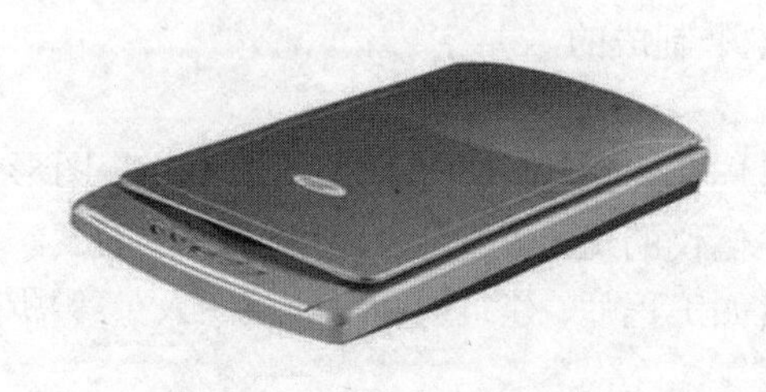

图 2.20　图像扫描仪

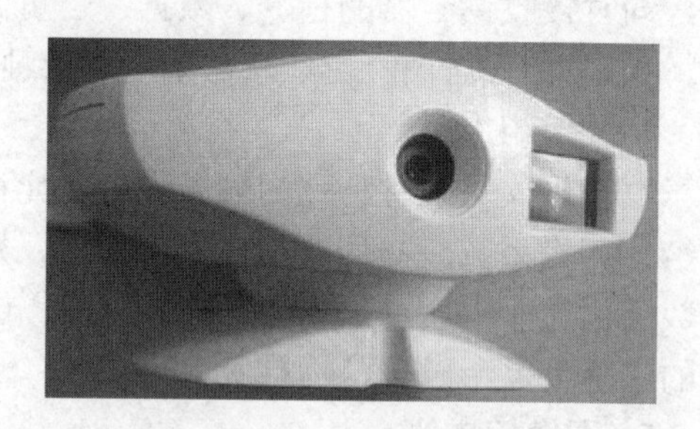

图 2.21　摄像头

(5) 数码相机。随着价格逐步下跌，以及功能逐步增强，数码相机已得到了越来越多的人的青睐。数码相机可将摄得的照片以图像形式保存在相机的内存中，这些图像可传送到一台微型计算机，在显示器上观看。对于那些不理想的照片可以立即删除，只将那些有保存价值的照片送去打印。在那些需要快速成像的场合，数码相机特别有用。另外，数码相机拍得的照片可以安全、方便地保存在计算机中。

2.5.2　输出设备

有两种类别的输出设备：一类负责提供“软拷贝”，另一类负责提供“硬拷贝”。其中，“软拷贝”是指非永久性形式输出，如计算机屏幕上显示的文字；“硬拷贝”则指能永久保存下来，从打印机这一类设备中的输出。这两种类别的输出设备各有自己的优缺点。

1. 显示器和终端

最常见的输出设备是显示器，它能在屏幕上显示出结果。大多数桌面微型计算机都采用了阴极射线管(CRT)显示器。其工作原理同一般的电视机雷同，用于显示由计算机生成的文字、数据或者图像。显示器的输出速度非常快——几乎是实时的。对于像字处理这样的工作，由于需要一边编辑一边看到结果，所以显示器就显得特别有用。然而，显示器一次只能在屏幕上显示输出内容的一部分，而且这种输出并非永久存在的。只要有其它内容代替了它，或者关闭了显示器的电源，原先的内容便消失了。

考虑到对轻巧的要求，笔记本电脑往往采用平板显示器。这些显示器对耗电量的要求也比CRT显示器少。最常见的平板显示器是液晶显示器(LCD)，其屏幕厚不足1cm，内部充填液晶材料，使光线能够穿透它们。平板显示器只需占用很少的桌面空间；由于既轻且薄，甚至能将它们挂上墙上使用。

有许多因素会影响到显示器的显示质量，其中最重要的是分辨率，或者说图像的清晰及锐利程度。显示区域其实是由大量图形元素构成的一个网格，这些元素称为像素。像素是显示器能够显示的最小单元。根据显示输出的要求，每个像素都能处于开或关的状态，其颜色也会相应变化。一般来说，屏幕内包含的像素越多，分辨率就越高。例如，一个1024×768的屏幕便由1024行、768列个像素点构成。通常所说的点距是指像素之间的距离，以毫米为单位。好的显示器点距应在0.28mm以下。刷新频率代表着图像在屏幕上的重画速度。由于显示器的物理本质，决定了屏幕显示的任何东西都不能持久，必须以固定的频率连续重画，为确保感觉不出明显的屏幕闪烁，至少将刷新频率设为75Hz，当然100Hz更好。颜色数是指每个像素能显示的不同颜色的多少，一般有16色、256色，但当颜色数很多时就难以表示，为此就用二进制的位数来表示，就有24位色、36位色等。这就已接近真正的自然彩色，故也称为真彩色。

2. 打印机

打印机产生“硬拷贝”或者说永久性输出。通常将打印机划分为两个类别：击打式和非击打式。非击打式打印机常见的两种类型：激光打印机和喷墨打印机。

(1) 点阵式打印机。点阵式打印机是击打式打印机最常见的一种类型，已问世了许多年。这种打印机工作时需要用一个打印头击打纸面。打印头包含了许多独立的针，可自由伸缩，形成所需字符的不同形状。因此，这种打印机通常也称为针式打印机或针打。色带置于打印头和纸张之间。打印头透过色带击打在纸面上时，就会产生相应的图形。点阵式打印机的成本相当低廉，但近几年已不怎么流行了，原因是其速度慢，噪声大，打印质量没有激光和喷墨打印机高。尽管存在这些缺陷，点阵式打印机目前仍然有一定的用处，其中最重要的是用它制作多联文档。打印多联文档时(如发票联)，只有击打式打印机才能产生足够的压力，穿透复写纸。

(2) 激光打印机。激光打印机是一种流行的非击打式打印机，可快速、安静地输出高质量印张。这种打印机采用的是墨粉，墨粉是一种精细的黑色粉末，而非油墨。工作原理和复印机非常相似，激光打印机仅需极少的维护。同点阵式打印机一样，激光打印机也是在纸面产生许多细小的点，从而形成输出。然而，激光打印机产生的点非常小，用肉眼很难分辨。对如今的激光打印机来说。分辨率往往能达到每英寸600点以上(600d/in)。除了能输出精美的文字以外，激光打印机还能产生高分辨率的图片印张。

(3) 喷墨打印。同激光打印机一样，也属于非击打式打印机。它的工作原理是将非常细小的墨滴通过喷管喷射到纸面。就打印速度来说，喷墨打印机通常没有激光打印机快，且输出质量不像激光打印机那么干脆、清爽。另外，由于这种打印机价格低廉、体积轻巧，且占用的桌面空间比大多数激光打印机都要少，因此，喷墨打印机经常用于办公室的单机环境。喷墨打印机打印时非常安静，这对办公室传统的击打式打印机来说，是一个明显的进步。图2.22所示为喷墨打印机。

图 2.22　喷墨打印机

(4) 高速打印机。大型计算机系统通常要使用高速打印机，能在一分钟内可完成数十页文档的打印。有一种高速击打式打印机叫行式打印机，因为它们打一次或几次便能输出一整行，而每分钟最多能打印2000行。这些打印机非常笨重，而且价格昂贵，要求进行特殊维护。高速打印机往往应用于商业领域，如银行、信用卡公司以及每个月都需要输出大量报告和票据的其它公司。

(5) 彩色打印机。黑白打印机对文字输出来说已经绰绰有余。但是现在，越来越多的文档开始引入图片，并要求具有精美、专业的外观。彩色打印机越来越多地走入寻常百姓家。目前有多种类型的彩色打印机。如果使用彩色打印的目的仅是为了改善文档的外观，那么彩色喷墨打印机就已经足够了，且价钱也不高。然而，彩色喷墨打印机表现的彩色阴影和色调往往并不十分准确。而且和它们的黑白型号一样，能达到的分辨率也比激光打印机低。例如，若扫描家人的一张合影，然后用彩色喷墨打印机把它打印出来。此时，图片的颗粒感相当明显，颜色也不像正常的照片那么平滑自然。但假如换用彩色激光打印机，得到的效果就要好一些。激光打印机虽然能提供更高的分辨率和更准确的颜色再现，但仍然不能达到真正的相片质量输出。如果真的想得到相片质量的输出，可考虑热升华打印机。

3. 绘图仪

绘图仪与打印机的相似之处在于，它们输出的都是“硬拷贝”。尽管到目前为止讨论过的打印机都能输出各种大小的图形，但对于大尺寸、要求高精确度的工程和建筑制图来说，却是远远不够的。这些制图需要用专用的绘图仪来生成。绘图仪是一种特殊的设备，专门用于输出图表、素描、蓝图和其它图形等“硬拷贝”。绘图仪可从容绘制大尺寸纸张，如工程制图等。目前有几种类型的绘图仪，其中，传统绘图仪使用的是彩色笔，绘图仪控制它在纸面上移动，从而描上相应的线条。现在人们通常使用的是喷墨绘图仪。这种绘图仪相当可靠，且费用低廉。另一种常见的是LED(发光二极管)绘图仪，它同激光打印机类似，但使用的是二极管阵列，而非激光束。为了生成图形，需要为特定的二极管充电，随后由它们吸引墨粉，产生图形。与喷墨绘图仪相比，LED绘图仪可非常快地输出大型绘画，但它的价格也贵得多。

绘图仪或者是平面式或者是鼓式。对平面绘图仪来说，纸张保持在平面上固定位置，由打印机构在纸上移动。而鼓式绘图仪需要在鼓旋转的同时，将图形打印上去。如图2.23所示为大型鼓式绘图仪。

图 2.23　大型绘图仪

4. 声音输出设备

通常，计算机的输出要么是一种“软拷贝”，如在显示器上出现；要么是一种“硬拷贝”，如打印文档。然而，当今的计算机输出甚至可以是看不见的。大多数系统也能输出声音。计算机可输出的声音包括简单的哔哔声以及像计算机开机或启动一个特定的软件时发出的其它音调等。许多系统也能输出音乐。为输出声音，要求在系统内安装一张声卡和相应的扬声器。声音质量同时取决于声卡的类型以及扬声器的质量。话音输出(或合成话音输出)正变得越来越普遍。合成话音试着再现人类的声音。许多汽车都利用合成话音发出一些提示消息，如“请扣紧安全带”“倒车，请注意”

等。如果用户正忙着做其它事情，如操作机器等，合成话音就显得非常有用。另外，同闪烁灯光或在屏幕上显示提示信息相比，合成话音也是警告危险情况的更有效方式。

2.6 系统总线

任何一个微处理器都要与一定数量的部件和外围设备连接，如果将各部件和每一种外围设备都分别用一组线路与CPU直接连接，那么连线将会错综复杂，甚至难以实现。为了简化硬件电路设计、简化系统结构，常用一组线路，配置以适当的接口电路，与各部件和外围设备连接，这组共用的连接线路被称为总线，英语名称BUS很形象地表示了总线的特征。总线就像高速公路，总线上传输的信号则被视为高速公路上的车辆。

显而易见，在单位时间内公路上通过的车辆数直接依赖于公路的宽度、质量。因此，总线技术成为计算机系统结构的一个重要方面。采用总线结构便于部件和设备的扩充，而统一的总线标准则容易使不同设备间实现互连。计算机系统通过总线将CPU、主存储器及输入输出设备连接起来。总线是它们相互通信的公共通路，在这个通路上传送地址信息、数据信息及控制信息。

现代计算机系统的总线包括内部总线、系统总线及处理机间的总线。内部总线是指CPU内部连接各寄存器与ALU部件的总线，它包含在CPU数据通路内。系统总线是指计算机系统的CPU、主存储器及I/O接口之间的连线。处理机之间的总线涉及到多机系统互连。

2.6.1 总线结构

从物理结构来看，系统总线是一组用来传输信息的导线，亦即传输线。这组传输线包括地址线、数据线和控制线等三种，它们分别用于传送地址、数据和控制信号。

地址线用于选择信息传送的设备。例如，CPU与主存传送数据或指令时，必须将主存单元的地址送到地址总线上，只有主存储器响应这个地址，其它设备则不响应。地址线通常是单向线，地址信息由源部件发送到目的部件。

数据线用于总线上的设备之间传送数据信息。数据线通常是双向线。例如，CPU与主存可以通过数据线进行输入(取数)或输出(写数)。

控制线用于实现对设备的控制和监视功能。例如CPU与主存传送信息时，CPU通过控制线发送读或写命令到主存，启动主存读或写操作。同时，通过控制线监视主存送来的回答信号，判断主存的工作是否已完成。控制线通常都是单向的，有的从CPU发送出去；有的从设备发送出去。

2.6.2 信息的传送方式及传送宽度

在总线上，信息也是以电子信号的形式传送，用电位的高低或脉冲的有无代表信息位的“1”或“0”。通常，总线信息的传送有两种基本方式，即并行传送和串行传送。此外，还有串并行传送，它是串行与并行传送的折中。

1) 串行传送

串行传送是指一个信息按顺序一位一位地传送，它们共享一条传输线，一次只能传送一位。通常用第一个脉冲信号表示信息代码的最低有效位，最后一个脉冲为该信息代码的最高有效位。每位传送的“位时间”由同步脉冲控制。

串行传输的特点是只需一条传输线，成本低，当远距离传输时，如几百米甚至几千米以上，采用这种方式比较经济。但是串行传送速度慢。

2) 并行传送

并行传送是指一个信息的每位同时传送，每位都有各自的传输线，互不干扰，一次传输整个信息。一个信息有多少位，就需要多少条传输线。并行传送一般采用电位传输法，位的次序由传输线排列而定。

并行传输的优点是传送速度快。然而，这种方式要求线数多，成本高。因此，在距离不远时可以采用并行传输。

3) 串并行传送

串并行传送是将一个信息的所有位分成若干组，组内采用并行传送，组间采用串行传送。它是对它是对传送速度与传输线数进行折中的一种传送方式。例如，微型计算机中，CPU内部数据通路为16位，CPU内部采用并行传送；系统总线只有8位，CPU与主存或外部设备通信只能采用串并行传送。

4) 传送宽度

在总线上传送信息的宽度不仅与传送方式有关，而且还与一次总线操作允许传送多少信息有关。传送宽度，亦即数据宽度，是指获得总线使用权后，在一次总线操作中，通过总线传送的数据位数。所谓一次总线操作是指在总线上进行一次数据传送。一次总线操作所需要的时间称总线周期。经过一个总线周期，传送部件就释放总线。

常见的总线数据宽度有单字长、定长块两种。定长块适用于高速部件(如高速外设)，每次可以传送一批信息到主存，即每个总线周期仍传送一个信息，但不释放总线，直到这批信息送完后，再释放总线。

2.6.3 常见微型计算机总线简介

20世纪70年代以后，微型计算机发展迅速，出现了很多微型计算机总线。如PC总线，AT总线，Multibus I、II，VME，Q总线，NUBUS，STD，ISA，EISA，VESA，PCI，APG总线等。它们的产生和发展，对微型计算机的结构和性能影响巨大。

总线技术的不断发展，究其原因，有以下几点：

(1) 计算机采用总线结构后使整个系统的结构变得简单。在早期的计算机系统中，没有采用总线结构，把系统的各部件设计在一个机柜里或全部功能集中在一个大板上，致使各种信号无公用通路，连线复杂，调试困难，维修不便，特别是不能灵活地进行功能扩充。采用总线结构后，可以根据系统的要求，将系统分成若干功能模块，利用总线这个信息的公共通路，将各功能模块联系起来，按预定的规则协同工作。因而系统的规模可大可小，既能满足不同层次用户的要求，安装调试也很方便。

(2) 国际上通用的总线标准已得到各厂家的认可。大家都可以按照有关标准设计、生产相应的功能模块和软件，并可以组织规模生产。用户得到模块和软件后就可以投入使用。

(3) 由于电子技术的发展，新型高性能器件不断推出，使得产品更新换代的速度加快，采用总线结构的产品很容易升级，只要换上新的模块或装上新器件，就可以旧貌换新颜，不必给系统做大手术，保护了用户原先的投资。

(4) 采用总线结构可使系统的设计得以简化，又可以组织大规模生产，因此，降低了生产成本，使用户得到实惠。

(5) 用户根据各自的使用环境、条件和要求达到的目标，对系统性能提出更高的要求，促使标准推陈出新，向宽带、高速方向发展。

1. IBM PC/XT 总线

IBM PC/XT总线是1981年与IBM PC同时推出的，是IBM PC/XT所用的总线，是围绕当时的Intel 8088芯片而设计的，具有开放式结构，用户可在IBM PC/XT机的底上使用总线扩展插座，通过接口板使用户设备与主机相连。

PC/XT总线的特点是价廉并可以容纳多种类型的插板，促使许多厂商生产与之兼容的产品。这也是IBM PC及其兼容机在世界范围内迅速普及应用的原因之一。

2. IBM PC/AT 总线

为了配合Intel 80286等处理器，IBM公司在PC/XT总线的基础上增加了一个36线的扩展插座，从而形成了AT总线。其中增加了8根数据线，使总线的数据宽度增至16位；增加了7根地址线，使直接寻址范围扩大到16MB；这种总线结构也称为IBM公司的工业标准，即ISA总线结构。

3. EISA 总线

随着32位微处理器的出现，原有的16位微型计算机要向高性能的32位微型计算机发展。而IBM公司的32位微通道总线结构与PC/XT/AT又不兼容，为了发展ISA同时又继承ISA结构，1988年以Compaq为首的9家PC兼容机厂商联合起来，为32位PC设计了一个新的工业标准，即扩展工业标准结构——EISA标准。1989年，这些公司推出了第一批面向高级终端服务器市场和高性能应用的EISA标准微型计算机系统，1990年，大量EISA系统上市。

EISA结构由EISA总线、ISA总线和处理机/存储器总线组成，这三种总线由EISA总线控制器EBC进行管理。因此，它既与ISA标准兼容，又有单独的处理器/存储器总线。它的主要特点有：地址总线扩展到32根，使处理器的直接寻址范围达到4GB；提高了总线时钟频率，最大传输率为33MB/s；设有专门的总线仲裁机构，支持多处理机结构。

4. VESA 总线

PC总线发展到EISA和MCA时，系统性能得到了较大的提高，但仍然没有充分发挥高性能CPU的强大处理能力，跟不上软件和CPU的发展速度。在主机与外设交换信息的过程中，CPU在大部分时间内仍处于等待状态。为了提高系统的整体性能，必须提高I/O处理能力，而影响I/O处理能力提高的瓶颈在I/O总线。就是说I/O总线的低传输速率限制了整体性能的提高。

解决这个问题的方法是将外设通过高速局部总线直接与CPU连接，以接近CPU的速度运行，可极大地提高系统的I/O能力。在视频系统、磁盘系统以及计算机局域网等方面的应用尤为明显。为此，视频电子标准协会(VESA)与60多家公司联合推出一种全开放的局部总线标准VL-Bus(VESA Local Bus)。

5. PCI 局部总线

VL-Bus出现以后，虽然提高了计算机系统的整体性能，但也存在一些局限性。其表现为：不便于扩展和速度受到限制(当CPU主频大于33MHz时，会导致延迟，产生等待状态)。为解决这些问题，1991年，Intel公司提出了PCI设想；1993年，PCI商品化，目前主要为Pentium等微型计算机所用。

外设部件互连(Peripheral Component Interconnect，PCI)总线是一种先进的、开放的、不依赖微处理器的局部总线标准，如图 2.24 所示。由 Intel 公司联合 IBM、DEC、Compaq、Apple 等 100 多家主要计算机公司共同制定。1992 年的 PCI 1.0 版的标准是 32 位、33MHz，1993 年的 PCI 2.0 版的标准是 64 位、33MHz。当前广泛应用的是 1995 年 PCI2.1 版，其标准是 64 位、66MHz。

图 2.24 网卡插入主板上的 PCI 插槽

PCI 总线具有很高的性能，支持数据猝发传送，传输率可达 266MB/s。由于使用高集成度的 PCI 芯片组、共用数据和地址信号线，PCI 卡可以大大减小线路板面积、降低制造成本。PCI 总线与微处理器无关，具有明确、严格的规范，保证了高度的兼容性。PCI 总线支持“即插即用 PnP”特性，能够自动配置参数，使用非常方便。

高速外设，如显示卡、网卡、声卡等，都可以通过 PCI 总线接入 32 位 PC 系统。

6. AGP 总线

Pentium 微型计算机的 PCI 显示卡尽管具有较高的性能，但仍不能满足三维动画对速度的要求。于是，Pentium II / III 微型计算机开始广泛使用 AGP 显示卡。加速图形端口 (Accelerated Graphics Port，AGP) 虽然是 PCI 标准的扩充，但理论上讲不是一种总线，而是专为连接三维显示卡的点对点接口。

基本的 AGP 接口具有 266MB/s 的数据传输率，2 倍速 AGP-2X 接口则是 532MB/s，当前的 8 倍速 AGP-8X 达到了 2.1GB/s 数据传输率。

AGP 接口除可以采用直接存储器存取(DMA)传输图形数据外，还支持直接内存执行(Direct Memory Execute，DME)方式。后者可以直接在系统内存中处理图形数据，而不需将原始数据全部传输到图形加速显示卡中，这样极大地减少了数据传输量，提高了性能。

7. USB 总线

PC 用于连接各种外设的接口一直比较繁多，后面板的插座五花八门。例如，在 16 位 PC 系列机上，键盘的连接电缆接到专用的 5 芯插孔上(俗称“大孔”)，鼠标借用一个 9 针串行接口；而在 32 位 PC 上，键盘和鼠标都采用 PS/2 插孔(俗称“小孔”)。另外，微型计算机上还有 25 针并行打印机插座、9 针和 25 针串行接口插座、显示器接口、游戏操纵杆插座、音箱接口等。

1994 年，Intel、Compaq、Microsoft 等公司联合推出通用串行总线(Universal Serial Bus，USB)。当前 Pentium 各代微型计算机广泛应用 USB 1.1 版，1.5MB/s 传输率的低速模式用于连接 USB 接口的鼠标、键盘等设备，12MB/s 传输率的全速模式用于连接 USB 接口的

MODEM、打印机、扫描仪等。2000 年推出的 USB 2.0 版在兼容原版本的基础上又具有 480MB/s 的“高速”模式，主要用于连接高速外设，如数字摄像设备、高速存储设备、新一代扫描仪等。

USB 使用 4 线电缆：两个作为串行数据信号线、一个是+5V 电源线、一个是地线。USB 使用集线器 Hub 经电缆分层形成树形结构，理论上最多可以连接 127 个外设。USB 设备具有即插即用功能、支持带电热插拔，用户可以方便地连接、扩展外设。

另一种更高速的串行总线是 IEEE 1394，当前应用 400MB/s 数据传输率，很快将会达到 800MB/s 甚至 3.2GB/s，同样支持热插拔，但具有更好的扩展能力，主要用于连接视频设备、信息家电等。

随着微型计算机性能的不断增强，应用领域的不断扩大，PC 的总线结构仍将不断完善。

习　题

1. 计算机为什么使用二进制？

2. 完成下列数制转换：

① $(121)_{10}$=(　　　)$_2$=(　　　)$_8$ = (　　　)$_{16}$

② (　　)$_{10}$=$(101101110.1010)_2$=(　　　)$_8$ = (　　　)$_{16}$

③ (　　)$_{10}$=(　　　)$_2$=$(241.2)_8$ = (　　　)$_{16}$

④ (　　)$_{10}$=(　　　)$_2$=(　　　)$_8$ = $(\text{A02.C})_{16}$

⑤ $(369)_{10}$=(　　　)$_2$=(　　　)$_8$ = (　　　)$_{16}$

⑥ (　　)$_{10}$=$(1111111111111111)_2$=(　　　)$_8$ = (　　　)$_{16}$

⑦ (　　)$_{10}$=(　　　)$_2$=$(1000)_8$ = (　　　)$_{16}$

⑧ (　　)$_{10}$=(　　　)$_2$=(　　　)$_8$ = $(\text{1EA})_{16}$

3. 设机器的字长为8位，写出下列十进制数的原码、补码、反码：

① 34；② −45；③ 0；④ −1；⑤ 100；⑥ −90；⑦ 78；⑧ 88。

4. 计算机的字与字节、位之间的关系如何？“K”“M”“G”分别表示什么意义？

5. 按照计算机内部的计算过程，完成下列计算，并判溢出：

X=101011B；Y=−1110111B；Z=+1101011B；W=68H

求：$[X+Y]_{补}$，$[X+Z]_{补}$，$[X+W]_{补}$，$[W-Y]_{补}$

$[Z+Y]_{补}$，$[X-Y]_{补}$，$[Z-Y]_{补}$，$[W-Z]_{补}$

6. 已知$[W]$=00011010，$[X]$=01001110，$[Y]$=11100110，$[Z]$=01010101，试完成下列逻辑运算：

$[X\wedge Y]$，$[Y\wedge W]$，$[Z\wedge X]$，$[X\vee Y]$，$[Y\vee W]$，$[Z\vee X]$，$[X\oplus Y]$，$[Y\oplus W]$，$[Z\oplus X]$，$[\overline{X}]$，$[\overline{Y}]$。

7. 请说出当最新的CPU型号和它的主要性能指标。

8. 请说出三种计算机输入设备的名称，以及它们各自的特点或功能。

9. 请说出三种计算机输出设备的名称，以及它们各自的特点或功能。

10. 计算机外设备也在不断发展，请说出三种本书中未提到的新设备的名称，以及它们各自的特点或功能。

11. 试简要说明计算机的工作原理。

12. 在中、西文兼容的计算机中，计算机怎样区别西文字符和汉字字符？

13. 简述下列术语：

① ASCII码；② 汉字内码；③ 汉字字形码；④ 指令；⑤ 程序。

14. 冯•诺依曼式计算机由5个部分组成，请说它由哪5个部分组成以及每个部分的功能。

第3章　从机器语言到多媒体

3.1　机器语言与高级语言

计算机语言（Computer Language）指用于人与计算机之间通信的语言，是人与计算机之间传递信息的媒介。为了让计算机解决一个实际问题，必须事先用计算机语言编制好程序。计算机语言使人们得以和计算机之间进行交流，其种类非常多，根据程序设计语言与计算机硬件的联系程度，可以把它分为三类：机器语言、汇编语言和高级语言。

3.1.1　机器语言

电子计算机所使用的是由“0”和“1”组成的二进制数，二进制是计算机语言的基础。在计算机发展的早期，人们使用机器语言进行编程。计算机提供给用户的最原始的工具就是指令系统，用二进制编码的指令编写程序，然后输入计算机运行，即可得到预期的结果。以计算机所能理解和执行的“0”“1”组成的二进制编码表示的指令称为机器指令，或称为机器码。用机器指令编写的程序称为机器语言程序，或称为目标程序，这是计算机能够直接执行的程序。机器指令的格式一般分为两个部分，如下所示。

指令格式：

操作码	操作数地址

其中，操作码时指出 CPU 应执行何种操作的一个命令词，如加、减、乘、除等，而操作数地址指出该指令所操作(处理)的数据或者数据所在位置。

CPU 可执行的全部指令称为该 CPU 的指令系统，即它的机器语言。应当注意，不同的机器，其指令系统是不同的，大多数现代计算机都设计了比较庞大的指令系统，以满足用户的需求。使用机器语言编制程序的前提是程序员必须熟悉机器的指令系统，并记住各个寄存器的功能，还要了解机器的许多细节。虽然机器语言对计算机来说是最直观的，又比较简单，不需要任何翻译就能立即执行，但由于它是用二进制形式表示的，很难阅读和理解，还容易出错，给编写程序带来了很大的困难，而且对编程中出现的错误也很难迅速发现，修改就更困难了，这是机器语言的缺点。

例如，下面是一段计算 10+9+8+…+2+1 的程序(该程序用 Z-80 的指令系统编写)，表 3.1 中的第一列是存储器的地址；第二列是机器语言程序，如果不加说明，我们是很难读懂的；第三列是下面要说明的汇编指令。

指令系统中的指令分成许多类，例如 Intel 公司的奔腾和酷睿处理器中共有 7 大类指令：数据传送类、算术运算类、逻辑运算类、移位操作类、位(位串)操作类、控制转移类、输入/输出类等。

每一类指令（如数据传送类、算术运算类）又按照操作数的性质（如整数还是实数）、长度（16 位、32 位、64 位、128 位等）而区分为许多不同的指令，因此 CPU 往往有数以百计的不同的指令。为解决软件兼容性问题，采用“向下兼容方式”开发新的处理器指令，即所有新处理器均保留老处理器的全部指令，同时还扩充功能更强的新指令。

表 3.1　机器语言程序

存储器地址 (十六进制)	机器指令 (十六进制)	汇编指令	注　释
2000	AF	XOR A	；清累加器
2001	060A	LD B，10	；设 B 寄存器为计数器
2003	80	ADD A，B	；A 与 B 相加其结果送 A
2004	05	DEC B	；计数器减 1
2005	C20320	JP NZ，2003H	；判断计数器是否为 0，如不为 0，则继续进行加法运算
2008	76	HALT	；暂停

3.1.2　汇编语言

为了克服机器语言的缺点，在科研人员的研究工作中很快就发明和产生了比较易于阅读和理解的汇编语言。所谓汇编语言，就是采用英文字母、符号来表示指令操作码、寄存器、数据和存储地址等，并在程序中用它们代替二进制编码数，这样编写出来的程序就称为符号语言程序或汇编语言程序。大多数情况下，一条汇编指令对应一条机器指令，少数对应几条机器指令。下面是几条汇编指令的操作符及它们代表的含义。

ADD　加法　　SUB　减法
MOV　传送　　MUL　无符号乘法
JMP　无条件转移　　CMP　比较指令

尽管汇编语言比机器语言容易阅读理解和便于检查，但是，计算机不懂得任何文字符号，它只能接受由 0、1 组成的二进制代码程序，即目标程序。因此，有了汇编语言，就得编写和设计汇编语言翻译程序(简称汇编程序)，专门负责把汇编语言书写的程序翻译成可直接执行的机器指令程序，然后再由计算机去识别和执行。一般说来，汇编程序被看做是系统软件的一部分，任何一种计算机都配有只适合自己的汇编程序。汇编语言程序的执行过程如图 3.1 所示。

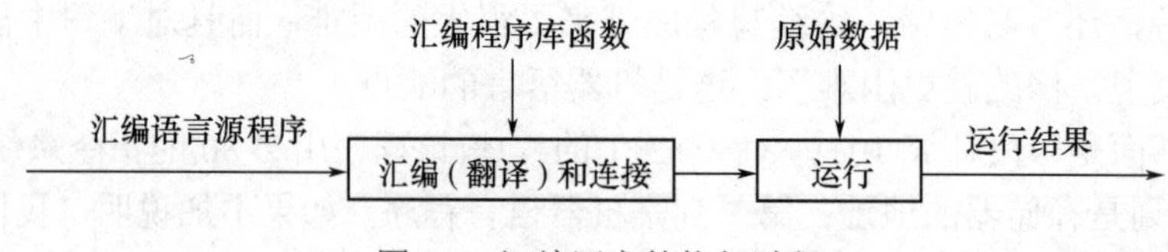

图 3.1　汇编语言的执行过程

汇编语言的抽象层次很低，与机器语言一样，是与具体的机器密切相关的，仍然是面向机器的语言。只有熟悉了机器的指令系统，才能灵活地编写出所需的程序。而且针对某一种机器编写出来的程序，在别的型号的机器上不一定可用，即可移植性较差。一些复杂的运算通常要用一个子程序来实现，而不能用一个语句来解决，因此用汇编语言编写程序仍然相当麻烦。尽管如此，从机器语言到汇编语言，仍然是前进了一大步。这意味着人与计算机的硬件系统不必使用同一种语言。程序员可以使用较适合人类思维习惯的语言。随着计算机程序设计技术的发展而出现的高级语言可以避免汇编语言的这些缺点。

3.1.3 高级语言

1. 高级语言概述

高级语言的出现是计算机编程语言的一大进步。它屏蔽了机器的细节，提高了语言的抽象层次，程序中可以采用具有一定含义的数据命名和容易理解的执行语句。这使得在书写程序时可以联想到程序所描述的具体事物，比较接近人们习惯的自然语言，是为一般人使用而设计的，处理问题采用与普通的数学语言及英语很接近的方式进行，并且不依赖于机器的结构和指令系统。如目前比较流行的语言有 C/C++、Visual Basic、Visual FoxPro、Delphi、FORTRAN、PASCAL 等。使用高级语言编写的程序通常能在不同型号的机器上使用，可移植性较好。

20 世纪 60 年代末开始出现的结构化编程语言进一步提高了语言的抽象层次。结构化数据、结构化语句、数据抽象、过程抽象等概念，使程序更便于体现客观事物的结构和逻辑含义。这使得编程语言与人类的自然语言更接近。但是二者之间仍有不少差距。主要问题是程序中的数据和操作分离，不能够有效地组成与自然界中的具体事物紧密对应的程序成分。

用高级语言编写的源程序，也必须翻译成目标程序(即机器码)，机器才能执行。将高级语言所写的程序翻译为机器语言程序有两种方式：编译程序和解释程序。

编译程序是把高级语言程序(源程序)作为一个整体来处理，编译后与子程序库链接，形成一个完整的可执行的机器语言程序(目标程序代码)。源程序从编译到执行的过程如图 3.2 所示。

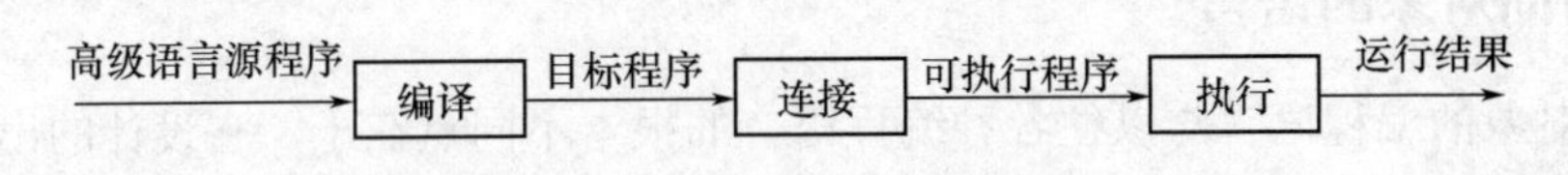

图 3.2 从编译到执行的过程

解释程序按照高级语言程序的语句书写顺序，解释一句、执行一句，最后产生运行结果，但不生成完整的目标程序代码，解释程序结构简单、易于实现，但效率低。

高级语言语句的功能强，程序比较短，容易学习，使用方便，通用性较强，便于推广和交流。其缺点是编译程序比汇编程序复杂，而且编译出来的程序往往效率不高，其长度比有经验的程序员所编的同样功能的汇编语言程序要长一半以上，运行时间也要长一些。因此，在实时控制系统中，有些科研人员仍然使用汇编语言进行程序设计。

2. 高级语言的特点

1) 名字说明

预先说明程序中使用的对象的名字，使编译程序能检查程序中出现的名字的合法性，从而能帮助程序员发现和改正程序中的错误。

2) 类型说明

通过类型说明用户定义了对象的类型，从而确定了该对象的使用方式。编译程序能够发现程序中对某个特定类型的对象使用不当的错误，因此有助于减少程序错误。

3) 初始化

为减少发生错误的可能性，应该强迫程序员对程序中说明的所有变量初始化。

4) 程序对象的局限性

程序设计的一般原理是，程序对象的名字应该在靠近使用它们的地方引入，并且应该只有程序中真正需要它们的那些部分才能访问它们，即局部化和信息隐蔽原理。

5) 程序模块

模块有一系列优点：①可以构造抽象数据类型，用户可以对这种数据进行操作，而并不需要知道它们的具体表示方法；②可以把有关的操作归并为一组，并且以一种受控制的方式共享变量；③这样的模块是独立编译的方便单元。

6) 循环控制结构

常见的循环控制结构有 for 语句、while-do 语句、repeat-until 语句等，在许多场合下，还需要在循环体内任意一点测试循环结束条件。

7) 分支控制结构

常见的有单分支的 if 语句、双分支的 if-else 语句、多分支的 case 语句等。

8) 异常处理

提供了相应的机制，从而不必为异常处理过分增加程序长度，并且可以把出现异常的信息从一个程序单元方便地传送到另一个单元。

9) 独立编译

独立编译意味着能分别编译各个程序单元，然后再把它们集成为一个完整的程序。如果没有独立编译的机制，就不是符合软件工程要求的好语言。

用户在进行程序设计时，可根据实际情况选择高级语言。

3.1.4 面向对象的语言

面向对象的编程语言与以往各种编程语言的根本不同点在于，它设计的出发点就是为了能更直接地描述客观世界中存在的事物(即对象)以及它们之间的关系。

开发一个软件是为了解决某些问题，这些问题所涉及的业务范围称为该软件的问题域。面向对象的编程语言将客观事物看做具有属性和行为(或称服务)的对象，通过抽象找出同一类对象的共同属性(静态特征)和行为(动态特征)，形成类。通过类的继承与多态可以很方便地实现代码重用，大大缩短软件开发周期，并使得软件风格统一。因此，面向对象的编程语言使程序能够比较直接地反映问题域的本来面目，软件开发人员能够利用人类认识事物所采用的一般思维方法来进行软件开发。

面向对象的程序设计语言经历了一个很长的发展阶段。例如，LISP 家族的面向对象语言，Simula67 语言，Smalltalk 语言，以及 CLU、Ada、Modula—2 等语言，或多或少地都引入了面向对象的概念，其中 Smalltalk 是第一个真正的面向对象的程序语言。然而，应用最广的面向对象程序语言是在 C 语言基础上扩充出来的 C++语言。由于 C++对 C 兼容，而 C 语言又早已被广大程序员所熟知，所以，C++语言也就理所当然地成为应用最广的面向对象程序语言。

3.1.5 常用编程语言简介

通常情况下，完成一项任务有许多种编程语言可以选择。当为一项任务选择语言的时候，通常有很多因素要考虑，如人的因素(编程小组的人是否熟习这门语言)、语言的能力(该语言是否支持你所需要的一切功能，如跨平台、方便的数据库接口等)，甚至还要考虑一些其它的因素，如开发这类任务的开发周期等。

有的时候，你可能没有多少选择，如通过串行口控制一个外部设备，C 加上汇编语言是最明智的选择，而另一些时候选择则会比较多。因此，了解一些常用的编程语言是非常有必要的。

1) BASIC 语言

BASIC 是一种易学易用的高级语言，它是 Beginner's All-Purpose Symbolic Instruction Code 的缩写，其含义是"初学者通用符号指令编码"。它是从 FORTRAN 语言简化而来的，最初是美国 Daltmouth 学院为便于教学而开发的会话语言。它自 1965 年诞生以来，其应用已远远超出教学范围，并于 1977 年开始了标准化工作。

BASIC 语言的特点是简单易学，基本 BASIC 只有 17 种语句，语法结构简单，结构分明，容易掌握；具有人机会话功能，便于程序的修改与调试，非常适合初学者学习运用。

BASIC 的主要版本有：标准 BASIC、高级 BASIC、结构化 BASIC(如 QBASIC、True BASIC、Turbo BASIC)、CAREALIZER、GFA BASIC、POWER BASIC，以及在 Windows 环境下运行的 Visual BASIC。

2) FORTRAN 语言

FORTRAN 于 1954 年问世，1957 年由 IBM 公司正式推出，是目前仍在使用的最早的高级程序语言，在早期，FORTRAN 不便于进行结构化程序的设计和编写。

FORTRAN 是一种主要用于科学计算方面的高级语言。它是第一种被广泛使用的计算机高级语言，并且至今仍富有强大的生命力。FORTRAN 是英文 Formula Translator 的缩写，其含义是"公式翻译"，允许使用数学表达式形式的语句来编写程序。

程序分块结构是 FORTRAN 的基本特点，该语言书写紧凑，灵活方便，结构清晰，自诞生以来至今不衰，先后经历了 FORTRAN II、FORTRAN IV、FORTRAN 77、FORTRAN 90 的发展过程，现又发展了 FORTRAN 结构程序设计语言。

3) COBOL 语言

COBOL 是英文 Common Business Oriented Language 的缩写，其意为"面向商业的通用语言"。第一个 COBOL 文本于 1960 年推出，其后又修改和扩充了十几次，并逐步标准化。

COBOL 语言的特点是按层次结构来描述数据，具有完全适合现实事务处理的数据结构和更接近英语自然语言的程序设计风格，有较强的易读性，是世界上标准化最早的语言，通用性强。由于 COBOL 的这些特点，使其成为数据处理方面应用最为广泛的语言。

然而，用 COBOL 编写的程序不够精练，程序文本的格式规定、内容等都比较庞大，不便记忆。

4) PASCAL 语言

PASCAL 语言是系统地体现结构程序设计思想的第一种语言，既适用于数值计算，又适用于数据处理。PASCAL 语言的特点是结构清晰，便于验证程序的正确性，简洁、精致、控制结构和数据类型都十分丰富，表达力强、实现效率高、容易移植。

PASCAL 的成功在于它的以下特色：

(1) PASCAL 具有丰富的数据类型，有着像枚举、子界、数组、记录、集合、文件、指针等众多的用户自定义数据类型，能够用来描述复杂的数据对象，十分便于书写系统程序和应用程序。

(2) PASCAL 语言体现了结构程序设计的原则，有着简明通用的语句，基本结构少，框架优美，功能很强；算法和数据结构采用分层构造，可自然地应用自顶向下的程序设计技术；程序可读性好，编译简单，目标代码效率较高。

5) C 语言

C 语言是 1972 年由美国的 Dennis Ritchie 设计发明的，并首次在 UNIX 操作系统的 DEC PDP-11 计算机上使用。它由早期的编程语言 BCPL(Basic Combined Programming Language) 发展演变而来。在 1970 年，AT&T 贝尔实验室的 Ken Thompson 根据 BCPL 语言设计出较先进的并取名为 B 的语言，最后导致了 C 语言的问世。C 语言功能齐全、适用范围大、良好地体现了结构化程序设计的思想，准确地说，C 语言是一种介于低级语言和高级语言之间的中级语言。

6) C++语言

我们前面介绍的 C 语言以其简洁、紧凑，使用方便、灵活、可移植性好，有着丰富的运算符和数据类型，可以直接访问内存地址，能进行位操作，能够胜任开发操作系统的工作，生成的目标代码质量高等独有的特点风靡了全世界。但由于不支持代码重用，因此，当程序的规模达到一定程度时，程序员很难控制程序的复杂性。

1980 年，贝尔实验室的 Bjarne Stroustrup 开始对 C 语言进行改进和扩充。1983 年正式命名为 C++。在经历了 3 次 C++修订后，1994 年制订了 ANSI C++ 标准草案。以后又经过不断完善，成为目前的 C++。

C++包含了整个 C，C 是建立 C++的基础。C++包括 C 的全部特征和优点，同时能够完全支持面向对象编程(OOP)。目前，在应用程序的开发之中，C++是一种相当普遍的基本程序设计语言，开发环境由 UNIX 到 WINDOWS 都可以使用 C++。

C++对面向对象程序设计支持以下几点：

(1) C++支持数据封装。

(2) C++类中包含私有、公有和保护成员。

(3) C++通过发送消息来处理对象之间的通信。

(4) C++允许函数名和运算符重载。

(5) C++支持继承性。

(6) C++支持动态联编。

C++是一门高效的程序设计语言，而且仍在不断发展中。美国微软公司现已推出 C#(C Sharp)语言，来代替 C++语言。

7) Java 语言

Java 是在 C++相当强大后才开始发展。它是一种面向对象的程序设计语言，以一组对象组织程序，与 C++相比，Java 加强了 C++的功能，但除去了一些过于复杂的部分，使得 Java 语言更容易理解，并且容易学习。如 Java 中没有指针、结构等概念，没有预处理器，程序员不用自己释放占用的内存空间，因此不会引起因内存混乱而导致的系统崩溃。

Java 语言的特点如下：

(1) 语法简单，功能强大。

(2) 分布式与安全性(内置 TCP / IP，HTTP，FTP 协议类库，三级代码安全检查)。

(3) 与平台无关(一次编写，到处运行)。

(4) 解释运行，高效率。

(5) 多线程(用户程序并行执行)。

(6) 动态执行。

(7) 丰富的 APl 文档和类库。

根据结构组成和运行环境的不同，Java 程序可以分为两类，即 Java Application 和 Java Applet。简单地说，Java Application 是完整的程序，需要独立的解释器来解释运行；而 Java Applet 则是嵌在 HTML 编写的 Web 页面中的非独立程序，由 Web 浏览器内部包含的 Java 解释器来解释运行。Java Application 和 Java Applet 各自使用的场合也不相同。除此之外，还有一种叫混合型应用程序，是指在不同的主机环境中可作为不同的类型，或者是小应用程序或者是应用程序。

用 Java 可以开发几乎所有的应用程序类型，主要包括多平台应用程序、WEB 应用程序、基于 GUI 的应用程序、面向对象的应用程序、多线程应用程序、关键任务的应用程序、分布式网络应用程序、安全性应用程序等，是目前使用较多的面向对象的程序设计语言。

互联网的发展，产生了大量的网络应用，也促成了许多新语言的产生和流行。

从名字上看，HTML(HyperText Markup Language，超文本标记语言)和 XML(eXtensible Markup Language，可扩展标记语言)都属于语言，但对于是否是真正的计算机语言还有不同的看法，因为它们都没有传统语言的基本控制结构和复杂的数据结构定义及子程序定义。标记语言的主要用途是描述网页的数据和格式。

在互联网应用中，有大量的基于解释器的脚本语言，如 VBScript、JavaScript、PHP、Java Servlet、JSP 等，这些脚本语言使互联网以多姿多态的动态形式，跨越不同的硬件、系统平台运行，并且其应用开发相对于传统语言还要容易一些。

3.2 算法、数据结构与程序

3.2.1 算法及算法的表示

1. 算法的概念

做任何事情都有一定的步骤。例如，要看病，就要先挂号，然后到分号台确定诊室，到指定诊室排队等候，医生看病开药，划价，拿药等；要考入大学，首先要填报名单，交报名费，拿到准考证，按时参加考试，得到录取通知书，到指定学校报到注册等。这些都是按一系列的顺序进行的步骤，缺一不可，次序错了也不行。因此，我们从事各种工作和活动，都必须事先想好进行的步骤，以免产生错乱。事实上，在日常生活中的许多活动都是按照一定的规律进行的，只是人们不必每次都重复考虑它而已。

不要认为只有“计算”的问题才有算法。概括地说，算法是指解题方案的准确而完整的描述。即为解决一个问题而采取的方法和步骤，就称为算法(Algorithm)。

对同一个问题，可以有不同的解题方法和步骤，即可以有不同的算法。例如，求1+2+3+…+100，有的人可能按顺序相加，先进行1+2，再加3，再加4，一直加到100，而有的人采取这样的方法：$(1+99)+(2+98)+\cdots+(49+51)+100+50=100\times 50+50=5050$。还可以有其它的方法。当然，方法有优劣之分。一般说，希望采用方法简单、运算步骤少的方法。因此，为了有效地进行解题，不仅需要保证算法正确，还要考虑算法的质量，选择合适的算法。

当然，我们在这里只关心计算机算法，计算机算法可分为两大类：数值运算算法和非数值运算算法。数值运算的目的是求数值解，其特点是输入、输出的量少，而运算复杂，例如求方程的根、求一个函数的定积分等，都属于数值运算范围。非数值运算算法目的是对数据的处理，其特点是大量的输入、输出，简单的运算，应用面十分广泛，如事务管理领域中的图书检索、人事管理、证券分析系统等。近年来，计算机在非数值运算方面的应用远远超过了在数值运算方面的应用。由于数值运算有现成的模型，可以运用数值分析方法，因此对数值运算的算法的研究比较深入，有比较成熟的算法可供选用，并常常把这些算法汇编成册(写成程序形式)，或者将这些程序存放在磁盘或磁带上，供用户调用，例如有的计算机系统提供数学程序库，使用起来十分方便。而非数值运算的种类繁多，要求各异，难以规范化，因此只对一些典型的非数值运算算法(如排序算法)作比较深入的研究。其它的算法要根据实际情况来考虑。

2. 算法的基本特征

对于一个问题，如果可以通过一个计算机程序，在有限的存储空间内运行有限长的时间而得到正确的结果，则称这个问题是算法可解的。但算法与程序不同，程序可以作为算法的一种描述，但通常还需考虑很多与方法和分析无关的细节问题，这是因为在编写程序时要受到计算机系统运行环境的限制。通常，程序的编制不可能优于算法的设计。一般来说，算法应该有如下的特征：

1) 能行性(effectiveness)

算法的能行性包括以下两个方面：

(1) 算法中的每一个步骤必须能够实现。如在算法中不允许出现分母为0的情况，在实数范围内不能求一个负数的平方根等。

(2) 算法执行的结果要能够达到预期的目的。针对实际问题设计的算法，人们总是希望能够得到满意的结果。算法总是与特定的计算工具有关。例如，某计算工具具有7位有效数字(如FORTRAN语言中的单精度运算)。

在计算下列三个量$A=10^{12}$，$B=1$，$C=-10^{12}$的和时，如果采用不同的运算顺序，就会得到不同的结果，即

$A+B+C=10^{12}+1+(-10^{12})=0$

$A+C+B=10^{12}+(-10^{12})+1=1$

而在数学上，$A+B+C$ 与 $A+C+B$ 是完全等价的。因此，算法与计算公式是有差别的。在设计一个算法时，必须要考虑它的能行性，否则是不会得到满意结果的。

2) 确定性(definiteness)

算法的确定性，是指算法中的每一个步骤都应当是确定的，不允许有模棱两可的解释，也不允许有多义性。这一性质也反映了算法与数学公式的明显差别。如将例 3-2 中的第三步写成“N 被一个整数除，得余数 R”，这就是不确定的，它没有说明 N 被哪一个整数除。也就是说，算法的含义应当是唯一的。

3) 有穷性(finiteness)

算法的有穷性，是指算法应包含有限的操作步骤，必须能在有限的时间内做完。数学中的无穷级数，在实际计算时只能取有限项，即计算无穷级数的过程只能是有穷的。因此，一个数的无穷级数表示只是一个计算公式，而根据精度要求确定的计算过程才是有穷的算法。事实上，算法的有穷性往往指在合理的范围内，即执行的时间应该合理。如果让计算机执行一个 100 年才结束的算法，这虽然是有穷的，但超过了合理的范围，我们就把它视为无效算法。

4) 有零个或多个输入

所谓输入是指在执行算法时需要从外界取得必要的信息。在例 3-2 中，需要输入 N 的值，然后判断 N 是否是素数。也可以有两个或多个输入，例如，求两个整数 m 和 n 的最大公约数，则需要输入 m 和 n 的值。一个算法也可以没有输入。一般来说，一个算法执行的结果总是与输入的初始数据有关，不同的输入将会有不同的结果输出。当输入不够或输入错误时，算法本身也就无法执行或导致执行有错。

5) 有一个或多个输出

算法的目的是为了求解，“解”就是输出。如例 3-2 的算法，最后打印出的“N 是素数”或“N 不是素数”就是输出的信息。没有输出的算法是没有意义的。

综上所述，所谓算法，是一组严谨地定义运算顺序的规则，并且每一个规则都是有效的，且是明确的，此顺序将在有限的次数内终止。

3. 算法的表示

为了描述算法,可以使用多种方法。常用的有自然语言、传统流程图、N-S 流程图、伪代码和计算机语言等。

1) 自然语言

用人们使用的语言，即自然语言描述算法。用自然语言描述算法通俗易懂，但存在以下缺陷：

(1) 易产生歧义性，往往需要根据上下文才能判别其含义，不太严格。

(2) 语句比较烦琐、冗长，并且很难清楚地表达算法的逻辑流程，尤其对描述含有选择、循环结构的算法，不太方便和直观。

2) 传统的流程图法

流程图是用一些图框、线条以及文字说明来形象地、直观地描述算法，又称为程序框图，用方框表示一个处理步骤，菱形代表一个逻辑条件，箭头表示控制流向，如

图 3.3 所示。从 20 世纪 40 年代末到 70 年代中期，程序流程图一直是软件设计的主要工具。但它不是逐步求精、细化的好工具，再加上不容易表示数据结构，因此现在已经用得较少。

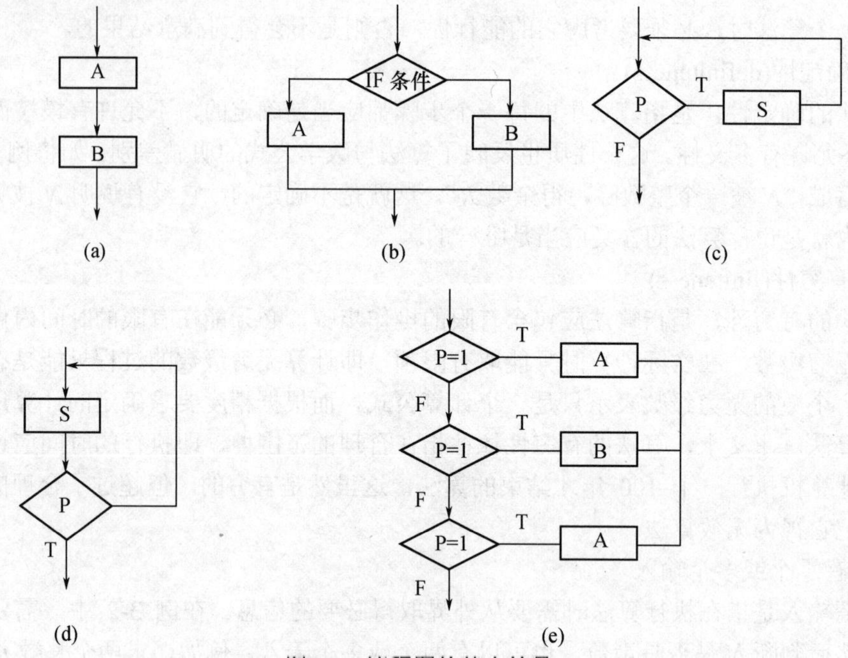

图 3.3　流程图的基本符号

(a) 顺序型；(b) 选择型；(c) WHILE 型；(d) UNTIL 型；(e) CASE 型。

3) N-S 流程图法

随着结构化程序设计的兴起，简化了控制流向，出现了 N-S 图，也可称为盒图。如图 3.4 所示。N-S 图是美国学者 I.Nassi 和 B.Shneideman 提出的一种新的流程图形式，并以他俩的姓名的第一个字母命名。N-S 图中去掉了传统流程图中带箭头的流向线，全部算法以一个大的盒子来表示，并且可以嵌套。在图中，功能域明确，不可能任意转移控制。用盒图作为详细设计的工具，可以使程序员逐步养成用结构化的方式思考问题和解决问题的习惯。

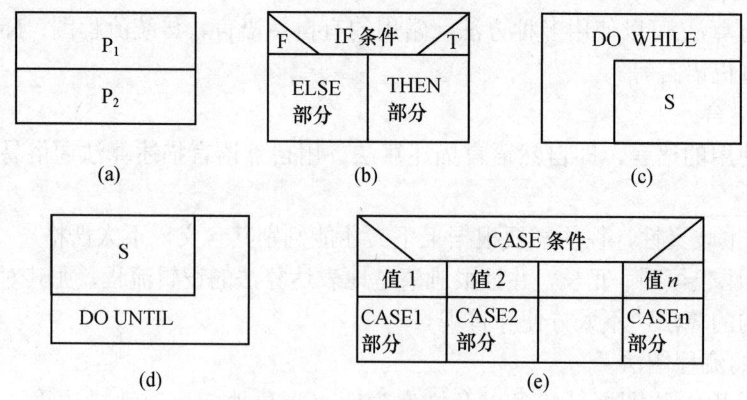

图 3.4　盒图的基本符号

(a) 顺序型；(b) 选择型；(c) WHILE 型；(d) UNTIL 型；(e) CASE 型。

4) PAD 图

PAD 图即问题分析图(Problem Analysis Diagram)，是用二维树形结构图描述结构化程序设计。使用 PAD 符号所设计出来的程序必然是结构化程序，而且能够使用软件工具自动将这种图翻译成程序代码。图 3.5 给出了 PAD 图的基本符号。

5) 伪代码法(PDL)

由于绘制流程图较费时、自然语言容易产生歧义性和难以清楚地表达算法的逻辑流程等缺陷，因而采用伪代码。伪代码产生于 20 世纪 70 年代，也是一种描述程序设计逻辑的工具。

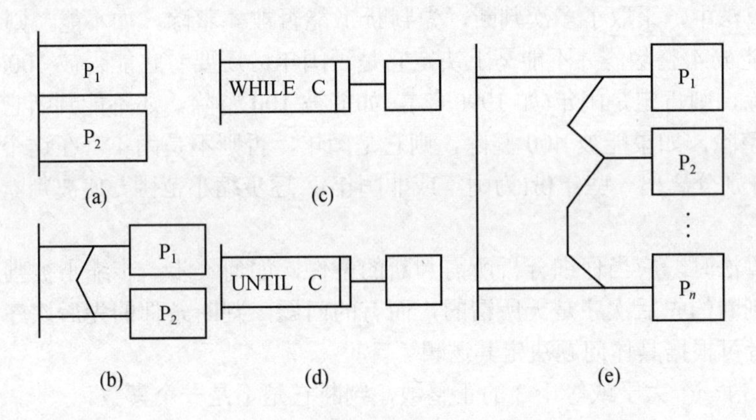

图 3.5 PAD 图的基本符号

(a) 顺序型；(b) 选择型；(c) WHILE 型；(d) UNTIL 型；(e) CASE 型。

伪代码是用介于自然语言和计算机语言之间的文字和符号来描述算法。伪意味着假，因此伪代码是一种假的代码——不能被计算机所理解，借助于某些高级语言的控制结构和自然语言进行描述，通常用缩进格式来表示控制结构的嵌套，并且控制结构的头和尾都有关键字，例如 Procedure，begin，end，loop，if，then，else，exit 等。现在有许多种不同的过程设计语言都在使用 PDL。由于 PDL 中只有少量的语法规则，而大量使用了自然语言语句，因此它能灵活方便地描述程序算法。

下面是用 PDL 语言设计一个查找错拼单词程序的例子。

```
Procedure  查找错拼单词  is
begin
   把整个文件分离成单词；
   查字典；
   显示字典中查不到的单词；
end
```

3.2.2 简单算法举例

[例 3-1] 将 2000—2100 年中每一年是否闰年打印出来。

解：闰年的条件是：

(1) 能被 4 整除，但不能被 100 整除的年份都是闰年。

(2) 能被 4 整除，又能被 400 整除的年份是闰年。如 1989 年、1900 年不是闰年，1992 年、2000 年是闰年。设 Y 为年份，算法可表示如下：

① 2000 = > Y。

② 若 Y 不能被 4 整除，则打印 Y“不是闰年”。然后转到⑤。

③ 若 Y 不能被 100 整除，则打印 Y“是闰年”然后转到⑤。

④ 若 Y 能被 400 整除，打印 Y“是闰年”，否则打印 Y“不是闰年”。

⑤ Y+1 = >Y。

⑥ $Y\leqslant 2100$ 时，转②继续执行，如 $Y>2100$，算法停止。

在这个算法中，采取了多次判断，先判断 Y 能否被 4 整除，如不能，则 Y 必然不是闰年。如 Y 能被 4 整除，并不能马上决定它是否闰年，还要看它能否被 100 整除。如不能被 100 整除，则肯定是闰年(如 1990 年)。如能被 100 整除，还不能判断它是否闰年，还要被 400 整除，如果能被 400 整除，则它是闰年，否则不是闰年，在这个算法中，每做一步，都分别分离出一些年份(为闰年或非闰年)，逐步缩小范围，使被判断的范围愈来愈小。

在考虑算法时，应当仔细分析所需判断的条件，如何一步一步缩小被判断的范围。有的问题，判断的先后次序是无所谓的，而有的问题，判断条件的先后次序是不能任意颠倒的，读者可根据具体问题决定其逻辑。

[例 3-2] 对一个大于或等于 3 的正整数，判断它是不是一个素数。

解：所谓素数，是指除 1 和该数本身之外，不能被其它任何整数整除的数。例如 7、13 是素数。因为它不能被 2，3，4，…，12 整除。

判断一个数 $N(N\geqslant 3)$是否素数的方法很简单。只要将 N 作为被除数，将 2 到$(N-1)$各个整数轮流作为除数，如果都不能被整除，则 N 为素数。但数学家认为可以将除数的范围缩小到 $2\sim\sqrt{N}$。

(1) 输入 N 的值。

(2) 2=>K。

(3) N 被 K 除，得余数 R。

(4) 如果 R=0，表示 N 能被 K 整除，则打印 N“不是素数”，算法结束。否则执行(5)。

(5) K+1 =>K。

(6) 如果 $K\leqslant N-1$，返回③，否则打印 N“是素数”，结束程序。

不难想象，不同的求解方法将产生出不同的算法，不同的算法将使我们设计出不同的程序，而决定这个程序的本质就是计算方法和算法。

[例 3-3] 若给定 n 个整数，试将这 n 个数据按从小到大排序，如数据为 2、100、43、56、98，排序结果应该是 2、43、56、98、100。

解：作为问题分析，要求已经很明确了，输入数据是给出的 n 个数据，输出数据是排序结果。算法用自然语言描述如下：

(1) 若第一个数据比第二个数据大，则两者交换；其后，若第二个数据比第三个数据大，两者交换，……，依此类推，最后若第$(n-1)$个数据比第 n 个数据大，两者交换。这样，经过$(n-1)$次处理后，这 n 个数据中最大的就在第 n 个位置。

(2) 第二轮在第一个数据到第$(n-1)$个数据间用上面的方法再进行，此时次大的数据就在第$(n-1)$位置处。

(3) 依此类推，每进行一轮，待排序数据少 1，当进行到第$(n-1)$轮时，第一个数据与第 2 个数据进行比较，大者放在第 2 个位置，小的放在第 1 个位置，整个排序过程结束。

后面就可以利用某种计算机程序设计语言来编制程序，由计算机来完成排序工作。

[例 3-4] 若给定 n 个整数，现给出任意一个整数 x，要求确定数据 x 是否在这 n 个数据中。

解：这 n 个数据可以按任意次序排成$(a_1,a_2,\cdots,a_n)$的形式，那么，要查找 x 就必须首先 x 与 a_1 比较，若不相等，则与 a_2 比较，依此类推，直到存在某个 $i(1\leqslant i\leqslant n)$，使得 x 等于 a_i 或者 i 大于 n 为止，后者说明没有找到。

如果我们将数据按大小次序排列起来，满足 $a_1\leqslant a_2\leqslant\cdots\leqslant a_n$。则顺序在表中查找 x 时，只要发现 $x<a_1$，或出现 $a_i<x<a_{i+1}$，$(1\leqslant i\leqslant n-1)$，或 $a_n<x$，就可以断定 x 不在这 n 个数据中，只要 x 不是这 n 个数据中最大的，就不需要 n 次比较，这样确定 x 不在数据集中的平均查找时间就要少得多了。

从前面看出，同样采用顺序查找的方式，如数据组织不同，则算法效率就不同。

在数据按大小顺序排列后，若我们采用下面的二分查找方法，则平均查找时间会大大减少。二分查找的算法是：

开始设 $l=1, h=n$；重复以下步骤，直到 $l>h$ 后转(5)：

(1) 计算中点 $m=(l+h)/2$ 的整数部分(小数部分丢弃)。

(2) 若待查数据 x 与第 m 个数据相同，查找成功，算法结束。

(3) 若 x 小于第 m 个数据，则 h 改为（$m-1$），转(1)。

(4) 若 x 大于第 m 个数据，则 l 改为（$m+1$），转(1)。

(5) 查找不成功，x 不在这 n 个数据中，算法结束。

从这里我们又看出，同样的数据排列方式，不同的算法将影响任务完成的效率。

一个算法执行时间的多少是算法好坏评价的重要依据，一个算法的执行时间衡量通常用关键语句的执行次数作为依据。如例 3-3 排序算法中，其第一轮在 n 个数据中处理将最大的数据放在第 n 个位置共需要进行$(n-1)$次比较，第二轮需要$(n-2)$次比较，要完成全部排序总共要进行$(n-1)$轮，比较次数依次为$(n-1)$，$(n-2)$，…，2，1。这是一个首项是$(n-1)$，最后一项是 1 的等差数列，按数列求和公式，我们得到$(n-1)n/2$。这是一个二次多项式。可以证明，此算法的时间同 n 的二次方成正比。由此，可以估算算法的执行时间。例如，在 n 为 10 时，上面的排序方法用时为 t，则 n 为 100 时，排序的时间就大约为 t 的$(100/10)^2$倍了，也就是 $100t$。

3.2.3 数据结构

利用计算机进行数据处理是计算机应用的一个重要领域。因此，大量的数据元素按什么结构存放在计算机中，可以提高数据处理的效率，并且节省计算机的存储空间，已成为进行数据处理的关键问题。数据结构作为计算机的一门学科，主要研究和讨论以下三个方面的问题：

(1) 数据的逻辑结构。

(2) 数据的存储结构。

(3) 对各种数据结构进行的运算。

通常，算法的设计取决于数据的逻辑结构，算法的实现取决于数据的物理存储结构。

为了讨论的方便，首先介绍几个基本的概念。

1. 数据结构中涉及的基本概念

1) 数据

数据是对客观事物的符号表示。在计算机科学中其含义是指所有能够输入到计算机中并被计算机程序处理的符号集合，如数字、字母、汉字、图形、图像、声音都称为数据。

2) 数据元素

数据元素是数据集合中的一个实体，是计算机程序中加工处理的基本单位。

数据元素按其组成可分为简单型数据元素和复杂型数据元素。简单型数据元素由一个数据项组成，所谓数据项就是数据中不可再分割的最小单位；复杂型数据元素由多个数据项组成，它通常携带着一个概念的多方面信息。

数据元素具有广泛的含义。一般来说，现实世界中客观存在的一切个体都可以是数据元素。例如，描述一年四季的季节名，可以作为季节的数据元素；表示数值的各个数如 11，34，25，67，99，可以作为数值的数据元素；表示家庭成员的各成员名如父亲、儿子、女儿，可以作为家庭成员的数据元素。作为某种处理，这些数据元素具有某些相同的特征。一般情况下，在具有相同特征的数据元素的集合中，各个数据元素之间存在着某种关系(即联系)，这种关系反映了该集合中的数据元素所固有的一种结构。在数据处理领域中，通常把数据元素之间这种固有的关系简单地用前后件关系(或者直接前驱与直接后继关系)来描述。例如，在考虑一年四个季节的顺序关系时，则“春”是“夏”的前件，而“夏”是“春”的后件。在考虑家庭成员间的辈分关系时，则“父亲”是“儿子”和“女儿”的前件，而“儿子”和“女儿”都是“父亲”的后件。一般来说，数据元素的任何关系都可以用前后件关系来描述。

3) 数据结构

数据结构是指相互之间存在一种或多种特定关系的数据元素所组成的集合。具体来说，数据结构包含三个方面的内容，即数据的逻辑结构、数据的存储结构和对数据所施加的运算。这三个方面的关系为：

(1) 数据结构中所说的“关系”实际上是指数据元素之间的逻辑关系，又称为逻辑结构。数据的逻辑结构独立于计算机，是数据本身所固有的。

(2) 存储结构是逻辑结构在计算机存储器中的映像，必须依赖于计算机。与孤立的数据元素表示形式不同，数据结构中的数据元素不但要表示其本身的实际内容，还要表示清楚数据元素之间的逻辑结构。

(3) 运算是指所施加的一组操作总称。运算的定义直接依赖于逻辑结构，但运算的实现必依赖于存储结构。

2. 数据结构的分类

1) 从逻辑结构划分数据结构

(1) 线性结构。元素之间为一对一的线性关系，第一个元素无直接前驱，最后一个元素无直接后继，其余元素都有一个直接前驱和直接后继。

(2) 非线性结构。元素之间为一对多或多对多的非线性关系，每个元素有多个直接前驱或多个直接后继。

2) 从存储结构划分数据结构

(1) 顺序存储(向量存储)。所有元素存放在一片连续的存储单元中，逻辑上相邻的元素存放到计算机内存后仍然相邻。

(2) 链式存储。所有元素存放在可以不连续的存储单元中，但元素之间的关系可以通过指针确定，逻辑上相邻的元素存放到计算机内存后不一定是相邻的。

(3) 索引存储。使用该方法存放元素的同时，还建立附加的索引表，索引表中的每一项称为索引项，索引项的一般形式是"（关键字，地址）"，其中的关键字是能唯一标识一个节点的那些数据项。

(4) 散列存储。通过构造散列函数，用函数的值来确定元素存放的地址。

3. 数据结构的抽象描述

前面我们提到，数据结构是反映数据元素之间关系的数据元素的集合，即数据结构是带有结构的数据元素的集合。这里所谓的结构实际上就是数据元素之间的前后件关系，因此，一个数据结构应包含以下两方面的信息：

(1) 表示数据元素的信息。

(2) 表示各数据元素之间的前后件关系(即逻辑关系)。

因此，数据结构可用二元组 $D=(K,R)$的形式来描述。其中，$K=\{a_1, a_2,\cdots, a_n\}$为元素集合，$R=\{r_1, r_2,\cdots, r_m\}$为关系的集合。

[例 3-5] 家庭成员数据结构可以表示成 $D=(K, R)$，其中 K={父亲，儿子，女儿}，R={<父亲，儿子>，<父亲，女儿>}。

[例 3-6] 设有一个线性表$(a_1, a_2, a_3, a_4, a_5)$，它的抽象描述可表示为 $D=(K,R)$,其中 $K=\{ a_1, a_2, a_3, a_4, a_5\}$，$R=\{< a_1, a_2>,< a_2, a_3>,< a_3, a_4>,< a_4, a_5>\}$，则它的逻辑结构用图 3.6 描述。

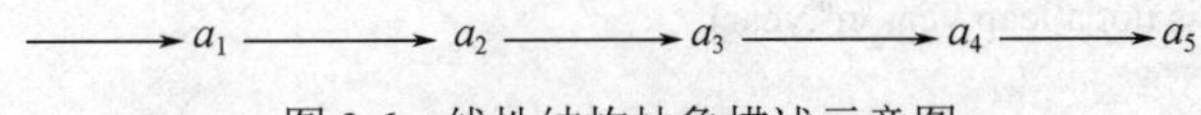

图 3.6　线性结构抽象描述示意图

[例 3-7] 设一个数据结构的抽象描述为 $D=(K,R)$,其中 $K=\{a,b,c,d,e,f,g,h\}$,$r=\{<a,b>,<a,c>,<a,d>,<b,e>,<c,f>,<c,g>,<d,h>\}$,则它的逻辑结构用图 3.7 描述。

[例 3-8] 设一个数据结构的抽象描述为 $D=(K,R)$,其中 $K=\{1,2,3,4\}$,而 $R=\{(1,2),(1,3),(1,4),(2,3),(2,4),(3,4)\}$，则它的逻辑结构用图描述见图 3.8。

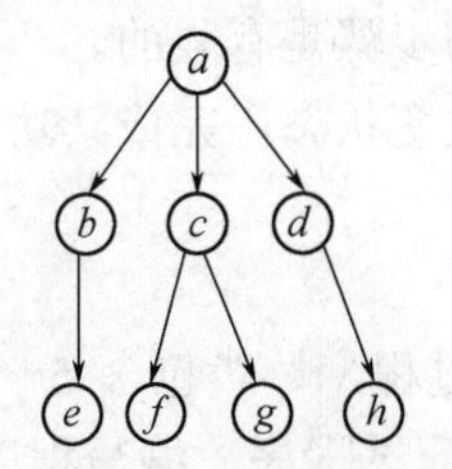

图 3.7　树形结构抽象描述示意图

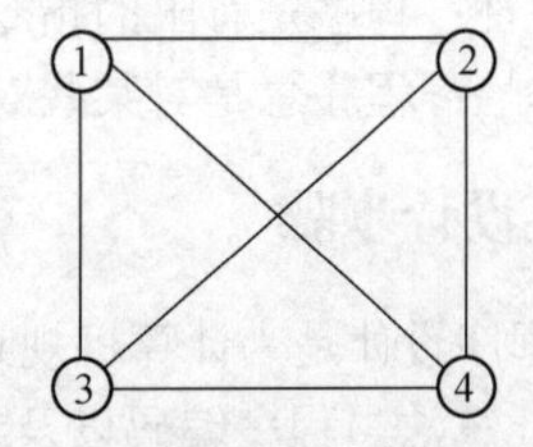

图 3.8　图形结构抽象描述示意图

3.3 程序设计基础

3.3.1 程序的一般概念

程序是计算机的一组指令，是程序设计的最终结果。程序经过编译和执行才能最终完成程序的动作。如果没有程序，计算机什么也不会做。因此，程序是计算机为完成某一个任务所必须执行的一系列指令的集合。

程序主要由两部分组成：

(1) 说明部分，描述问题的每个对象及它们之间的关系。

(2) 程序体，即为程序的执行部分，描述对这些对象做处理的动作和这些动作的先后顺序以及它们所作用的对象，要遵守一定的规则，即求解的算法。

因此，程序也可以用经典的公式来表示：

程序=数据结构+算法

可以看出，程序的含义与算法十分相似，但二者是有区别的。一个程序不一定满足有穷性(死循环)，另外，程序中的指令必须是机器可执行的，而算法中的指令则无此限制。一个算法若用计算机语言来书写，则它就可以是一个程序。

[例 3-9] 用 C 语言实现算法例 3-1，即将 2000—2100 年中每一年是否是闰年打印出来。

```
main()
{ int year;
  for(year=2000; year<=2100; year++)
    { if ((year%4==0 && year%100!=0)||(year%400==0))
          printf("%d is a leap year.\n",year);
      else
          printf("%d is not a leap year.\n",year);
    }
}
```

综上所述，计算机程序有以下共同的性质：

(1) 目的性：程序有明确的目的，运行时能完成赋予它的功能。

(2) 分步性：程序为完成其复杂的功能，由一系列计算机可执行的步骤组成。

(3) 有序性：程序的执行步骤是有序的，不可随意改变程序的执行顺序。

(4) 有限性：程序是有限的指令序列，程序所包含的步骤是有限的。

(5) 操作性：程序总是对某些对象进行操作，使其改变状态，完成其功能。

3.3.2 程序设计步骤

计算机程序设计是为计算机规划、安排解题步骤的过程，一般包含 5 个步骤，即分析问题，设计算法，程序编码以及编辑、编译和连接，测试程序，编写程序文档。在处理过程中，每个步骤都是很重要的，前两个步骤做好了，在后面的步骤中就会花费较少的时间和精力，少走弯路。对于相对简单的计算任务来说，编写一个相对简单的程序，则主要是设计算法和进行程序编码。

1) 分析问题

在着手解决问题之前，要通过分析充分理解问题，明确问题的目标是什么、问题的输入是什么、数据具体的处理过程和要求是什么、期望输出的数据及形式等。在分析问题的基础上，要建立计算机可实现的计算模型。

2) 设计算法

算法是一步一步的解题过程，是解决问题的具体方案。首先集中精力于算法的总体规划，然后逐层降低问题的抽象性，逐步充实其细节，直到最终把抽象的问题具体化成可用程序语句表达的算法。这是一个自顶向下、逐步细化的过程。

3) 程序编码以及编辑、编译和连接

用计算机语言表示算法的过程称为编码。程序是用计算机语言编码的解题算法。要编写程序代码，首先选择编程语言，然后用该语言来描述前面设计的数据结构和算法。

编写好的程序代码通过编辑器输入到计算机内，然后以文件形式保存，这就是源程序，它必须是纯文本文件，不能带有格式符。计算机是不能直接执行源程序的，必须进行编译和连接。编译程序对原程序进行语法检查，程序员根据编译错误信息的提示，查找并改正错误后再次编译，直到没有语法错误为止，编译将其转换为目标程序。大多数语言还要用连接程序把目标程序与库文件连接成可执行文件。在连接过程中若程序使用了错误的内部函数名，则会引起连接错误。

4) 测试程序

测试的目的是找出程序中的错误，成功的测试是一种能暴露出尚未发现的错误的测试。需要指出的是，测试只能证明程序有错，而不能保证程序的正确性。一个通过了某一测试的程序，也许还包含尚未发现的错误。

测试是以程序通过编译，没有语法和连接上的错误为前提的。在此基础上，通过让程序试运行一组数据，看程序是否满足预期结果。这组测试数据应是以任何程序都是有错误的为前提精心设计出来的，称为测试用例。

测试有黑盒测试和白盒测试两种方法，对于不同的测试方法有不同的测试用例。

5) 编写程序文档

当完成测试后，程序的开发工作基本结束。但这时还不能交付使用。为了让用户使用该程序服务和便于今后的维护，还应该编写“程序使用说明书”以及“程序技术说明书”。

归纳起来，包括分析问题、设计算法、编码和调试、测试及文档编写的整个过程就是程序设计。

3.3.3 结构化程序设计

1. 结构化程序设计概述

结构化程序设计诞生于20世纪60年代，发展到80年代，已经成为当时程序设计的主流方法，几乎为所有的程序员所接受和使用，它的产生和发展形成了现代软件工程的基础，结构化程序设计的基本思想是采用自顶向下、逐步求精的设计方法和单入口单出口的控制结构。自顶向下、逐步求精的方法，使所要解决的问题逐步细化，并最终实现由顺序、选择和循环这三种基本结构构成的描述。

一个复杂的问题可以划分为多个简单问题的组合，这样的划分包括两个方面：一是把问题细化为若干模块组成的层次结构；二是把每一个模块的功能进行进一步的细化，分解成为一个个更小的子模块，直到分解成一个个程序语句为止。这样设计的优点在于：

(1) 符合人们思考问题的一般规律，易于编写和维护。

(2) 把一个问题逐步细化，从相对简单的问题出发，以各个击破的策略逐个解决问题，分析问题是一个从总体到局部的过程，而解决问题则是一个由局部到总体的过程。在自顶向下、逐步细化的过程中，把复杂问题分解成一个个简单问题的最基本方法就是模块化，按照功能或层次结构把一个问题划分为几个模块，然后对每个模块进行进一步细化。模块化分析便于问题的分析，同时也有利于程序设计以及软件工程中的组织与合作，按照模块作为工作划分的依据，各个模块可以独立地进行开发、测试和修改。

在 20 世纪五六十年代，软件人员在编程时常常大量使用 GOTO 语句，使得程序结构非常混乱。结构化程序设计的概念最早由荷兰科学家 E.W. Dijkstra 提出。1965 年他就指出"可以从高级语言中取消 GOTO 语句"，"程序的质量与程序中所包含的 GOTO 语句的数量成反比"。1966 年，Bohm 和 Jacopini 证明，只用顺序、选择和循环三种基本的控制结构(见图 3.9)就能实现任何单入口单出口的程序。这为结构化程序设计技术奠定了理论基础。

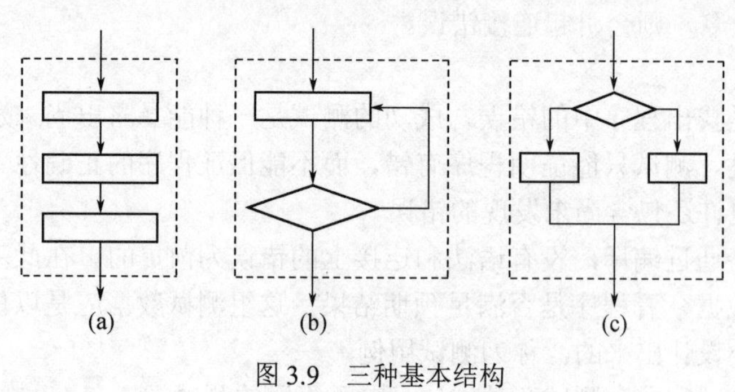

图 3.9　三种基本结构

(a) 顺序；(b) 循环；(c) 选择。

因此，结构化程序设计主要包括两个方面：

(1) 在代码编写时，强调采用单入口单出口的基本控制结构(顺序、选择、循环)，避免使用 GOTO 语句。这将大大改善程序的清晰度，提高程序的可读性。在结构化程序设计思想流行的 10 年中，出现了许多优秀的结构化程序设计语言，如 PASCAL 语言、C 语言等，它们具有结构化的数据结构与控制结构，易读易懂易测试，容易保证程序的正确性。

(2) 在软件设计和实现过程中，提倡采用自顶向下和逐步细化的原则。该方法符合人类解决复杂问题的普遍规律，因此可以显著提高软件开发的成功率和生产率。

虽然结构化程序设计方法有很多优点，但是作为面向过程的设计方法，将解决问题的重点放在了如何实现过程的细节方面，把数据和对数据的操作截然分开，因而仍然有着方法本身无法克服的缺点，这样设计出来的程序，其基本形式是主模块与若干子模块的组合(如C语言中的main函数和若干子函数)。由于数据和操作代码(函数)的分离，一旦数据的格式或结构发生改变，相应的操作函数就要改写。而且对于核心数据的访问也往往得不到有效的控制。同时，如果程序进行扩充或升级改进，也需要大量修改函数。例如，当我们要设计一个简单的人事管理程序时，要分别设计数据结构(通常用结构体来存放人员信息，如姓名、编号、年龄、住址等)和算法(如添加、删除、查找、排序)。如果需要对数据结构进行修改，则所有相关算法也必须做相应修改。这样，程序开发的效率就难以提高，大大限制了软件产业的发展。因此出现了面向对象的程序设计方法。

2. 典型的结构化程序设计语言C语言

1) C语言程序的总体结构

一个完整的C语言程序，是由一个main()函数(又称主函数)和若干个其它函数结合而成的，或仅由一个main()函数构成。main()函数的作用，相当于其它高级语言中的主程序；其它函数的作用，相当于子程序。一个C语言程序，总是从main()函数开始执行，而不论其在程序中的位置。当主函数执行完毕时，亦即程序执行完毕。习惯上，将主函数main()放在最前头。

任何函数(包括主函数main())都是由函数说明和函数体两部分组成。其一般结构如下：

```
[函数类型]    函数名(函数参数表)            // 函数说明部分
              { 说明语句部分;
                  执行语句部分;             // 函数体部分
              }
```

其中函数参数表的格式为：

数据类型　形参[, 数据类型　形参2……]

说明语句部分由变量定义、自定义类型定义、自定义函数说明、外部变量说明等组成；执行语句部分一般由若干条可执行语句构成。

2) C语言中的关键字

所谓关键字就是已被C语言本身使用，不能作其它用途的标识符号。C语言的关键字共有32个，根据关键字的作用，可分其为数据类型关键字、控制语句关键字、存储类型关键字和其它关键字四类。

(1) 数据类型关键字(12个)：char, double, enum, float, int, long, short, signed, struct, union, unsigned, void。

(2) 控制语句关键字(12个)：break, case, continue, default, do, else, for, goto, if, return, switch, while。

(3) 存储类型关键字(4个)：auto, extern, register, static。

(4) 其它关键字(4个)：const, sizeof, typedef, volatile。

3) C语言程序中的语句

与其它高级语言一样，C语言也是利用函数体中的可执行语句，向计算机系统发出操作命令。按照语句功能或构成的不同，可将C语言的语句分为5类。

(1) 控制语句。控制语句完成一定的控制功能。C语言只有9条控制语句，又可细分为三种：

① 选择结构控制语句：

if()～else～ ； switch()～

② 循环结构控制语句：

do～while()； for()～； while()～； break； continue

③ 其它控制语句：

goto； return

(2) 函数调用语句。函数调用语句由函数名加一个分号(语句结束标志)构成。例如：

printf("This is a C function statement.")；

(3) 表达式语句。表达式语句由表达式后加一个分号构成。最典型的表达式语句是，在赋值表达式后加一个分号构成的赋值语句。例如，“num=5”是一个赋值表达式，而“num=5;”却是一个赋值语句。

(4) 空语句。空语句仅由一个分号构成。显然，空语句什么操作也不执行。

(5) 复合语句。复合语句是由大括号括起来的一组(也可以是 1 条)语句构成。例如：

```
main()
{ ……
    {……} /*复合语句。注意：右括号后不需要分号。*/
    ……
}
```

在 C 语言中，单一语句可以出现的地方，就可以使用复合语句。而且复合语句可以嵌套，即复合语句中也可再出现复合语句。

4) 源程序的书写格式

(1) 所有语句都必须以“;”结束，函数的最后一个语句也不例外。

(2) 程序行的书写格式自由，既允许一行内写几条语句，也允许一条语句分写在几行上。

5) 源程序举例

[例 3-10] 用 C 语言实现算法例[3-2]，即对一个大于或等于 3 的正整数，判断它是不是一个素数。

```
main()
  { int number;
   printf("请输入一个正整数：\n");
   scanf("%d"，&number);
    if(prime(number))
       printf("\n %d  是素数. ",number);
     else
       printf("\n %d  不是素数. ",number);
   }

int prime(number)
int number;
{   int flag=1,n;
```

```
    for(n=2; n<number/2 && flag= =1; n++)
        if(number%n= =0) flag=0;
    return(flag);
}
```

3.3.4 面向对象程序设计

1. 面向对象的程序设计思想

面向对象是从本质上区别于传统的结构化方法的一种新方法、新思路。它吸收了结构化程序设计的全部优点，同时又考虑到现实世界与计算机空间的关系，认为现实世界是由一系列彼此相关并且能够相互通信的实体组成，这些实体就是面向对象方法中的对象，每个对象都有自己的自然属性和行为特征，而一些对象的共性的抽象描述，就是面向对象方法中的核心——类。

面向对象的程序设计方法就是运用面向对象的观点来描述现实问题，然后再用计算机语言来描述并处理该问题。这种描述和处理是通过类与对象实现的，是对现实问题的高度概括、分类和抽象。每个对象都具有自己的数据和相应的处理函数，整个程序是由一系列相互作用的对象来构成，不同对象之间通过发送消息相互联系、相互作用。

利用面向对象的程序设计方法进行软件开发，其数据和操作将很好地封装在对象中，数据的访问权限也可以得到有效的控制，数据结构和格式的改变只是局限于拥有该数据的对象和类中，因此修改也较为方便。同时，通过由现有的类进行派生，可以得到更多具有特殊功能的新类，从而实现代码的重用。这种继承和派生的机制是对已有程序的发展和改进，有利于实现软件设计的产业化。

从人类认识问题的角度来讲，结构化程序设计的方法假定我们在开始程序设计的时候，就对所要解决的问题有深入、彻底的认识，对程序有全面的规划，然后自顶向下、逐步细化，直到细致到可以用计算机语言描述为止，然后开始编写程序，调试、测试等。事实上，人类对问题的认识有一个逐步深入的过程，在程序设计之初，可能对问题还没有彻底的认识。因此，在程序的编写，甚至运行测试过程中，如果我们有了新的认识和需要，要对其中的关键数据或算法有所改动，有可能整个程序都会修改。而我们知道，这种认识的过程是完全符合现实的，是必然的，这也是结构化设计无法克服的困难在哲学高度的解释。面向对象的程序设计方法就比较适合人类认识问题的客观规律。我们对一个具体问题进行分析、抽象，将其中的一些属性和行为抽象成相应的数据和函数，封装到一个类中，我们就用这个类在计算机中描述现实世界中的问题。随着编写程序或分析的不断深化，我们对问题有了新的理解和认识，可以通过在相应的类中加入新属性和新行为，或者可以由原来的类派生一个新的类，给这个新类加入属性和行为即可。例如，仍以一个简单的人事管理程序为例，我们可以将人员信息与对这些信息的处理方法封装在一起，构成一个“人员”类。当这个类被应用到不同的场合时(如学生信息管理、教师信息管理)，可以根据需要派生新类，并在派生的类中添加新的成员。类的派生过程，反应了人们认识问题深入程度的发展。与面向过程的程序设计方法相比，面向对象的方法为适应问题的发展而对程序进行的修改要少得多。

2. 面向对象程序设计的基本特点

1) 抽象

抽象是人类认识问题的最基本手段之一。面向对象方法中的抽象是对具体问题(对象)进行概括，即忽略事物的非本质特征，只注意那些与当前目标有关的本质特征，从而抽象出一类对象的共性并加以描述。抽象的过程，就是对问题进行分析和认识的过程。对一个问题的抽象一般来讲应该包括两个方面：数据抽象和代码抽象(或称为行为抽象)。前者描述某类对象的属性或状态，也就是此类对象区别于彼类对象的特征物理量；后者描述某类对象的共同行为特征或具有的共同功能。对一个具体问题进行抽象分析的结果，是通过类来描述和实现的。例如我们对人进行分析，通过对全部人类进行归纳、抽象，提取出其中的共性如姓名、性别、年龄等，它们组成了人的数据抽象部分，用 C++语言来表达，可以是 char *name， char *sex，int age；而人类的共同行为如吃饭、行走等这些动物性行为以及工作、学习等社会性行为，构成了人的代码抽象部分，我们也可以用 C++语言表达：EatFood()，Walk()，Work()，Study()。

进一步来分析，如果我们是为一个企业开发用于人事管理的软件，这个时候来分析人，我们所关心的特征就不会只限于这些。除了上述人的这些共性，这里所研究的人又有新的共性，如工龄、工资、工作部门、工作能力，还有他的上、下级隶属关系等。由此我们也可以看出，同一个研究对象，由于所研究问题的侧重点不同，就可能产生不同的抽象结果；即使对于同一个问题，解决问题的要求不同，也可能产生不同的抽象结果，这些结果的不同就表现在得出不同的抽象成员。

2) 封装

封装是面向对象方法的一个重要原则。它有两个含义：①将抽象得到的数据成员和代码成员相结合，形成一个不可分割的整体，即对象，这种数据及行为的有机结合也就是封装；②信息隐蔽，即尽可能隐蔽对象的内部细节，通过对抽象结果的封装，将一部分行为作为对外部的接口，以便达到对数据访问权限的合理控制，把整个程序中不同部分的相互影响减少到最低限度。这种有效隐蔽和合理控制，就可以达到增强程序的安全性和简化程序编写工作的目的。

利用封装的特性，编写程序时，对于已有的成果，使用者不必了解具体的实现细节，而只需要通过外部接口，依据特定的访问规则，就可以使用这些现有的东西。在 C++中，是利用类(class)的形式来实现封装的。

3) 继承

继承是面向对象技术能够提高软件开发效率的重要原因之一。其含义是特殊类的对象拥有其一般类的全部属性与服务，称为特殊类对一般类的继承。只有继承，才可以在别人认识的基础之上有所发展，有所突破，摆脱重复分析、重复开发的困境。如 C++中就提供了类的继承机制，允许程序员在保持原有类特性的基础上，进行更具体、更详细的类的定义。这样，通过类的这种层次结构，就可以反映出认识的发展过程。新的类由原有的类产生，包含了原有类的关键特征，同时也加入了自己所特有的性质，原有的类称为基类或父类，产生的新类称为派生类。这种继承和派生的机制对程序设计的发展是极为有利的。

4) 多态

多态性是指在一般类中定义的属性和行为，被特殊类继承之后，可以具有不同的数据类型或表现出不同的行为，这使得同一属性或行为在一般类及各个特殊类中具有不同的语义。例如一个类中有很多求两个数最大值的行为，我们针对不同的数据类型，就要写很多个不同名称的函数来实现。事实上，它们的功能几乎完全相同，这时，就可以利用多态的特征，用统一的标识来完成这些功能。这样，就可以达到类的行为的再抽象，进而统一标识，减少程序中标识符的个数。在 C++中，多态是通过重载函数和虚函数等技术来实现的。

3.4 操作系统

计算机系统由硬件和软件两部分组成。软件系统包括系统软件和应用软件。操作系统是系统软件中一个最基本最重要的大型软件，是全面地管理计算机软件和硬件的系统程序，是用户与计算机之间的接口。对于我们日常使用的微型计算机来说，操作系统可分为两大类：①面向字符的操作系统，如 DOS 操作系统；②面向图形的操作系统，如 Windows 操作系统。DOS 操作系统只能通过键盘输入命令来操作计算机，而 Windows 不但可以用键盘来操作计算机，还可以通过更加直观的图形界面，用鼠标来操作计算机。

3.4.1 操作系统的概念和功能

1. 操作系统的概念

操作系统是一组程序的集合，它是系统软件的基础或核心，是最基本的系统软件，其它所有软件都是建立在操作系统之上的。一方面它直接管理和控制计算机的所有硬件和软件，使计算机系统的各部件相互协调一致地工作；另一方面，它向用户提供正确利用软硬件资源的方法和环境，使得用户能够通过操作系统充分而有效地使用计算机。因此，操作系统是用户与计算机系统之间的接口。它好似一个不可逾越的计算机管理中心，任何用户都必须通过它才能操作和使用计算机系统的各种资源。

2. 操作系统的作用

操作系统的主要作用有 3 个。

(1) 提高系统资源的利用。通过对计算机系统的软、硬件资源进行合理的调度与分配，改善资源的共享和利用状况，最大限度地发挥计算机系统工作效率，即提高计算机系统在单位时间内处理任务的能力(称为系统吞吐量)。

(2) 提供方便友好用户界面。通过友好的工作环境，改善用户与计算机的交互界面。如果没有操作系统这个接口软件，用户将面对一台只能识别 0、1 组成的机器代码的裸机。有了操作系统，用户才可能方便有效地同计算机打交道。

(3) 提供软件开发的运行环境。在开发软件时，需要使用操作系统管理下的计算机系统，调用有关的工具软件及其它软件资源。进行一项开发时，先问在哪种操作系统环境下开发的，当要使用某种保存在磁盘中的软件时，还要考虑在哪种操作系统支持下才能运行。因为任何一种软件并不是在任何一种系统上都可以进行的，所以操作系统也称为软件平台。所以操作系统的性能在很大程度上决定了计算机系统性能的优劣。在具有一定规模的计算机系统，包括中、高档微型计算机系统，都可以配备一个或几个操作系统。

3. 操作系统的功能

从资源管理的角度来看，操作系统的功能包括作业管理、文件管理、处理机管理、存储管理和设备管理 5 个方面。

1) 作业管理

作业是指用户请求计算机系统完成的一个独立任务，它必须经过若干个加工步骤才能完成，其中每一个加工步骤称为作业步。作业管理包括作业的调度与控制两个方面。作业调度是指在多道程序系统中，系统要在多个作业中按一定策略选取若干作业，为它们分配必要的共享资源，使之同时执行。常用的作业调度策略包括先来先服务策略、最短作业优先策略、响应比最高者优先策略、优先数策略以及分类调度策略等。而作业控制包括控制作业的输入、控制被选中作业的运行步骤、控制作业执行过程中的故障处理以及控制作业执行结果的输出等。

2) 文件管理

文件管理又称为文件系统，文件是一组完整的信息集合。计算机中的各种程序和数据均为计算机的软件资源，它们以文件的形式存放在外存中。操作系统对文件的管理主要包括：文件目录管理，文件存储空间的分配，为用户提供灵活方便的操作命令(如文件的按名存取等)以及实现文件共享，安全、保密等措施。

3) 处理机管理

CPU 是计算机的核心部件，它是决定计算机性能的最关键的部件，而处理机管理即为 CPU 管理。因此，应最大限度地提高处理器的效率。在多道程序系统中，多个程序同时执行，如何把 CPU 的时间合理地分配给各个程序是处理机管理要解决的问题，它主要解决 CPU 的分配策略、实施方法等。CPU 管理的另一个工作是处理中断，CPU 硬件中断装置首先发现产生中断的事件，并中止现行程序的执行，再由操作系统调出处理该事件的程序进行处理。

4) 存储管理

计算机系统的内存空间分成两个区域。一个是系统区，用于存放操作系统、标准子程序和例行程序；另一个是用于存放用户程序。操作系统的存储管理主要解决多道程序在内存中的分配，保证各道程序互不冲突，并且通过虚拟内存来扩大存储空间。

5) 设备管理

现代计算机系统都配置了各种各样的I/O设备，它们的操作性能各不相同。设备管理便是用于对这类设备进行控制和管理的一组程序。它的主要任务是：①设备分配。用户提出使用外部设备的请求后，由操作系统根据一定的分配策略进行统一分配，并为用户使用I/O设备提供简单方便的命令。②输入输出操作控制。设备管理程序根据用户提出的I/O请求控制外部设备进行实际的输入输出操作，并完成输入输出后的善后处理。

4. 操作系统的层次结构

操作系统中定义了它的内核层和它与用户之间的接口，如图3.10所示。

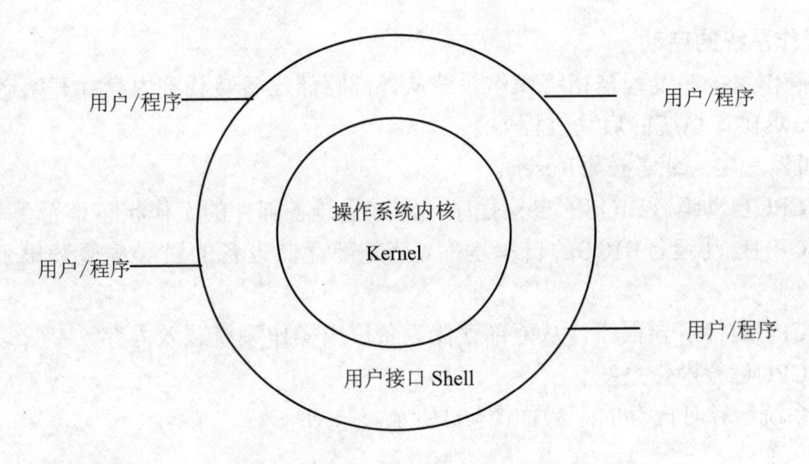

图3.10 操作系统的内核和Shell结构

1) 操作系统的内核

在图 3.10 中，位于操作系统中心的 Kernel 称为内核程序，也就是说 Kernel 是操作系统的核心。它有两个部分，一个部分是管理计算机各种资源所需要的基本模块（程序）代码，通过各种功能模块，可以直接操作计算机的各种资源。文件管理就是属于这类功能模块的。

另一个部分是设备驱动（Device Driver），也是程序。这些程序直接和设备进行通信以完成设备操作。例如键盘的输入就是通过操作系统的键盘驱动程序进行的，键盘驱动程序把键盘的机械性接触转换为系统可以识别的 ASCII 代码并存放到内存的指定位置，供用户或其它程序使用。每一个设备驱动必须和特定的设备类型有关，需要专门编写。因此，当一个新设备被安装到计算机上时，需要首先安装这个设备的驱动程序。例如一个新的打印机，如果不是操作系统已有驱动程序所支持的，那么就需要安装由打印机厂家提供的驱动程序。

在一个多任务的环境，操作系统的内存管理要确定把现有程序调入内存运行，然后根据需要将另外一个程序调入内存替代前一个程序。或者将内存分为几个部分分别供几个程序使用。在不同的时间片，CPU 在不同的内存地址范围执行不同的程序。

Kernel 核心程序还包括调度（Scheduled）和控制（Dispatcher）程序，前者决定哪一个程序被执行，后者控制着为这些程序分配时间片。

2) 操作系统的接口 Shell

在 Kernel 和用户之间的接口部分就是 Shell 程序。Shell 最早是 UNIX 系统提出的概念，它是用户和 Kernel 之间的一个交互接口。早期的 Shell 为一个命令集，Shell 通过基本命令完成基本的控制操作。Shell 运行命令时，使用参数改变命令执行的方式和结果。它对用户或者程序发出的命令进行解释并将解释结果通报给 Kernel。Shell 命令有两种方式，一种是会话式输入，会话方式表现在程序被执行过程中提供接口。另一种是命令文件方式，MS DOS 系统将 Shell 称为命令解释器（Command），在 Windows 系统中，Shell 通过“窗口管理器”完成这个任务。被操作的对象如文件和程序，以图标的方式形象化地显示在屏幕上，用户通过鼠标点击图标的方式向“窗口管理器”发出命令，启动程序执行的“窗口”。

5. 操作系统的启动

启动操作系统的过程是指将操作系统从外部存储设备装载到内存并开始运行的过程，Windows操作系统的启动过程如下：

(1) 机器加电（或者按下Reset)。

(2) CPU自动运行BIOS的自检程序，测试系统各部件的工作状态是否正常。

(3) CPU自动运行BIOS的自举程序，从外部存储设备的引导扇区读出引导程序装入内存。

(4) CPU运行引导程序，从外部存储设备读出操作系统装入内存。

(5) CPU运行操作系统。

操作系统运行时内存的态势如图3.11所示。

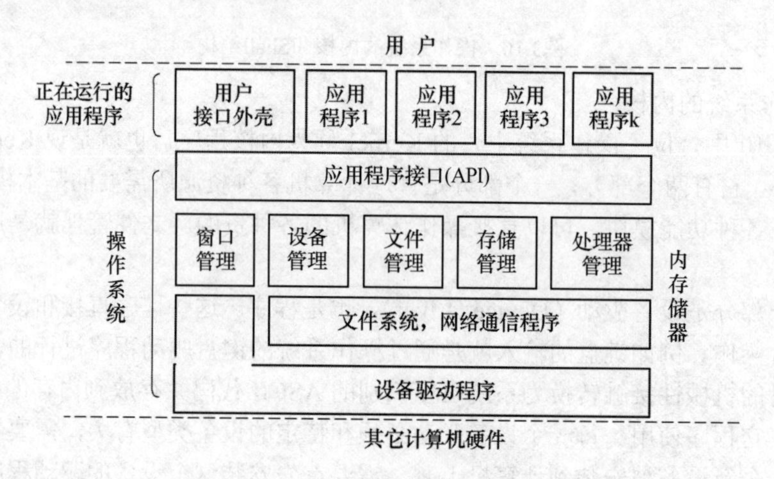

图 3.11 操作系统运行时内存的态势

6. 操作系统的分类

按照操作系统的功能，可以将操作系统分成以下 6 类：

1) 单用户操作系统

单用户操作系统只能支持一个用户的操作。例如微型计算机常用的 MS-DOS 就是一个单用户操作系统。单用户操作系统还可以细分为单任务和多任务两种，所谓单任务是指一次只能运行一个程序，而多任务操作系统同时可以运行多个程序。目前广泛流行的微型计算机所使用的 MS-DOS 是单用户单任务操作系统，而 Windows98 则是单用户多任务操作系统。

2) 批处理操作系统

批处理操作系统可以管理多个用户的程序，操作员统一将多个用户的程序输入到计算机中，然后在批处理操作系统的管理下运行，以提高计算机系统的效率。在批处理操作系统管理下，多个用户程序作为一个整体被处理，用户不能单独控制程序的运行。

3) 分时操作系统

分时操作系统可以支持多个终端用户同时使用计算机。它采用给每个用户固定的时间片的方式，轮流为各个用户服务。用户可以单独控制自己程序的运行。著名的 UNIX 操作系统就是分时操作系统。

4) 实时操作系统

实时操作系统用于对时间的响应速度要求很高的控制领域，通常对最短的响应时间有严格的要求，但对于不同的应用场合，要求的响应时间是不同的。

5) 网络操作系统

网络操作系统用于管理相互连接的一组具有独立功能的计算机。组成网络的计算机虽然在网络操作系统的统一管理之下，但它们同时又都在各自的操作系统下运行，并共同遵守相同的网络协议，以实现计算机之间的通信。当今流行的网络操作系统有UNIX、Netware及Windows NT。

6) 分布式操作系统

分布式操作系统是管理分布式计算机网络系统的操作系统。在分布式计算机网络中，各计算机可以相互协作共同完成任务。而在一般的计算机网络中，各计算机只是各自完成自己的任务，相互之间往往只能进行通信。

3.4.2 计算机操作系统环境的演变与发展

用户使用计算机是通过操作系统提供的用户接口(或称用户界面)来进行的。用户接口决定了用户以什么方式与计算机交互,也就是采用什么手段向计算机发出指令，以实现自己的操作要求。用户接口大体上分为两种：基于字符的界面和基于图形界面。

在20世纪80年代以前，用户接口主要是基于键盘字符界面。那时人们主要致力于改善计算机的性能，如提高运行速度、扩充存储容量等，因此对计算机的操作步骤一般都比较烦琐，掌握起来也较费时，是典型的“使人适应计算机的时代”。在这种环境下上机，用户利用键盘输入由字符组成的命令(称键盘命令或终端命令)指挥计算机去完成一个个任务；而计算机则通过在屏幕上显示各种信息(如提示信息、错误信息和结果信息等)，告知用户执行的结果。显然，这种英文式命令的直接提问，既不形象直观，也不灵活，对于非英语世界的用户来说，使用起来较为困难。DOS 磁盘操作系统就是典型代表。

DOS(Disk Operating System)即个人计算机磁盘操作系统，是最典型的面向字符的操作系统。Microsoft公司提供的DOS叫MS-DOS，而IBM公司提供的DOS叫PC-DOS，都是16位的单用户操作系统，由于微软公司开发的用于计算机的MS-DOS操作系统广为流行，因此DOS通常指微软公司的MS-DOS。MS-DOS经历了不断的发展和升级，发展到MS-DOS 6.22版后由Windows取代。

20世纪80年代初，苹果公司率先将图形用户界面(Graphic User Interface,GUI)引入PC，其以友好、方便的界面迅速发展成了当今操作系统和应用程序的主流界面，并且成了衡量一个软件优劣的一条不成文的标准。这使得计算机更加易学易用，进一步促使PC走向千家万户。

图形界面的引入，彻底改变了计算机的视觉效果和使用方式。使用户能以更直观、更贴近于生活的方式上机操作。用户面对显示器上的图形界面，好像就坐在自己的办公桌前，很多被操作的对象，如文件、文件夹等，都用一些形象化的图标来代表，就如同是办公室里的常见物品，文件夹、废纸篓、公文包、信箱、打印机等都被搬上了屏幕，通过鼠标的简单操作，就可以完成大部分的上机任务。

如今图形用户界面层出不穷，其设计思想在许多优秀的系统软件和应用软件中得到充分体现，其主要的特点如下所述。

(1) 直观明了、引人入胜。例如 Windows XP 的“开始”按钮的设计充分体现了这一点。“开始”按钮不仅使用户能毫无困难地开启应用程序和文档，还帮助他们了解怎样去完成一项工作。用户在 Windows XP 中学会运行一个程序比在 Windows 3.x 中快得多。

(2) 文本与图形相结合。在优秀图形界面设计的同时十分重视文字的作用。例如，Microsoft Office XP 的界面一律都提供 Tool Tips 功能，即一旦鼠标指向某个工具按钮，都会弹出一个“文本泡”告知用户该图标的名称，同时屏幕底端的状态条给出有关该按钮的功能简介或操作提示。这种图文相结合的界面胜过单独的图形界面或文本界面。

(3) 一致性的操作环境。现在流行的图形界面都提供一致的显示窗口、命令菜单、对话框、屏幕帮助信息及联机帮助系统。这种一致性降低了用户使用计算机的难度，节省了学习和掌握软件操作的时间，使用户将注意力集中于任务的实现上而不是适应每一种应用程序带来的界面变化。例如 Microsoft Office XP 尝试将其本身集成为一致性程序，使它的组件 Word、Excel 和 PowerPoint 等具有类同的界面，并且数据能够共享。

(4) 用户自定义的功能。为了减少图标冗余，许多软件都提供了用户自定义工作环境的功能，即根据用户要求安排屏幕布局，使其上机环境更具个性化。

计算机技术的不断发展推动了用户界面向更为友好的方向改进。未来的用户界面会呈现声音、视频和三维图像——新一代的多媒体用户界面(MMUI)。多媒体用户界面中的操作对象不仅是文字和图形，还有声音、静态动态图像，使机器呈现出一个色彩缤纷的声光世界。计算机能听懂人的语言，你可用“开机”或“关机”的口语命令来替代亲自开关计算机电源和显示器按钮开关的动作。MMUI 将给人们带来更多的亲切感。

3.4.3 文件和文件夹

1. 文件

1) 文件的概念

按一定格式存储在外存储器上的信息集合称为文件。文件可以是程序、数据、文字、图形、图像、动画或声音等。也就是说，计算机的所有数据(包括文档、各种多媒体信息)和程序都是以文件形式保存在存储介质上的。文件具有驻留性和长度可变性，是操作系统管理的信息和能独立进行存取的最小单位。磁盘为存储文件所分配空间的基本单位是“簇”，一个簇由一个或若干个磁盘扇区组成，一个文件再小，也起码要分配一个簇。

2) 文件系统

操作系统中负责管理和存取文件的软件机构称为文件管理系统，简称文件系统。文件系统负责为用户建立文件，存取、修改和转储文件，控制文件的存取，用户可对文件实现“按名存取”。

3) 文件的命名

每个文件都必须有一个文件名。文件全名由盘符名、路径、主文件名(简称文件名)和文件扩展名 4 部分组成。其格式如下所示。

[盘符名:][路径]<文件名>[.扩展名]

<文件名>也就是主文件名，在 Windows XP 环境下由不少于 1 个字符组成，不能省略。文件名可由用户取定，但应尽量做到“见名知义”。扩展名，又称后缀或类型名，一般由系统自动给出，“见名知类”，一般由 3 个字符组成；也可省略或由多个字符组成。系统给定的扩展名不能随意改动，否则系统将不能识别。扩展名左侧须用圆点“.”与文件名隔开。文件名总长度可达 255 个字符(若使用全路径，则可达 260 个字符)。

组成文件名的字符有 26 个英文字母(大写小写同义)，0～9 的数字；一些特殊符号，如＄ # & @ % ( ) ^ _ -{ }! 等。文件名中可有空格和圆点，由字母、数字与下划线组成，但禁用\ | / ? * < > : 〃 等 9 个字符。汉字或其它文字也可用做文件名。

4) 文件名通配符

通配符也称为统配符、替代符、多义符，即可以表示一组文件名的符号。通配符有两种，即星号“*”和问号“?”。

(1) “*”通配符。也称多位通配符，代表所在位置开始的所有任意字符串。例如，在 Windows 文件夹或文件名的查找中*.* 表示任意的文件夹名、文件名、文件扩展名；M*.*表示以 M 开头后面及文件扩展名为任意字符的文件；文件名 P*.DOC，表示以 P 开头后面为任意字符而文件扩展名为 DOC 的文件。

(2) “?”通配符。也称单位通配符，仅代表所在位置上的一个任意字符。例如文件名 ADDR?.TXT，表示以 ADDR 开头后面一个字符为任意字符而文件扩展名为 TXT 的文件。

5) 文件类型

文件名中的扩展名用于指定文件的类型，用户可以根据需要选择，但某些扩展名系统有特殊规定，用户不可以乱用或更改。一些流行的软件还可以自动为文件加扩展名。常见的系统约定的专用扩展名如表 3.2 所列。

表 3.2 系统的专用扩展名

.COM	可自定位的执行文件	.DBF	数据库文件
.EXE	可执行程序文件	.PRG	数据库源程序文件
.OBJ	系统编译后的目标文件	.DAT	数据文件
.LIB	系统编译时的库文件	.$$$	临时文件
.SYS	系统配置和设备驱动文件	.DOC	Word 文档文件
.HLP	帮助文件	.TXT	文本文件
.BAS	BASIC 语言程序的源文件	.BAK	备份文件
.C	C 语言程序的源文件	.BAT	批处理文件
.WAV	声音文件	.JPG	图形文件

2. 标准文件夹的树结构及路径

为了防止不同的人使用相同的文件名存储文件而引起的冲突，可以使用操作系统的文件夹和路径。其目的是将不同类别、不同用户的文件保存到不同的文件夹中，这

样，具有相同文件名的文件就可以被保存在同一台计算机中，而且互不干扰。也就是说，文件夹是用来存放程序、文档、快捷方式和子文件夹的地方。只用来放置子文件夹和文件的文件夹称为标准文件夹。一个标准文件夹对应一块磁盘空间。文件夹还可用来放置诸如控制面板、拨号网络、回收站、打印机、软盘、硬盘、光盘、磁盘等硬件设备。而控制面板、拨号网络等则不能用来存储子文件夹和文件，它们实际上是应用程序，是一种特殊的文件夹。没有特别说明，文件夹都是指标准文件夹。下面只介绍标准文件夹。

1) 磁盘文件夹的树结构

磁盘可以划分成许多文件夹，当一个磁盘被格式化以后，就建立了一个根文件夹。这时所有存入磁盘的文件都在这个根文件夹下。由于磁盘可以存放成千上万个文件，如果文件都保存在磁盘的根文件夹中，这对于使用者来说，要在这么多文件中查找所需的文件，或管理自己的文件，则是非常困难的。另外，在根文件夹下不允许存在文件名相同的文件，这也给人们的使用带来了诸多不便。

为了解决这个问题，操作系统允许用户为自己在根文件夹下设置子文件夹。子文件夹的设置可以分级，与图书目录中的章节划分类似，子文件夹下也可以再设置子文件夹。设置了子文件夹以后，用户就可以将文件保存在子文件夹中。有了子文件夹，具有相同文件名的文件就可以被保存到不同的子文件夹中。

文件夹的结构形似一棵向右侧置的树，左侧有唯一的根节点，根节点下可以有一些树叶和多个子节点，每一子节点都只有一个父节点而可以有一些树叶和多个子节点。树枝节点表示子文件夹，而叶则表示普通文件。从树根出发到任何一个树叶都有且仅有一条通路，该通路全部的节点组成一个通路名或路径名。因此，文件夹结构分为根文件夹、子文件夹和普通文件 3 类。根节点即为文件夹树结构中的根文件夹，也称主文件夹或系统文件夹，用左斜线“\”表示。一个子文件夹，都只有一父文件夹而可有几个子文件夹。文件夹与文件名结构相同。根文件夹与不同级的子文件夹或文件可以同名；同一文件夹下，同级的子文件夹名或文件名不可同名。文件夹与文件通常不能重名，文件夹一般不用扩展名。

建立子文件夹的原则是“多而浅”，即个数多一些而级数浅一些，以方便文件管理。文件夹通常按软件的类别取名。若是多个用户共用一台机器，则宜以用户名做文件夹名。

2) 路径和路径名

路径是文件夹的字符表示，是用左斜线“\”相互隔开的一组文件夹(如子文件夹 1\子文件夹 2\…\子文件夹 *n*)，用来标识文件和文件夹所属的位置。当我们要对一个文件进行操作时，必须指明三个要素：驱动器、文件名和从根文件夹到该文件要经过的各级子文件夹。我们把在从根文件夹到某个文件所在位置要经过的一系列子文件夹称为该文件的路径。表达方式为：

\子文件夹 1 \子文件夹 2 \…\…\

第一个“\”表示根文件夹，第二个“\”为分割符。以根文件夹为起点的路径称为绝对路径；省略第一个“\”的路径描述称为相对路径，也就是指从当前文件夹开始去查找指定的文件。访问文件时，必须给出完整的“文件路径名”，也称为“文件标识符”或者“文件引用名”，其格式为：

［盘符］［路径］<主文件名>. ［扩展文件名］

3) 当前盘和当前文件夹

在指定一个文件时，可以用路径来指定。无论何时，操作系统都有一个默认的磁盘，称为当前盘。而正在操作的文件所属的那个文件夹称为当前文件夹，这也是用户正在其中工作的文件夹。

对文件进行各种操作，如创建(另存于或第一次保存)或者删除一个文件，都必须指出该文件所在的盘符、路径、文件名及文件扩展名。若该文件就在当前盘当前文件夹中，则盘符与路径方可以省略。使用绝对路径可以调用任一磁盘文件。

3.4.4 面向图形的操作系统

面向图形的操作系统使用图形用户界面，即应用了多窗口、图标、菜单和联机帮助等技术，并配上鼠标作为的输入设备，以获得图文并茂的操作界面。常见的面向图形的操作系统有 Windows 98、Windows 2000、Windows XP 等。Windows XP 是微软公司 2001 年推出的新一代图形界面的多用户多任务操作系统。它既有 Windows 2000 基于 NT 的内核，又拥有比 Windows Me 更加精致的操作界面，比以前的 Windows 操作系统功能更强，也更稳定。Windows XP 有 3 个版本：Windows XP Professional 是为企业用户设计的，提供了高级别的扩展性和可靠性；Windows XP Home Edition 拥有针对数字媒体的最佳平台，适宜于家庭用户和游戏玩家；Windows XP 64-Bit Edition 迎合了特殊专业工作站用户的需求。

2009 年 10 月 22 日，微软公司于美国正式发布 Windows 7；2009 年 10 月 23 日，又于中国正式发布 Windows 7。Windows 7 的核心版本号为 Windows NT 6.1。Windows 7 可供家庭及商业工作环境、笔记本电脑、平板电脑、多媒体中心等使用，Windows 7 同时也发布了服务器版本——Windows Server 2008 R2。2011 年 2 月 23 日凌晨，微软公司面向大众用户正式发布了 Windows 7 升级补丁——Windows 7 SP1(Build7601.17514.101119-1850)，另外还包括 Windows Server 2008 R2 SP1 升级补丁。

2014 年 4 月，微软取消 Windows XP 的所有技术支持。Windows 将是 Windows XP 的继承者。2015 年 7 月，微软发布 Windows 10。

1. Windows XP 的组成和基本功能

Windows XP 由桌面系统、我的电脑、资源管理器、控制面板和附件等子系统组成。桌面系统是 Windows XP 操作系统的总控管理子系统。资源管理器和我的电脑是文件管理、文件夹管理与磁盘管理的主要工具。控制面板是根据用户需要和任务特性来更改 Windows XP 系统配置的子系统。附件中提供了大量的实用程序，如写字板、记事本、画笔、系统工具等外，特别扩充了与网络有关的功能，如内置 IE4.0，并将本机、局域网、Internet 的导航统一起来，还可以根据需要进行频道预定。Windows XP 提供 E-mail 和 News 使用工具、支持网络会议 NetMeeting 和白板功能，并能够提供实时网络音像广播服务，是真正 Web 集成的操作系统。

2. Windows XP 的功能特点

从操作系统的角度看，Windows XP 具有如下特点：

(1) 提供了更为新颖、简洁的图形化用户界面，操作直观、形象、简便；不同应用程序保持操作和界面方面的一致性，为用户带来很大方便。

(2) 提高了用户计算机的使用效率，增加了易用性。

(3) 进一步提高了计算机系统的运行速度、运行可靠性和易维护性。

(4) 提供了增强的 Internet 集成功能和增强的多媒体功能。

(5) 支持更多新的硬件和软件，提供更多新技术，能最方便承载各种数码产品。

3. Windows XP 的桌面系统

桌面也称为工作桌面或工作台，是指 Windows 所占据的屏幕空间，也可以理解为窗口、图标、对话框等工作项所在的屏幕背景。用户向系统发出的各种操作命令都是通过桌面来接受和处理的。与以往 Windows 的桌面不同，初始化的 Windows XP 桌面给人清新、明亮、简洁的感觉。桌面的下面是任务栏，桌面上唯一的一个图标是位于右下角的半透明的“回收站”图标。用户所有的操作都需要通过“开始”菜单来完成。

用户如果一开始不习惯这种“现代桌面”，可以在“开始”菜单属性对话框中选择“经典开始菜单”来恢复“传统桌面”的风格(如图 3.12 所示)，即桌面上呈现“我的文档”“我的电脑”“网上邻居”等系统文件夹图标和 Internet Explorer 等常用程序图标。

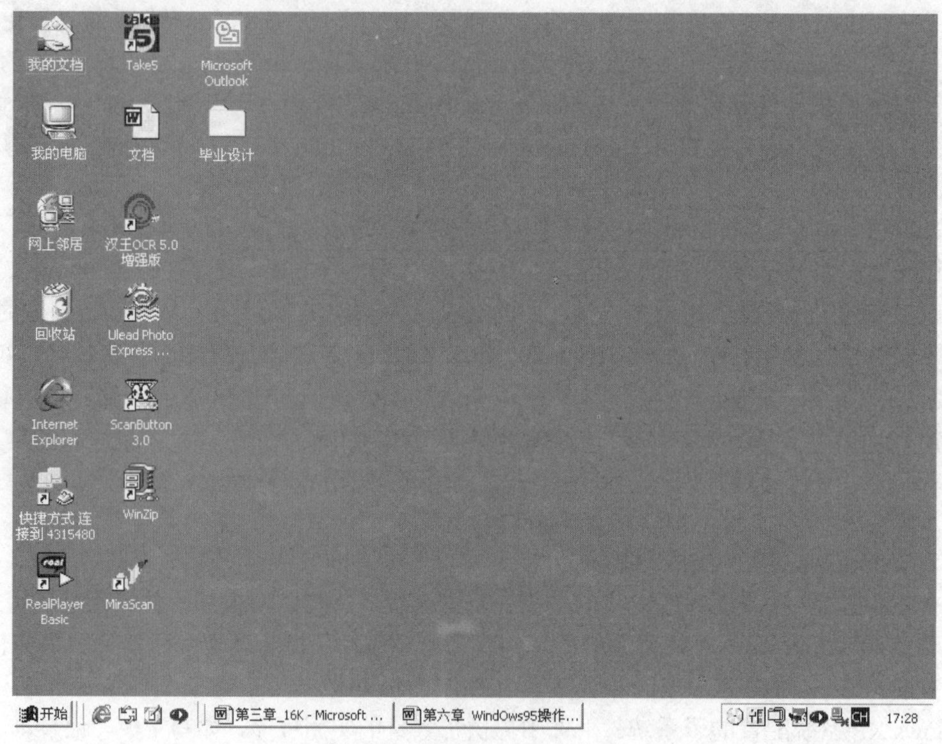

图 3.12　Windows XP 的桌面

4. 资源管理器

帮助用户管理磁盘上的文件与文件夹是“资源管理器”的主要功能之一。图 3.13 是资源管理器的窗口组成。它完成的主要功能有：

(1) 文件的复制、发送、删除、重命名、改变属性及查找。

(2) 磁盘卷标设置、磁盘格式化。

(3) 文件夹(目录)的建立、删除、重命名、发送、复制以及文件夹显示形式的设置。

(4) 文件的建立及排序、文件信息显示的设置、文件分类显示。

(5) 对系统、控制面板、光盘、多媒体等资源的管理。

(6) 对网络资源的使用与管理。

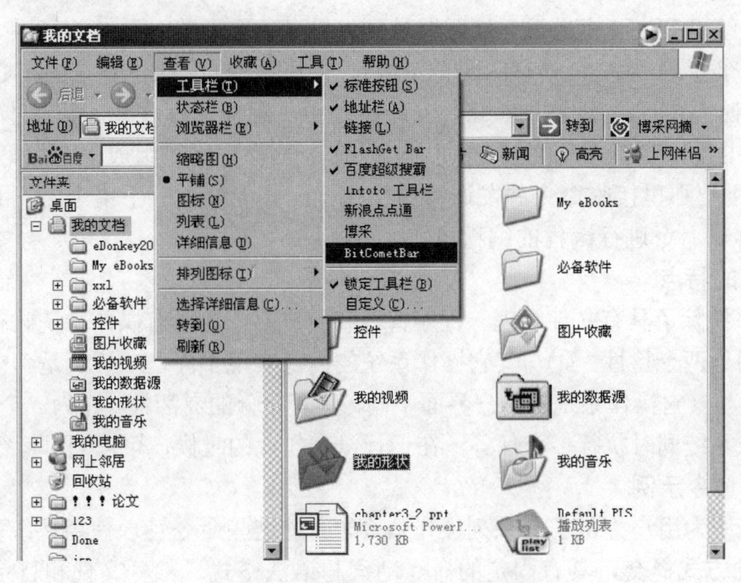

图 3.13 资源管理器的窗口组成

5. Windows XP 的控制面板

控制面板是 Windows XP 的一个重要系统文件夹，其中包含许多独立的工具或称程序项，可以用来管理用户账户，调整系统的环境参数默认值和各种属性，对设备进行设置与管理，添加新的硬件和软件等。例如，屏幕保护、日期和时间显示格式、打印驱动程序、应用程序安装、输入方法的选择等。使用控制面板改变配置的结果将一直保持到再次重新设置为止。

控制面板中图标的数目会因系统配置的不同而不同。例如，系统中没有装入网络，则不会有网络图标。有些应用程序安装后会自动向控制面板中增加图标。这些图标大多用于控制硬件外设。例如，安装新鼠标时，其安装程序会加入自己的图标，用于更改鼠标的设置。

控制面板中常用的设置有显示器设置、打印机的安装与设置、系统设置、中文输入法设置以及添加/删除程序的使用等。通过显示器设置，可以改变桌面的图案和墙纸，设置屏幕保护，并进行显示器参数设置等，而通过添加/删除程序可以进行应用程序的安装与删除，并可以创建启动盘。

3.4.5 UNIX 操作系统

1. UNIX 概述

UNIX 是一个交互式的多用户、多任务的操作系统，自 1974 年问世以来，迅速地在世界范围内推广。UNIX 起源于贝尔实验室开发的一个面向研究的分时系统，最初的使用只限于大学和研究所等机构，由于起点较高，使用不便，大多数用户对之望而却步。随着网络特别是 Internet 的发展，UNIX 丰富的网络功能，高度的稳定性、可靠性和安全性重新引起了人们的极大关注。同时由于硬件平台价格的不断降低和 UNIX 微型计算机版本的出现，UNIX 迅速流行，并广泛应用于网络、大型机和工作站。

2. UNIX 系统的组成

UNIX 系统可分为 4 个层次。最低层是硬件设备，作为整个系统的基础。次低层是内核，它具有一般操作系统应具有的四个资源管理功能，作为操作系统的核心，它具有两个方面的接口：①核心与硬件的接口，它通常是由一组驱动程序和一些基本的例程组成；②核心与 shell 的接口，由两组系统调用以及命令解释程序等组成。上面第二层是 shell 层，shell 从用户那里接收命令并发送给内核执行，并能够适应于单个用户的需求，shell 甚至拥有能够对命令进行编程的编程语言。最高层是应用程序。

3. UNIX 的特点

UNIX 系统除了具有文件管理、程序管理和用户界面等所有操作系统共有的传统特征外又增加了另外两个特性：①与其它操作系统的内部实现不同，UNIX 是一个多用户、多任务系统；②与其它操作系统的用户界面不同，具有充分的灵活性。作为一个多任务系统，用户可以请求系统同时执行多个任务。在运行一个作业的时候，可以同时运行其它作业。

4. UNIX 命令示例

UNIX 系统为用户提供了一系列操作命令，通过这些命令管理使用系统资源，这些命令以命令行的方式提交，具有固定的命令动词与语法格式。部分文件和目录的操作命令如表 3.3 所列。

表 3.3　系统的专用扩展名

命令名	功能	示例
cat	显示或连接文件	$ cat ml.c
ls	列出目录的内容	$ ls
cp	拷贝文件	$ cp ml.c ma.c
cd	改变当前目录	$ cd
rm	删除文件或目录	$ rm file1

3.4.6 Linux 操作系统

Linux 操作系统是目前全球最大的一个自由软件，具有完备的网络功能，且具有稳定性、灵活性和易用性等特点。Linux 最初由芬兰的一名青年学者林纳斯·托瓦兹(Linus Torvalds)开发，如图 3.14 所示，其源程序在 Internet 上公布以后，引起了全球电脑爱好者的开发热情，许多人下载该源程序并按自己的意愿完善某一方面的功能，再发回到网上，Linux 也因此被雕琢成为一个全球最稳定、最有发展前景的操作系统。

图 3.14　林纳斯·托瓦兹

1. Linux 概述

Linux 是一套免费使用和自由传播的类 UNIX 操作系统，它主要用于基于 Intel x86 系列 CPU 的计算机上。这个系统是由全世界各地的成千上万的程序员设计和实现的，其目的是建立不受任何商品化软件的版权制约、全世界都能自由使用的UNIX兼容产品。

Linux最早开始于一位名叫林纳斯•托瓦兹的计算机业余爱好者，当时他是芬兰赫尔辛基大学的学生。他的目的是想设计一个代替Minix(是由一位名叫Andrew Tannebaum的计算机教授编写的一个操作系统示教程序)的操作系统，这个操作系统可用于386、486或奔腾处理器的PC上，并且具有UNIX操作系统的全部功能，因而开始了Linux雏形的设计。

Linux以它的高效性和灵活性著称，它能够在PC上实现全部的UNIX功能，具有多任务、多用户的能力。Linux操作系统软件包不仅包括完整的Linux操作系统，而且还包括了文本编辑器、高级语言编译器等应用软件。它还包括带有多个窗口管理器的X-Windows图形用户界面，如同使用Windows NT一样，允许使用窗口、图标和菜单对系统进行操作。

Linux之所以受到广大计算机爱好者的喜爱，主要原因有3个：①它属于自由软件，用户不用支付任何费用就可以获得它和它的源代码，并且可以根据自己的需要对它进行必要的修改，无偿使用，无约束地继续传播。②它具有UNIX的全部功能，任何使用UNIX操作系统或想要学习UNIX操作系统的人都可以从Linux中获益。Linux目前在工作站上非常流行，但由于它缺少专业操作系统的技术支持和稳定性，它不能用于关键任务的服务器。③它集成了WWW服务器、FTP服务器、数据库等Internet的服务，方便用户基于Web应用。

2. Linux用户

在Linux系统安装过程中，通常创建超级用户和普通用户两种账号，通过账号进入系统。

1) root：超级用户账号(系统管理员)

利用超级用户账号可以在系统中做任何事情，系统管理员一般使用超级用户账号，主要用来完成系统管理的工作。注意：如果只需要完成一些由普通账号就能完成的任务，建议不要使用超级用户账号，以免无意中破坏系统，影响系统的正常运行。

2) 普通用户账号

一般的Linux使用者均为普通用户，这个账号就是供普通用户使用，系统管理员可以创建多个普通用户账号。具有这种账号的用户可以进行有限的操作，根据系统管理员给定的权限工作。

3. 虚拟控制台

Linux是一个多用户操作系统，它可以同时接受多个用户登录。Linux还允许一个用户进行多次登录，这是因为Linux和UNIX一样，提供了虚拟控制台的访问方式，允许用户在同一时间从控制台进行多次登录。虚拟控制台的选择可以通过按下Alt键和一个功能键来实现，通常使用F1～F6。例如，用户登录后，按一下Alt+F2键，用户又可以看到“login:”提示符，说明用户看到了第二个虚拟控制台：然后只需按Alt+Fl键，就可以回到第一个虚拟控制台。一个新安装的Linux系统默认允许用户使用Alt+Fl到All+F6键来访问前6个虚拟控制台。虚拟控制台可使用户同时在多个控制台上工作，真正体现Linux系统多用户的特性。用户可以在某一虚拟控制台上进行的工作尚未结束时，切换到另一虚拟控制台开始另一项工作。

3.4.7 Mac OS

1986年，美国Apple公司推出Macintosh机操作系统。MAC是全图形化界面和操作方式的鼻祖，是首个在商用领域成功的图形用户界面。它由于拥有全新的窗口系统、强有力的多媒体开发工具和操作简便的网络结构而风光一时。Macintosh机有很强的图形图像处理功能，被广泛应用于桌面出版和多媒体应用等领域，其价格比普通 PC 高很多。Mac OS是一套运行于苹果Macintosh系列计算机上的操作系统，现行的最新的系统版本是Mac OS X 10.8 Mountain Lion。

Mac系统是由苹果公司自行开发的苹果机专用系统，是基于UNIX内核的图形化操作系统，一般情况下在普通PC上无法安装。苹果机现在的操作系统已经到了OS 10，代号为Mac OS X(X为10的罗马数字写法），这是MAC计算机诞生15年来最大的变化。新系统非常可靠；它的许多特点和服务都体现了苹果公司的理念。

另外，现在疯狂肆虐的计算机病毒几乎都是针对Windows的，由于MAC的架构与Windows不同，所以很少受到病毒的袭击。Mac OS X操作系统界面非常独特，突出了形象的图标和人机对话。苹果公司不仅自己开发系统，也涉及到硬件的开发。

目前，Mac OS X已经正式被苹果改名为OS X。

1. 全屏模式

全屏模式是新版操作系统中最为重要的功能。一切应用程序均可在全屏模式下运行。这并不意味着窗口模式将消失，而是表明在未来有可能实现完全的网格计算。这种用户界面将极大简化计算机的使用，减少多个窗口带来的困扰。它将使用户获得与iPhone、iPod touch和iPad用户相同的体验。计算体验并不会因此被削弱；相反，苹果正帮助用户更为有效地处理任务。

2. 任务控制

任务控制整合了Dock和控制面板，并可以窗口和全屏模式查看各种应用。

3. 快速启动面板

快速启动面板的工作方式与iPad完全相同。它以类似于iPad的用户界面显示计算机中安装的一切应用，并通过App Store进行管理。用户可滑动鼠标，在多个应用图标界面间切换。

4. Mac App Store 应用商店

Mac App Store的工作方式与iOS系统的App Store完全相同。它们具有相同的导航栏和管理方式。这意味着无需对应用进行管理。当用户从该商店购买一个应用后，Mac计算机会自动将它安装到快速启动面板中。

3.4.8 手机操作系统

智能手机（Smart Phone）是可以自行安装和卸载应用软件的手机。智能手机的特点包括安装有手机OS、功能可扩展、具备无线接入互联网的能力、支持多任务处理、具有PDA和多媒体功能。手机操作系统的主要类型有Symbian（塞班）、Android （安卓）、iOS（苹果）、Windows Mobile、BlackBerry OS等。

1. Android

Android 操作系统于 2008 年由 Google 推出，属于以 Linux 为基础的开放源代码操作系统，是自由及开放源代码软件，支持的处理器类型有 ARM、MIPS、Power Architecture、Intel x86，采用 Android 系统的手机厂商包括宏达电、三星电子、摩托罗拉、乐喜金星、索尼爱立信、华为等。2010 年末的数据显示，Android 已经超越称霸十年的诺基亚（Nokia）Symbian OS，跃居全球智能手机平台首位。Android 也在平板电脑市场急速扩张，版本有 2.3.3（手机）、3.0（平板）、4.0 等。

2. Symbian

Symbian（塞班）是一个实时性、多任务的纯 32 位操作系统，具有功耗低、内存占用少等特点，非常适合手机等移动设备使用，经过不断完善，可以支持 GPRS、蓝牙、SyncML、以及 3G 技术。最重要的是它是一个标准化的开放式平台，任何人都可以为支持 Symbian 的设备开发软件。与微软产品不同的是，Symbian 将移动设备的通用技术，也就是操作系统的内核，与图形用户界面技术分开，能很好地适应不同方式输入的平台，也可以使厂商可以为自己的产品制作更加友好的操作界面，符合个性化的潮流，这也是用户能见到不同样子的 Symbian 系统的主要原因。现在为这个平台开发的 Java 程序已经开始在互联网上盛行。用户可以通过安装这些软件，扩展手机功能。

3. Windows Mobile

Windows Mobile 是微软针对移动产品而开发的手机操作系统，Windows Mobile 捆绑了一系列针对移动设备而开发的应用软件，这些应用软件创建在 Microsoft Win32 API 的基础上。可以运行 Windows Mobile 的设备包括 Pocket PC、Smartphone 和 Portable Media Center。该操作系统的设计初衷是尽量接近于桌面版本的 Windows。已有多个来自 IT 业的新手机厂商使用，增长率较快，是微软进军移动设备领域的重大品牌调整。Windows Mobile 将熟悉的 Windows 体验扩展到了移动环境中。

2010 年，微软公司正式发布了智能手机操作系统 Windows Phone 7，并同时宣布了首批采用 Windows Phone 7 的智能手机有 9 款，2012 年，微软在美国旧金山召开发布会，正式发布全新移动操作系统 Windows Phone 8（以下简称 WP8），WP8 将提供真正个性化的手机使用体验。

4. iOS

iOS 是苹果公司为 iPhone、iPod touch、iPad 及 Apple TV 开发的操作系统，占用约 240MB 的存储空间，用户界面为使用多点触控直接操作。控制方法包括滑动、轻按、挤压及旋转，支持硬件为基于 ARM 架构的 CPU。

3.5 应用软件

利用计算机的软、硬件资源为某一应用领域解决某个实际问题而专门开发的软件，称为应用软件。用户使用各种应用软件可产生相应的文档，这些文档可被修改。应用软件一般可以分为两大类：通用应用软件和专用应用软件。

通用应用软件支持最基本的应用，广泛地应用于几乎所有的专业领域，如办公软件包、数据库管理系统软件(有的把该软件归入系统软件的范畴)、计算机辅助设计软件、各种图形图象处理软件、财务处理软件、工资管理软件等。

专用应用软件是专门是为某一个专业领域、行业、单位特定需求而专门开发的软件，如某企业的信息管理系统等。

在使用应用软件时一定要注意系统环境，包括所需硬件和系统软件的支持。随着计算机技术的迅速发展，特别是 Internet 及 WWW 的出现，应用软件的规模不断扩大，应用范围更为广阔，应用软件开发时需要考虑多种硬件系统平台、多种系统软件以及多种用户界面等问题，这些问题都影响应用软件开发的技术难度和通用性，为此，近年来产生了中间件的基础软件。

常用的应用软件包括：

(1) 办公软件包(字处理软件、电子表格软件、桌面出版软件、网页制作软件、演示软件)。

(2) 图形和图像处理软件(图像软件、绘图软件、动画制作软件)。

(3) 数据库软件。

(4) Internet 服务软件(WWW 浏览器软件、电子邮件软件、FTP 软件)。

(5) 娱乐与学习软件(娱乐软件、CAI 软件)。

下面主要介绍办公软件和图形图像处理软件。

3.5.1 办公自动化软件 Office 2010

说起办公自动化软件，大家最熟悉的就是 Microsoft Office ，它可以作为办公和管理的平台，以提高使用者的工作效率和决策能力。2010 年 11 月 Office 2010 正式推出，Microsoft Office 2010 是微软公司推出的新一代办公软件标示如图 3.15 所示，开发代号为 Office 14，实际是第 12 个发行版。该软件共有 6 个版本，分别是初级版、家庭及学生版、家庭及商业版、标准版、专业版和专业高级版，Office 2010 可支持 32 位和 64 位 Vista 及 Windows7，仅支持 32 位 WindowsXP，不支持 64 位 XP。

图 3.15 Microsoft Office 2010

Microsoft Office 2010 的新界面简洁明快，标识也改为了全橙色。Office 2010 采用 Ribbon 新界面主题，由于程序功能的日益增多，微软专门为 Office 2010 开发了这套界面。从 Outlook 2010 界面可以看出，与 Outlook 2003 和 2007 相比，新界面干净整洁，清晰明了，没有丝毫混淆感。新版本以更为智能化的工作方式为广大用户带来新的体验，是微软公司最新推出的智能商务办公软件。新界面更适应日益增多的企业业务程序功能需求。Office 2010 具备了全新的安全策略，在密码、权限、邮件线程上都有更好的控制。

Office 2010 主要包括 Word 2010 (文字处理软件)、Excel 2010 (电子表格软件)、PowerPoint 2010 (演示文稿制作软件)、Outlook 2010 (桌面管理软件)、Access 2010 (数据库管理软件)、FrontPage 2010(网页制作软件)，还有 Publisher2010(出版软件)、InfoPath Designer 2010(动态表单设计)、InfoPath Filler 2010(动态表单填写)、OneNote 2010(笔记程序)、Publisher 2010(出版物制作)、SharePoint Workspace 2010 等应用程序或称组件。这些软件具有 Windows 应用程序的共同特点，如易学易用、操作方便、有形象的图形界面

和方便的联机帮助功能、提供实用的模板、支持对象连接与嵌入(OLE)技术等。Office 2003 为适应全球网络化的需要，它融合了最先进的 Internet 技术，具有更强大的网络功能。

Word、Excel、PowerPoint、Access 等组件之间的内容可以互相调用，互相链接或利用复制、粘贴功能使所有数据资源共享。同时，也可以将这些组件结合在一起使用，以便使字处理、电子数据表、演示文稿、数据库、时间表、出版物，以及 Internet 通信结合起来，从而创建适用于不同场合的专业、生动、直观的文档。

下面将重点介绍文字处理软件 Word 2010 和表格处理软件 Excel 2010。

1. 文字处理软件

文字处理程序能够使你轻松地书写、编辑、编排、保存和打印文档。如今，最常用的软件包有 Microsoft Word、WPS 等。下面以办公系列软件 Office 2010 中的 Word 2010 为例介绍字处理软件的功能和特点。

1) 输入功能

当你使用字处理软件输入文章时，可以不必担心文档的外观，你可以不断地输入，软件会判断何时开始新的一行、何时开始新的一页，只有在到达一个段落结束的位置才需要按下回车键。在 Word 2010 及大部分的字处理软件中，如果插入点到达屏幕右边沿时，则输入的下一个符号自动移到下一行的开始，称为“字回绕”，而一旦按下回车键，就创建新的段落。在 Word 2010 中，可以将键盘当做英文打字机一样输入英文大小写字母及英文标点符号，也可先选择汉字输入法，再进行汉字的输入，还可以进行特殊符号的输入。

2) 编辑功能

与使用打字机相比，利用字处理程序可以更加容易和高效编辑你的文档。在编辑时，可以采用插入方式或改写方式。在插入方式下，输入新的文字时会将其余文字向右移动，而在改写方式下，新输入的文字会覆盖已存在的文字。Word 2010 的编辑功能包括文本的删除、移动和复制。利用 Del 删除光标右侧的字符，而用 Backspace 删除光标左侧的字符，当选定文本后，使用 Del 键可以进行文本的成批删除。文本的移动和复制既可以通过剪贴板来完成，也可以通过鼠标的拖放来完成。

查找与替换功能也是方便的编辑工具。用于在选定范围内搜索含有特定字符的字符串。如果查找的字符串在该范围内多次出现，可通过查找“下一个”按钮继续查找，直到全部找出或用户主动取消为止。而替换适用于一次更换多处相同的内容。例如“加入世界贸易组织”在文件中经常出现，为避免重复输入，在输入过程中可先用某一符号或一个简单的字符串(如 WTO)代替这一词组。在文章录入完毕后使用替换功能进行修改，以提高工作效率。

3) 排版功能

格式编排是调整文档外观的过程，是字处理软件的一项重要工作，其目的是使文档更加美观，便于阅读。字处理软件可以对整个文档、几个段落、一个段落或者一个单词、一个字母进行格式编排。Word 2010 的排版功能非常强大，它包括字符的格式化、段落的格式化和页面的格式化等。字符的格式化包括设置字体、字号，设置粗体、斜体，加下划线、字符加框、字符加底纹、字符颜色以及设置字符的间距和字符的效果等。段落的格式化是对所选择的段落进行排版，包括段落对齐方式的设置、段前(后)间距以及行距的设置以及特殊格式的设置等。而页面的格式化是对整个文档的排版操作，包括上、下、左、右页边距的设置、纸张大小的设置、版式的设置等。除了这些常规的排版功能外，Word 2010 还支持用户进行“段落加框”“图文混排”“分栏”等排版操作。

4) 保存功能

编辑文档时，用户应该定期保存文档，这样在发生电源故障时不致于丢失信息，字处理程序可以将用户的文档保存在硬盘或 U 盘等辅助的存储设备上。之后，用户可以重新打开这个文档继续工作。在 Word 2010 中，可以设置自动保存文件的时间间隔。

所有的字处理程序都对文件名的长度有限制。例如，DOS 中文件名的长度为 8 个字符，并且不允许有空格，Windows 98 或 Windows 2000/XP 中的文件名最多可以包含 255 个字符，而且允许空格。在满足限制条件的前提下，用户选择的文件名应该反映文档的内容，从而可以方便地检索该文档，也就是做到“望名知意”。

5) 打印功能

利用字处理软件，用户可以在任何时候打印文档。一般来说，在完成文档的输入、编辑、排版和保存后，则可以进行打印工作了。Word 2010 提供的打印功能十分灵活，对一个文档既可以全部打印，也可以选择其中的某些部分打印；既可以一次打印一份，也可以打印多份；还可以选择后台打印，这时前台继续编辑其它文档。

Word 2010 的特点之一是“所见即所得”，即用户在屏幕上见到的效果，就是打印出来的效果。所以应该在打印之前，预览一下编排好的文档，以防止产生不必要的错误，而且也避免了不必要的纸张浪费。

6) 字处理软件的辅助功能

完整的字处理软件具有相当多的功能，如拼写检查、邮件合并、编制目录和索引、域和宏等。

拼写检查程序在电子词典中查找单词。如果某个单词在电子词典中找不到，拼写检查会突出显示该单词。在 Word 2010 中，拼写和语法检查工具使用红色波形下划线表示可能的拼写错误，用绿色波形下划线表示可能的语法错误。

邮件合并是使用同样格式的文档发送批量的信件。用户可以将名字和地址列表合并到套用信函中，从而为列表中的每个人生成“个性化”的信函。邮件合并可以节省大量的时间。

目录是文档中标题的列表，可以将其插入到指定的位置。用户可以通过目录来了解在一篇文档中论述了哪些主题，并快速定位到某个主题。可以为要打印出来的文档以及要在 Word 显示的文档编制目录，但要包含在目录中的标题都应该设置不同级别的标题样式，即将内置标题样式或者自定义标题样式应用到要包含在目录中的标题上。在 Word 2010 中，还可以为图表或者表格建立目录(首先加入题注)。

索引是按字母顺序排列的术语表，它标记出文档中的关键字所在的页码或进一步的引用出处，使文档对读者更有价值。在 Word 2010 中，添加索引有两个过程：①告诉 Word 2010 哪些术语应属于索引；②用已标记的术语来生成索引。

域是一种特殊代码，用来实现数据的自动更新和文档的自动化。在 Word 2010 中，它可用来指示 Word 自动将数据插入文档中，如 DATE 域会插入当前的日期、TIME 域会插入当前的时间、PAGE 域会插入页码等。域像一组实用函数，它是以大括号{ }括起来的特殊符号，如页码域就是{Page}等。

宏是一种能让用户快速有效地完成工作的自定义命令，是由一系列命令和动作所组成，因此，可以将经常使用的命令、动作或执行过程设计成宏，使操作自动化。但宏记录器不能录制鼠标的移动动作。宏的作用是加速例行的编辑操作，并将一连串复杂的过程自动化。

图 3.16 是 Word 2010 的窗口组成。

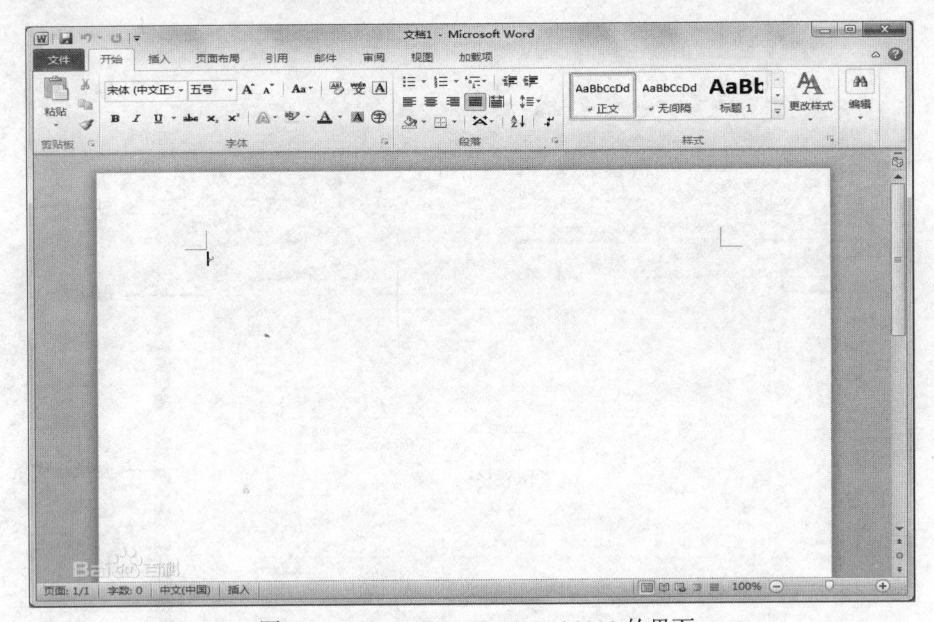

图 3.16　Microsoft Office Word 2010 的界面

2. 电子表格软件

在人们的生活和工作中，常常会有大量的数据需要处理，用表格处理数据可以使杂乱无章的数据变得有序，但是用传统的手工制表方式却有计算烦琐、效率不高、不能更新数据等弊端。随着计算机技术的发展和普及，用计算机进行数据处理成为计算机应用的重要内容，利用计算机高速、准确的特点不仅可以大大提高数据处理的效率和准确性，而且使处理大量数据以适应高速的信息传递成为可能。在美国、西欧和日本，计算机用户大量使用表格处理系统，已经习惯“一切皆表格”的思维方式。

电子表格可以完成多种任务，帮助人们提高工作效率，是世界上最常用的效率软件之一。电子表格可以自动地计算数学公式，用户可以改变数字，表格应用程序自动更新通过公式计算的结果。用户可在任何时候添加描述性的列标题和行标记，这使电子表格更加容易理解。用户还可以在表格中加入图形，帮助显示趋势和比例。如今，最常用的电子表格软件包有 Microsoft Excel、Lotus 1-2-3 等。下面以办公系列软件 Office 2010 中的 Excel 2010 为例介绍表格处理软件的功能和特点。

用过数据库软件的用户都会有这种感觉，就是使用起来过于复杂，不仅要掌握一定的编程知识，而且改动起来十分困难。而 Microsoft Excel for Windows 软件通过模拟传统的手工制表方式，以其直观的窗口操作、方便的菜单命令、精致的功能按钮及内部数量众多、功能强大的命令而使数据处理变得轻松、随意。用户不必进行任何编程，只需要利用鼠标和有限的键盘操作，就能完成表格的输入、数据的统计与分析、生成精美的报表与统计图，可以连接各种流行的 PC 数据库。Excel 中文版诞生后在我国迅速推广，成为继 Word 之后国内用户使用最为广泛的办公应用软件。图 3.17 是 Excel 2010 的窗口组成，其 Windows 风格的用户界面、各种菜单、对话框和工具按钮大大方便了用户的操作。其它电子表格软件的屏幕与它相似，只是各组成要素的位置及术语会有所变化，而且这些电子表格软件基本上以相同的方式工作。

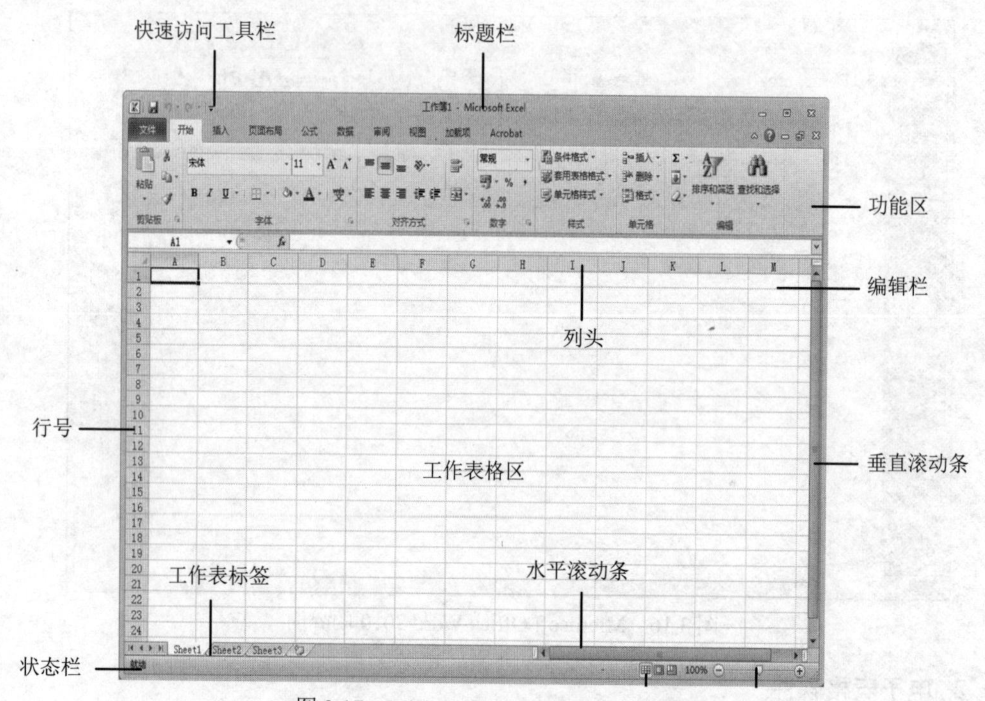

图 3.17　Microsoft Office Excel 2010 界面

1) 表格编辑功能

Excel 的首要功能是编辑表格。Excel 称这些表格为工作表(worksheet)，是由行和列组成的，行和列相交处称为单元格(cell)。从建立工作表，到向单元格输入数据，以及对单元格内容的复制、移动、插入、删除与替换等，Excel 都提供了一组完善的编辑命令，操作十分方便。

电子表格所包含的行和列要远多于在屏幕上可见的行和列。在电子表格程序中，用字母指示行，用数字指示列。在 Excel 2010 中，包含 16384 行和 255 列(Z 列后，用两个字母 AA，AB，AC 指示各列)，可以利用光标键和滚动条看到电子表格的全部内容，也可直接在编辑栏的名称框内输入单元格编号(如 A100)，将某个不可见的单元格移到屏幕范围内。

可以向单元格输入不同类型的数据。在 Excel 2010 中，如输入数值、日期、文本、图形、声音等类型的数据，也可以是公式或函数。输入时可直接在单元格中进行，也可以在编辑栏中输入，按下回车键后，所键入的内容就出现在单元格中。Excel 2010 还提供了系列数据的自动填充(如星期一、星期二、……、星期日就是系列数据，可自动进行填充)。

2) 表格管理功能

表格管理包括对工作表的查找、打开、关闭、改名等多种功能。Excel 把若干相关的工作表组成一本工作簿(workbook)，使表格处理从二维空间扩充为三维空间，例如一个月的工资表是二维表，若将全年的工资表组成一个工作簿，就构成三维表。因此，工作簿是存储并处理工作数据的文件(扩展名为.XLS)，每本工作簿最多包含 255 张工作表，Excel 提供命令支持对工作簿中的工作表进行插入、删除、移动、复制等操作。

3) 设置工作表格式

在 Excel 提供的初始工作表中，所有单元格全都采用相同的格式，便于操作。使用 Excel 的格式设置命令，可以设置数值格式(如数值可以表示成美元值、百分数、使用千分位逗号、负数用红色表示等)；对齐单元格中的文本；设置字体、字形、字号；设置边框与图案；调整行高和列宽；使用自动套用格式等。

4) 使用公式和函数

Excel 能够对输入工作表中的数据进行复杂的计算。Excel 通过对单元格的引用来调用单元格中的数据，用户通过向工作表中输入公式和 Excel 中预置的大量函数对工作表中甚至是工作表外的数据进行计算，并把计算结果直接输入到表格中。Excel 为用户提供的函数多达 11 大类 300 余种，大大简化了数据统计工作，加强数据分析功能。

针对复杂的函数和公式，Excel 专门为用户准备了公式向导。在公式向导的帮助下，用户可以轻松地编辑函数和公式，了解函数的用途、形式与操作步骤。当对公式所涉及到的数据发生变化时，Excel 能自动对相关的公式重新进行计算，以保证数据的一致性。

5) 绘制统计图表

Excel 支持 15 类 102 种统计图表，用户可以用图表方式来表示表格中的数据，并添加题目和标注，当用图表表示时，发展趋势或比例很容易理解。在 Excel 中，这些图表包括条形图、折线图、饼图等二维图以及柱形图、曲面图等三维图。它们既可以绘制成独立的图表，也可以放置在工作表中，作为嵌入式图表。图 3.18 和图 3.19 分别是 Excel 中的柱形图和饼图。

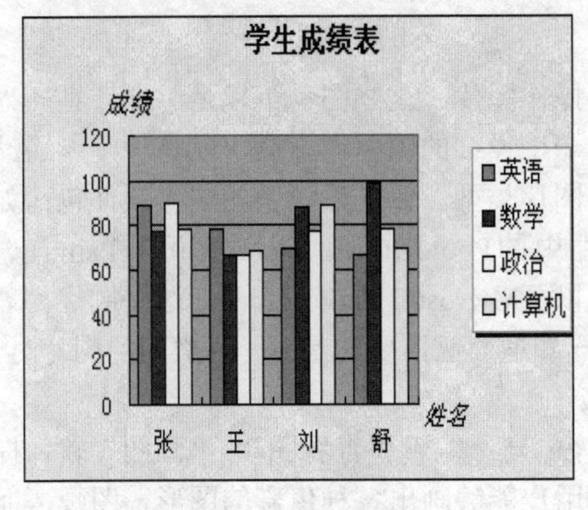

图 3.18　柱形图

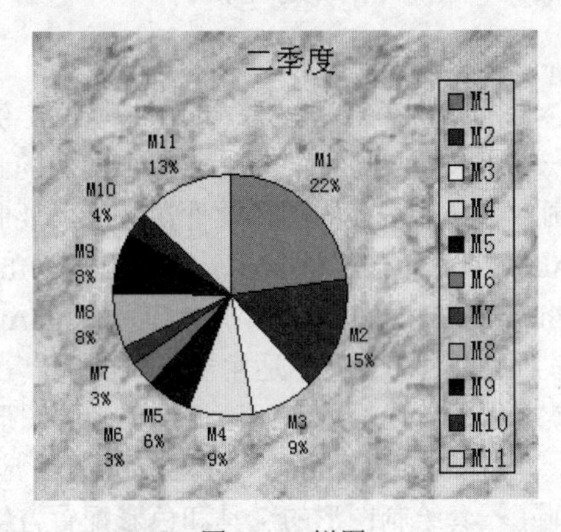

图 3.19　饼图

柱形图用来显示一段时期内数据的变化，或者描述各项之间的比较。条形图和饼图帮助人们进行比例可视化。条形图对数值进行比较，描述各项之间的差别情况。饼图显示数据系列中每一项占该系列数值总和的比例关系，如某个数据点在总数中所占百分比。用户也可“分离”饼图中的某一片，从而强调特定的值。而折线图以等间隔显示数据的变化趋势，可提供随时间的变化趋势示意图。

任何时候用户都可以使用图表工具调整图表的布局、字体、颜色及数字标注方式，以使图表更具表现力。此外，使用数据地图还能够制作出与地理有关的数据图表。

6) 数据列表管理

对于具有关系数据库形式的工作表，如职工工资表、职工花名册、学生成绩表等二维数据表，Excel 提供一种称为“数据列表管理”的功能，支持对这些数据进行类似于关系数据库的数据操作，如排序、筛选、分类汇总等。

Excel 2010 可根据表格中的数据对表格中的行列数据进行排序。排序时，Excel 将利用指定的排序顺序重新排列行、列或各单元格。用户可以指定按字母、数字或日期顺序来为数据排序，排序的顺序可以为升序或降序，在 Excel 2010 中，还可以根据中文进行排序。在排序时，Excel 2010 将遵照一定的规则判断数据的先后顺序。

筛选是数据库管理和分析中最常用到的操作，通过筛选将数据库中符合用户指定条件的记录汇总起来。经过筛选，所有满足用户指定条件的数据行显示在工作表用户指定的位置中，不满足条件的数据行将被隐藏。Excel 2010 提供了两种方法对数据进行筛选，即“自动筛选”和“高级筛选”，不管用什么办法，用户都需要首先选择筛选的数据区域，其次是指定筛选条件，最后是将结果显示出来。

Excel 2010 提供的分类汇总功能，可以在数据列表的基础上生成分类汇总表。而在对某字段汇总前，需要先对该字段进行排序，以保证分类字段值相同的记录排在一起。

在 Excel 2010 中，还可以使用数据透视表以报表和图形化方式汇总数据。数据透视表报表是可用于快速汇总大型数据清单中数据的交互式表格。通过将项目拖动到所需位置，用户可以快速更改数据透视表报表的布局和格式。数据透视图的图表方式将图表的视觉吸引力和数据透视表报表相结合，使其效果更加直观，便于对数据进行分析和统计。

3.5.2 图形图像处理软件

1. 概述

图形软件的功能是帮助用户建立、编辑和操作图片。这些图片可以是用户计划插入一本永久性小册子的照片、一个随意的画像、一个详细的房屋设计图、或是一个卡通动画。选择什么样的图形软件决定于所要制作的图片类型。目前最畅销的图形软件包诸如 Adobe公司的Photoshop、微软公司Office套件中的PhotoDraw、Corel公司的Painter、Photo-Pain和CorelDRAW、ACD公司的ACDSee以及Microsoft Photo Editor，这些图像处理软件功能各有侧重，适用于不同的用户。当用户知道自己需要的是哪一种类型的图片时，就会根据软件描述和评论找到正确的图形软件。

可以使用 Windows XP 的“画图”应用程序创建、编辑和查看图片。“画图”软件提供了一套绘制图形的工具和色彩配置方案，使用户能够画出各种色彩的图形、图画，而且可以将其粘贴到已创建的另一个文档中，如 Word 、Excel 和 Powerpoint 文档，或者将其用做桌面背景。甚至可以使用“画图”查看和编辑扫描的相片。“画图”程序所产生的图形文件，其默认扩展名是“.bmp”，意为位图文件，是一种未经压缩处理的图形文件。

Photoshop 是由美国 Adobe 公司开发的图形图像处理软件。由于其丰富的内容和强大的图形图像处理功能使 Photoshop 已成为影像处理程序的标准。用户可以应用 Photoshop

创作高质量的数字图像，能够将计算机屏幕变成一幅幅艺术佳品的展台。Photoshop 图像编辑软件可以处理来自扫描仪、幻灯片、数字照相机、摄像机等的图像，还可以对这些图像进行修版、着色、校正颜色、增加清晰度等操作。经过 Photoshop 处理的图像文件可以送到幻灯记录仪、录像机、打印机中去。Photoshop 功能强大，它集绘图及编辑工具、色彩修正工具、产生特殊效果于一身，因此身受广大用户的欢迎。图 3.20 是 Photoshop 的窗口组成。

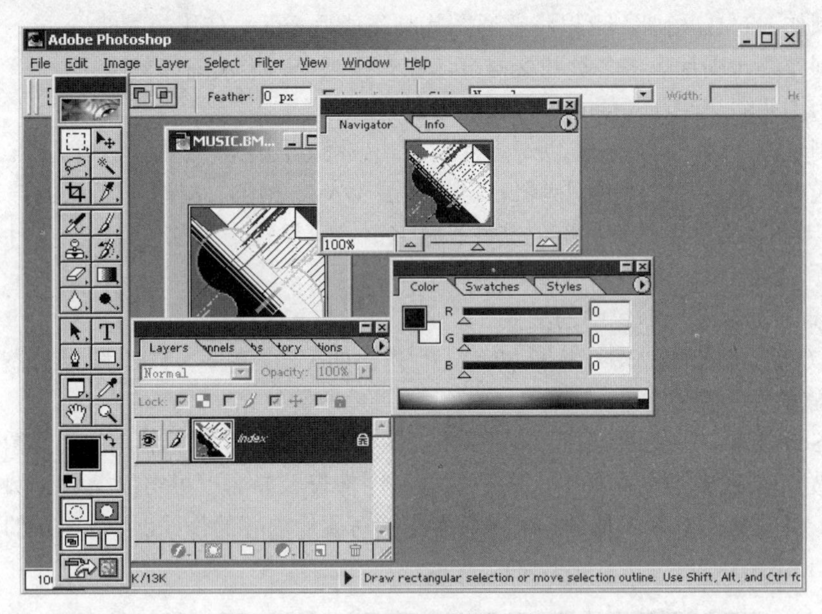

图 3.20　Photoshop 的窗口组成

照片编辑程序能够帮助用户修剪照片、除去疵点、更换颜色、消除红眼、结合不同照片的要素实施特殊的效果。也可以调整图片的大小，将某人加入照片中或从照片中删除。

如果绘图程序先标出构成物体的点，然后在这些点之间自动画线。这样构成的图形称为矢量图。用鼠标或输入笔和数字化仪把图像输入计算机。物体可以很容易地在屏幕上移动或删除。复杂的图像可以通过组合或叠加物体来生成。矢量图的优点是存储空间相对较小。而且矢量图形的图片比较容易操作。

2. 图像处理软件 ACDSee

ACDSee 是目前最流行的数字图像处理软件之一，广泛应用于图片的获取、管理、浏览、优化以及与他人分享。它可以从数码相机和扫描仪高效地获取图片，并进行查找、组织和预览，能快速、高质量地显示图片，其配有内置的音频播放器，可处理 Mpeg 等常用的视频文件。此外 ACDSee 还是图片编辑工具，可以处理数码影像，拥有去除红眼、剪切图像、锐化、浮雕特效、曝光调整、旋转、镜像等功能。

ACDSee 最早是以查看图片功能被人们熟悉的，经过多次版本升级，ACDSee 已经发展为功能齐全的图像软件，它对于管理大量的数码照片非常实用。ACDSee 增加了图片搜索条、图片修理工具、完整的 IPTC 数据支持，并能在刻录 VCD 时加入图片说明和图片参数，在 IPTC 数据支持下，允许摄影师加入或者编辑图片的说明文字、关键字和类别，它的图片修复功能，还可以修改图片的曝光过度、镜头光晕和红眼等。ACDSee 的主要功能和特点有：

(1) 提供简单的文件管理功能，可以进行文件的复制、移动、重命名、批量更改日期和文件名以及转换图片格式等操作。

(2) 提供全屏查看图形模式，便于查看较大的图片。

(3) 拥有强大的编辑工具，便于改善图像质量，从而获得满意的效果。

(4) 制作屏幕保护程序及制作桌面墙纸。

(5) 制作 HTML 相册，可以将普通图片制作成适合网页使用的缩略图。

(6) 制作缩印图片，将多页的文档打印在一张纸上，形成缩印效果。

(7) 为图片添加注释，便于图片管理。

(8) 浏览图像时，可以设置以幻灯片的方式或缩略图的形式播放动画文件。

(9) 通过内置声音文件的解码器，自动播放 WAV、MID、MP3 等各式的声音文件。

(10) 当图像文件不具有标准的文件扩展名时，可以设定通过访问每个文件的头文件信息强制确定是否为图像文件。

(11) 查看和显示压缩包中的文件。

(12) 方便地创建视频幻灯片和 VCD，制作出的 VCD 支持 NTSC 和 PAL 制式，能够在任何播放软件中播放。

ACDSee 共有三种界面：图像浏览界面、图像查看界面和图像编辑界面。图像浏览界面适合浏览一个或多个文件夹中大量的图像；图像查看界面以指定的缩放比例一次显示一幅图像，并支持幻灯片式播放；编辑界面支持对图像内容的修改。ACDSee 的图像浏览界面如图 3.21 所示。

图 3.21　ACDSee 图像浏览界面

3.5.3 视频处理软件

1. 概述

现在玩 DV 的人越来越多，人们更热衷于通过数码相机、摄像机摄录下自己的生活片断，再用视频编辑软件将影像制作成碟片，在电视上来播放，体验自己制作、编辑电影的乐趣。目前，市场上有不少视频编辑软件可供大家选择，如 Adobe 公司的 Premiere。

Premiere 是 Adobe 公司推出的基于非线性编辑设备的视音频编辑软件，已经在影视制作领域取得了巨大的成功。现在被广泛的应用于电视台、广告制作、电影剪辑等领域，成为 PC 和 MAC 平台上应用最为广泛的视频编辑软件。Premiere 6.0 完善地解决了 DV 数字化影像和网上的编辑问题，为 Windows 平台和其它跨平台的 DV 和所有网页影像提供了全新的支持。同时它可以与其它 Adobe 软件(如 After Effects 5.0)紧密集成，组成完整的视频设计解决方案。新增的 Edit Original(编辑原稿)命令可以再次编辑置入的图形或图像。另外在 Premiere 6.0 中，首次加入关键帧的概念，用户可以在轨道中添加、移动、删除和编辑关键帧，对于控制高级的二维动画效果游刃有余。

Premiere 算是比较专业人士普遍运用的软件，但对于一般网页上或教学、娱乐方面的应用，Premiere 的亲和力就差了些，ULEAD 的 Media Studio Pro 在这方面是最好的选择。Media Studio Pro 主要的编辑应用程序有 Video Editor(类似 Premiere 的视频编辑软件)、Audio Editor(音效编辑)、CG Infinity、Video Paint，内容涵盖了视频编辑、影片特效、2D 动画制作，是一套整合性完备、面面俱到的视频编辑套餐式软件。

虽然 Media Studio Pro 的亲和力高、学习容易，但对一般的上班族、学生等家用娱乐的领域来说，它还是显的太过专业、功能繁多，并不是非常容易上手。ULEAD 的另一套编辑软件 Ulead Video Studio(会声会影)，便是完全针对家庭娱乐、个人纪录片制作之用的简便型编辑视频软件。会声会影提供了 12 类 114 个转场效果，还可让我们在影片中加入字幕、旁白或动态标题的文字功能，输出方式也多种多样，算是一套最能让一般初级使用者能接受的视频软件。

Ulead DVD 制片家(Ulead DVDMovieFactory)是完整地从摄像机到 DVD/VCD 的解决方案。它具备简单的向导式制作流程，可以快速将影片刻录到 VCD 或 DVD。内置的 DV-to-MPEG 技术可以直接把视频捕获为 MPEG 格式，然后马上进行 VCD/DVD 光盘的刻录；成批转换功能可以不受视频格式的限制；它包含一个简单的视频编辑模块，可以对影片进行快速剪裁。制作有趣的场景选择菜单可以为 DVD 增加互动性，支持多层菜单，可以选择预制的专业化模板或用自己的相片作为背景。最终可以将影片刻录到 DVD、VCD 或 SVCD，在家用 DVD/VCD 播放机或电脑上欣赏。

2. 视频处理软件 Movie Maker

除了上述的视频处理软件外，还有一个易学易用的视频编辑工具就是 Windows XP 自带的 Movie Maker。

Movie Maker 是 Windows XP 的附件，可以通过数码相机等设备获取素材，创建并观看自定义的视频影片，创建自己的家庭录像，添加自定义的音频曲目、解说和过渡效果，制作电影片段和视频光盘，还可以从 CD(唱盘)、TV(电视)、VCR(录像机)等连接到计算机的设备上复制音乐，并储存到计算机中。Movie Maker 的主要功能有：

1) 转场和滤镜

Movie Maker 预置了近 30 种滤镜和 60 种转场效果，可以在监视窗口中预览这些转场和滤镜，并且可以通过拖拽的方式，直接应用到正在编辑的视频剪辑上。

2) 标题和字幕

通过单击任务窗格中的“Edit Movie|Make titles or credits”创建标题和字幕，选择创建标题和字幕的位置，还可以更改标题和字幕的字体与颜色以及标题的动画方式。

3) 音频编辑

在采集视频文件时，Movie Maker 自动将视频和原始音频进行分离，可以对原始音频进行简单编辑，为影片添加背景音乐和旁白，或调整原始音频和背景音乐之间的平衡。

4) AutoMovie

Movie Maker 在进行视频编辑时，自动分析用户所选择的素材，按照指定的“AutoMovie Editing style”自动将这些素材合成影片，并且为影片创建标题、字幕以及转场效果。

5) 自动场景检测

Movie Maker 自动检测出该视频中的自然间断，并且按照录制日期和时间的变化，自动将检测到的每个场景分割成单独的素材。场景检测可以使用户更加方便地准备与管理素材，提高编辑的效率。

6) 批量采集

利用 Movie Maker，在采集摄像机中的视频时，事先选择录像带中需要捕获的部分，将每个部分的开始与结束时间码记录到捕获任务列表中，然后根据任务列表一次捕获所有选取的部分。

因为 Movie Maker 是 Windows XP 的附件，所以只要用户安装的是 Windows 操作系统，便可以使用它。如图 3.22 所示是启动 Movie Maker 之后的界面，由菜单、工具栏和

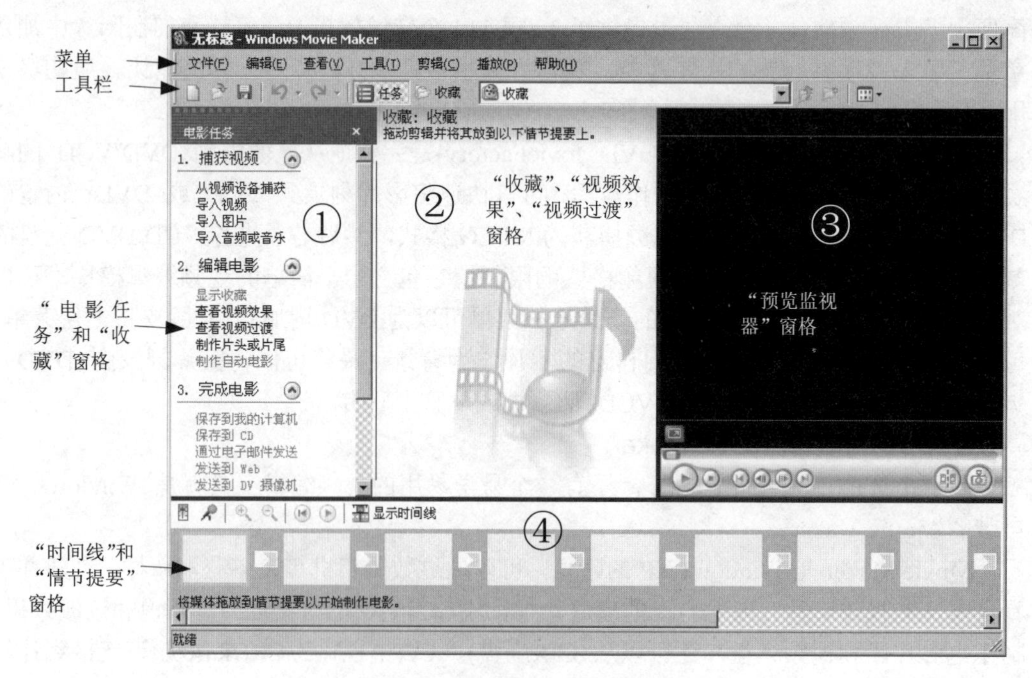

图 3.22　Movie Maker 的界面

4个窗格组成，窗格①可以显示“电影任务”和“收藏”两个窗格之一，由工具栏上和“查看”菜单中的“任务”和“收藏”命令进行切换；窗格②可以显示“收藏”“视频效果”“视频过渡”等内容，由工具栏“收藏”后的组合框选项指定；窗格③用来显示视频内容和效果预览；窗格④可以显示“时间线”和“情节提要”两个窗格之一，由“查看”菜单的第一个菜单项确定。

Movie Maker生成的WMV电影文件可以使用媒体播放器Windows Media Player来播放。媒体播放器也是Windows的附件，在Windows附件的“娱乐”程序组中有它的快捷方式。除了媒体播放器，目前绝大多数的视频播放软件都支持WMV格式的播放。

3.6 多媒体计算机

多媒体计算机不仅能处理文字和数字信息，而且能处理影像、声音等其它形式的信息。多媒体技术是20世纪90年代计算机发展的新领域，是计算机技术、广播技术、电视技术和通信技术等领域尖端技术相结合的产物。微软公司等一大批软件开发商推出的各类多媒体软件和CD光盘，造就了一大批计算机的多媒体用户。而可视电话、视频会议、远程服务等是通信业务在多媒体技术上的新发展。多媒体技术及计算机网络的飞速发展，使计算机的应用进入了一个新的阶段。

媒体是信息表示和传播的载体，根据国际电信联盟(ITU)下属的国际电报电话咨询委员会(CCITT)的定义，与计算机信息处理有关的媒体有5种：

(1) 感觉媒体(perception medium)。能使人类听觉、视觉、嗅觉、味觉和触觉器官直接产生感觉的一类媒体，如人类的各种语言、音乐、自然界的各种声音、文字、图画、气味，计算机系统中的文字、数据和文件等都属于感觉媒体。

(2) 表示媒体(representation medium)。为使计算机能有效地加工、处理、传输感觉媒体而在计算机内部采用的特殊表现形式，其目的是更有效地将感觉媒体从一地向另外一地传送，便于加工和处理。如声、文、图、活动图像的二进制编码等。

(3) 存储媒体(storage medium)。用于存放表示媒体(感觉媒体数字化后的代码)，以便计算机随时加工处理的物理实体，如磁盘、光盘、半导体存储器等。

(4) 表现媒体(presentation medium)。用于把感觉媒体转换成表示媒体、表示媒体转换成感觉媒体的物理设备。它又分为两种：①输入表现媒体，如键盘、扫描仪、光笔、话筒等；②输出表现媒体，如显示器、打印机、音箱等。

(5) 传输媒体(transmission medium)。用来将表示媒体从一台计算机传送到另一台计算机的通信载体，如同轴电缆、电话线等。

在多媒体计算机技术中，我们所说的媒体一般指的是感觉媒体。所谓多媒体技术，就是利用计算机技术交互式综合处理数字、文字、声音、图形和图像等多媒体信息，使之建立起逻辑连接，并能对它们进行获取、压缩、编码、加工处理、传输、存储和显示等操作。它具有集成性、实时性和交互性等三大特点。

(1) 集成性。多媒体技术的集成性是指可将多种不同的媒体信息(如文字、数据、声音、图像、图形等)有机地进行同步组合，成为一个完整的多媒体信息，做到声、文、图、像一体化。

(2) 实时性。多媒体技术是将多种媒体集成为一个有机整体的技术，所以强调实时性是非常必要的。特别是声音、动画等媒体与时间是密切相关的，是强实时性的(Hard Real Time)，只有多媒体技术具有实时性，对这些媒体的集成才是有意义的。

(3) 交互性。交互性指的是用户和设备之间的互动，用户不仅能被动地从多媒体设备中获得多种媒体信息，而且能主动地向多媒体设备提出要求及控制信息等。

3.6.1 文本

文本(Text)是人类表达信息最基本的方式之一，世界上多数的国家或民族都产生和发展过自己的文字。直至今日，仍有大量不同语言的文字在使用。传统的文字，只要书写或镌刻在纸张、绢帛、竹木、砖石、铜铁之上便可流传，即使多几个或少几个笔画，也基本不影响后人的阅读。

数字技术的发展，使得文本信息的创作、编排、印刷、发行、检索和阅读方式发生了很大的变化，典型的应用包括无纸化办公、激光照排技术、图书馆的数字化、网上信息搜索等。

文本是计算机表示文字及符号信息的一种数字媒体，实际使用的数字文本有如下几种类型。

1. 简单文本

简单文本(也称为纯文本)是指只存储文本的内容，不包含格式控制信息的文本。简单文本对应的计算机文件后缀名一般为.txt，Windows 系统附带的“记事本”程序是常用的纯文本编辑器。

2. 格式文本

格式文本是在简单文本的基础上加入了字体格式、段落格式，并可包含图片、表格、公式等内容。与简单文本相比，格式文本包含的信息更多、表现能力更强。格式文本在存储时，除了文字的编码，还保存了相应的格式控制信息。格式文本文件一般由专用的软件制作，如“.doc”文件是由 Microsoft Word 生成的，“.pdf”文件是由 Adobe Acrobat 生成的，不同软件生成的文档格式互不兼容，并且一般不公开，因此给格文本文件的发布造成了不便。

与“.doc”和“.pdf”不同，Rich Text Format(RTF)格式是一种开放的标准格式文本。它使用了一些标记(实际上是定义好的、有特定意义的字符)来定义文本内容的格式。因此，RTF 格式文件实际上是文本文件，当以 RTF 格式打开时，会展现为格式文本。绝大多数文字处理软件支持 RTF 文件的读写，可以在互不兼容的软件之间作为交换文件格式。

3. 超文本

超文本(hypertext)是对传统线性文本(以从头至尾的顺序组织并阅读的文本形式，包括无格式和格式文本)的扩展，能够方便地通过链接、跳转、导航、回溯等操作来访问一个或多个文档的内容(这些内容甚至可以位于地球上不同的位置)。

超文本典型的用途是通过 Web 浏览器展示的 Web 页面，一个页面上有大量的链接，单击这些链接，可以在不同的页面或网站之间跳转。另外，目前大量的软件帮助文档、多媒体教学系统使用了超文本格式。

超文本内容的格式有公开的规范，目前最常用的是 HTML 和 XML 语言。Microsoft

FrontPage 和 Macromedia Dreamweaver 是常用的超文本编辑器。

文本的输入方式有键盘输入、联机手写输入、光学字符识别、条形码、磁卡、IC 卡等。

文本在计算机中的处理过程如图 3.23 所示。

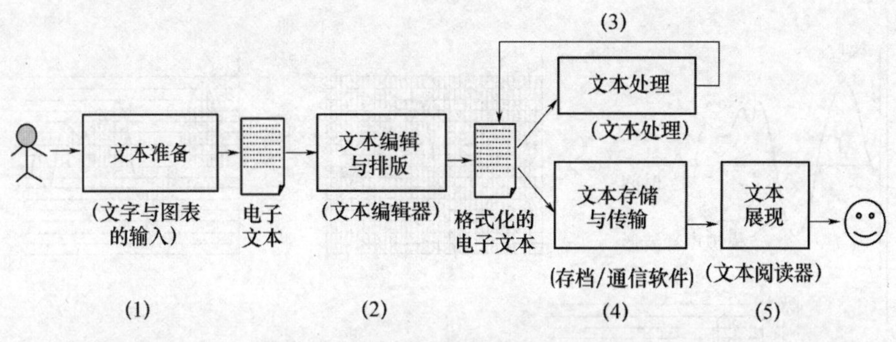

图 3.23　文本在计算机中的处理过程

3.6.2　数字声音

1. 数字音频的表示

人类接收的声音是以波的形式传输的，多媒体计算机能处理的信息只能是数字信号，我们将多媒体计算机以数字形式进行声音处理的技术称为数字音频技术。

数字音频技术首先需要对模拟信号进行模/数转换得到数字信号，用以进行处理、传输和存储等，输出时进行数/模转换还原成模拟信号。其过程如图 3.24 所示。将模拟信号转换成数字信号的模数转换包括采样和量化两个过程，如图 3.25 所示。采样是按照一定的采样频率将时间上连续的模拟信号进行取样，其目的是按特定的时间间隔，得到一系列的离散点。量化就是用数字表示采样得到的离散点的信号幅值。目前，标准的采样频率有 3 个，分别是 44100Hz(44.1kHz)、22050Hz(22.05kHz)和 11025Hz(11.025kHz)。采样频率越高，声音质量越接近原始声音，存储量也就要求越大。

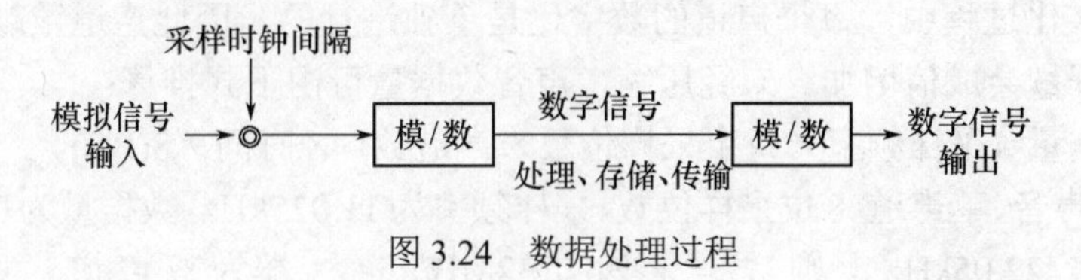

图 3.24　数据处理过程

根据奈奎斯特采样定律，只要采样频率高于信号中最高频率的 2 倍，就可以从采样中完全恢复出原始信号波形。因为人耳所能听到的频率范围为 20Hz～20kHz，所以在实际的采样过程中，为了达到高保真的效果，采用 44.1kHz 作为高质量声音采样频率，如果达不到这么高的频率，声音的恢复效果就要差一些，如电话质量、调幅广播质量、高保真质量等就是不同的质量等级。一般说来，声音恢复的质量与采样频率、信道带宽都有关系，我们总是希望能以最低的码率得到最好质量的声音。

声音表示的另一个重要的参数是量化精度，指的是每个声音样本转换成的二进制位的个数，也称为采样位数，有 8 位和 16 位之分。8 位采样指的是将采样幅度划分为 2^8(即

256)等份，16 位采样划分为 2^{16}(即 65536)等份，例如，每个声音样本用 16 位(2B)表示，测得的声音样本值在 0～65535 的范围内，它的精度是输入信号幅度的 1/65536。采样精度直接影响声音的质量，量化位数越多，声音的质量越高，而需要的存储空间也越大。很显然，用来描述波形特性的垂直单位数量越多，采样越接近原始的模拟波形。

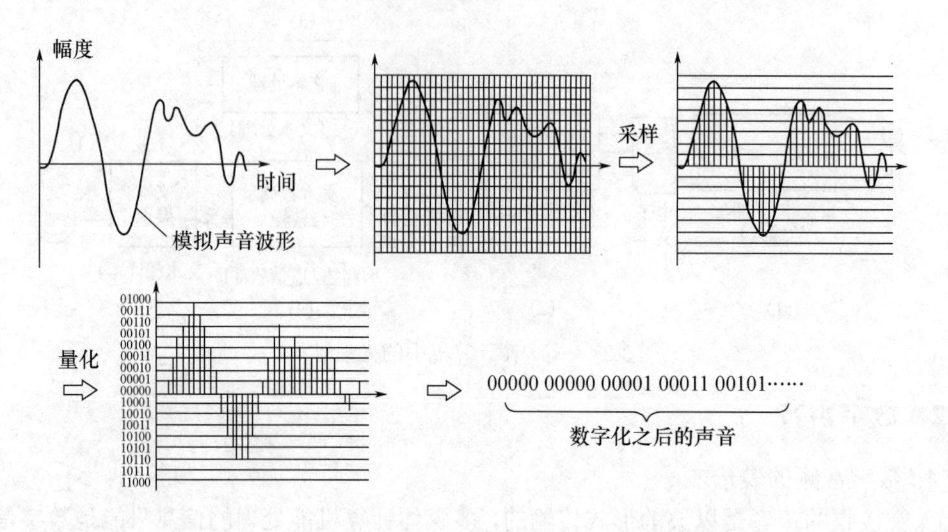

图 3.25　声音的数字化

声音表示的第三个参数是声道数，指的是在存储、传送或播放时相互独立的声音数目。普通电话是单声道的，老式唱片唱机也是单声道的，即只有一个喇叭发声；盒式磁带、普通 CD 光盘系统是双声道的(也称为立体声)，有两个喇叭发声；而新式的带 DTS 解码的 CD、带 AC3 解码的 DVD 光盘及其播放系统(即家庭影院系统)支持 5.1、6.1 甚至 7.1 声道，称为环绕立体声。其中的“0.1”是由其它声道计算出来的低音声道，不是独立的声道。

在声音数字化过程中，每个声道的数字化是单独进行的，因此声道数越多，数字化后的声音的数据量会成倍增加。未经压缩，声音数据量可由下式推算：

数据量=(采样频率×每个采样位数×声道数) ×时间 / 8(B/s)

例如 1min 声音、单声道、8 位采样位数、采样频率为 11.025kHz，数据量为 0.66MB/min；若采样频率为 22.05kHz，则数据量为 1.32MB/min。若为双声道，则数据量为 2.64MB/min。

这种对声音进行采样量化后得到的声音是数字化声音，最常用的数字化声音的文件格式是 Microsoft 定义的用于 Windows 的波形声音文件格式，其扩展名是“.wav”。数字化声音所占的数据量非常大。

CD 音频是以 16 位、44.1kHz 采样的高质量数字化声音，并以 CD-DA 方式存储在 CD-ROM 光盘上；可以通过符合 CD-DA 标准的 CD-ROM 驱动器播放。

2. 声音的符号化

波形声音可以把音乐、话音都进行数据化并且表示出来，但是并没有把它看成音乐和话音。

对于声音的符号化(也可以称为抽象化)表示包括两种类型：一种是音乐，另一种是话音。

1) 音乐的符号化——MIDI

由于音乐完全可用符号来表示，所以音乐可看做是符号化的声音媒体。有许多音乐符号化的形式，其中最著名的是MIDI(Musical Instrument Digital Interface)，这是乐器数字接口的国际标准。任何电子乐器，只要有处理MIDI消息的微处理器，并有合适的硬件接口，都可以成为一个MIDI设备。MIDI消息，实际上就是乐谱的数字描述。在这里，乐谱完全由音符序列、定时以及被称为合成音色的乐器定义组成。当一组MIDI消息通过音乐合成器芯片演奏时，合成器就会解释这些符号并产生音乐。很显然，MIDI给出了一种得到音乐声音的方法，关键问题是，媒体应能记录这些音乐的符号，相应的设备能够产生和解释这些符号。这实际上与我们在其它媒体中看到的情况十分类似，如图像显示、字符显示等都是如此。

与波形声音相比，MIDI数据不是声音而是指令，所以它的数据量要比波形声音少得多。半小时的立体声16位高品质音乐，如果用波形文件无压缩录制，约需300MB的存储空间。而同样时间的MIDI数据大约只需200KB。在播放较长的音乐时，MIDI的效果就更为突出。MIDI的另一个特点是，由于数据量小，所以可以在多媒体应用中与其它波形声音配合使用，形成伴奏的效果。而两个波形声音一般是不能同时使用的。对MIDI的编辑也很灵活，在音序器的帮助下，用户可以自由地改变音调、音色等属性，达到自己想要的效果。波形文件就很难做到这一点。当然，MIDI的声音尚不能做到在音质上与真正的乐器完全相似，在质量上还需要进一步提高；MIDI也无法模拟出自然界中其它非乐曲类声音。

2) 语音的符号化

语音与文字是对应的。波形声音可以记录表示语音，它是不是语音取决于听者对声音的理解。对语音的符号化实际上就是对语音的识别，将语音转变为字符，反之也可以将文字合成语音。

语音指构成人类语音信号的各种声音。在采集和存储上可以与波形声音一样，但由于语音是由一连串的音素组成。“一句话”中包含许多音节以及上下文过渡过程的连接体等特殊的信息，并且语音本身与语言有关，所以要把它作为一个独立的媒体来看待。

多媒体计算机处理声音的组件是声卡，声音卡一般可同时处理数字化声音、合成器产生的声音、CD音频。

3. 声音数据的压缩格式

未经压缩的数字化声音会占用大量的存储空间，例如，一首时长为5min的立体声歌曲，以CD音质数字化，数据量将是1411.2(Kb/s)×60s×5≈52MB。CD光盘的容量是650MB，所以一张CD光盘只能存放十几首歌曲。

另一方面，声音信号中包含有大量的冗余信息，再加上利用人的听觉感知特性，对声音数据进行压缩是可能的。人们已经研究出了许多声音压缩算法，力求做到压缩倍数高、声音失真小、算法简单、编码/解码成本低。

1) 压缩率

压缩率(又称为压缩比或压缩倍数)是指数据被压缩之前的容量和压缩之后的容量之

比。例如，一首歌曲的数据量为50MB，压缩之后为5MB，则压缩率为10∶1。

2) MPEG声音压缩算法

MPEG是Moving Picture Experts Group(运动图像专家组)的简写，是一系列运动图像(视频)压缩算法和标准的总称，其中也包括了声音压缩编码(称为MPEG Audio)。MPEG声音压缩算法是世界上第一个高保真声音数据压缩国际标准，并且得到了极其广泛的应用。

MPEG声音标准提供了3个独立的压缩层次：层1(Layer 1)、层2(Layer 2)和层3(Layer 3)。层1的编码器最为简单，输出数据率为384Kb/s，主要用于小型数字盒式磁带；层2的编码器的复杂程度属中等，输出数据率为256～192Kb/s，用于数据广播、CD-I和VCD视盘。

层3(MPEG-1 Audio Layer 3)就是现在非常流行的MP3，它的编码器较层1和层2最为复杂，输出数据率为64Kb/s。MP3格式在16∶1压缩率下可以实现接近CD的音质，所以原来只能容纳十几首未压缩歌曲的CD光盘可以容纳音质相近的200首左右的MP3歌曲。如果提高压缩率，则可以容纳更多。

小容量的MP3音乐在网上流传、在计算机之间复制，使得人们改变了音乐消费方式，MP3播放器大行其道。

MPEG声音压缩算法是在不断发展的，后来出现了MPEG-2和MPEG-4。MPEG2标准在MPEG-1的基础上增加了所支持采样频率的数目，扩展了编码器的输出速率范围，并且增加了声道数，支持5.1和7.1声道，还支持Linear PCM和Dolby AC-3编码。目前广泛流行的DVD影片采用的便是MPEG-2声音压缩算法。MPEG-4声音标准可集成从话音到多通道声音、从自然声音到合成声音，并且增加多种编码方法。

3) 声音文件格式

WAV格式。WAV是微软公司开发的一种声音文件格式，也叫波形(wave)声音文件，被Windows平台及其应用程序广泛支持。WAV格式有压缩的，也有不压缩的，总体来说，WAV格式对存储空间需求太大，不便于交流和传播。

WMA格式。WMA(Windows Media Audio)是微软公司专为互联网上的音乐传播而开发的音乐格式，其压缩率和音质可与MP3相媲美。如今，可以播放MP3音乐的随身听一般都可以播放WMA音乐。

RealAudio格式。RealAudio是由Real Networks公司推出的文件格式，分为RA(RealAudio)、RM(RealMedia，RealAudio G2)、RMX(RealAudio Secured)等三种。它们最大的特点是可以实时传输音频信息，能够随着网络带宽的不同而改变声音的质量。

QuickTime格式。QuickTime是Apple公司推出的一种数字流媒体格式，它面向视频编辑、Web网站创建和媒体技术平台，QuickTime支持几乎所有主流的PC平台，可以通过互联网实现实时的数据传输和回放。

3.6.3 数字图像

1. 图像的数字化

数字图像有3个主要来源：①现有图片经图像扫描仪生成数字图像；②使用数码相机或数字摄像机将自然景物、人物等拍摄为数字图像；③使用计算机绘图软件生成数字图像。

前两者实际的工作原理是相同的，即将模拟图像进行数字化。图像的数字化大体可以分为以下四步，如图 3.26 所示。

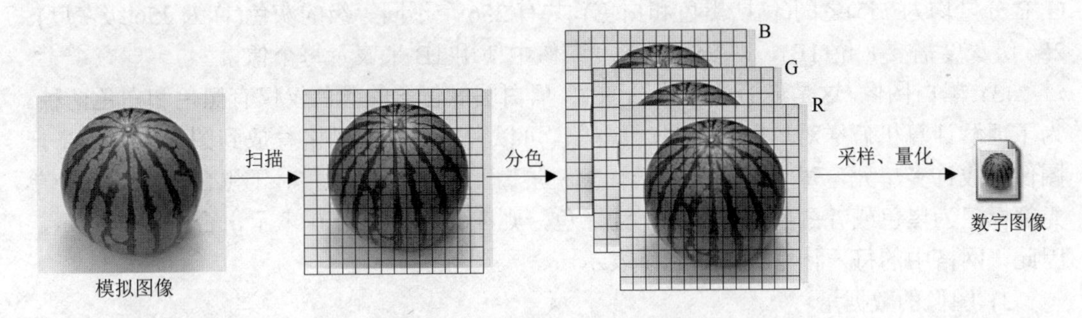

图 3.26　图像的数字化过程

(1) 扫描。将画面划分为 $M \times N$ 个网格，每个网格称为一个采样点，每个采样点对应于生成后图像的像素。一般情况下，扫描仪和数码相机的分辨率是可调的，这样可以决定了数字化后图像的分辨率。

(2) 分色。将彩色图像采样点的颜色分解为 R、G、B 三个基色。如果不是彩色图像(如灰度或黑白图像)，则不必进行分色。

(3) 采样。测量每个采样点上每个颜色分量的亮度值。

(4) 量化。对采样点每个颜色分量的亮度值进行 A/D 转换，即把模拟量使用数字量来表示。

将上述方法转换的数据以一定的格式存储为计算机文件，即完成了整个图像数字化的过程。

2. 图像的基本要素

一幅图像可以看成是由许多的点组成的，图像中的单个点称为像素(pixel)，每个像素都有一个表示该点颜色的像素值。根据不同情况，彩色图像的像素值是矢量，由 R、G、B 三基色分量值组成，灰度图像的像素只有一个亮度分量。

1) 图像的分辨率

一幅图像的像素是成行和列排列的，像素的列数称为水平分辨率、行数称为垂直分辨率。整幅图像的分辨率是由“水平分辨率×垂直分辨率”来表示的。

分辨率是度量一幅图像的重要指标，对于同样的表达内容，分辨率越高，图像越清晰，细节的表达能力越强。例如，使用 100 万像素和 200 万像素的数码相机拍摄相同的景物(焦距、光圈等设置相同)，分别生成分辨率为 1024×768 和 1600×1200 的数码像片，后者将比前者更清晰。

2) 图像的像素深度

像素深度是指图像中每个像素所用的二进制位数，因为这个二进制数用来表示颜色，所以也称为颜色深度。图像的像素深度越深，所使用的二进制数的位数越多，能表达的颜色数目也越多。

(1) 真彩色。如果一幅图像的像素深度为 24 位，分为三个 8 位来表示 R、G、B 基色量，可以表示的颜色数为 $2^8 \times 2^8 \times 2^8 = 16777216 = 2^{24}$ 种，也称为 24 位颜色，即真彩色(或称为全彩色)。

(2) 灰度图像。灰度图像是指只有灰色的图像。灰色是介于白色和黑色之间的过渡色，灰色的特点是其 R、G、B 分量值相同。因此，在黑色(R、G、B 分量均为 0)和白色(R、G、B 分量均为 255)之间(包括黑色和白色)，共有 256 个不同等级的灰色(称为 256 级灰度)。256 级灰度需要 8 位(1B)，即 256 级灰度图像中使用 1B 来表示每个像素。

(3) 黑白图像。这是最简单的位图图像。黑白图像包含的颜色仅仅有黑色和白色两种。为了理解计算机怎样对单色图像进行编码，可以考虑把一个网格叠放到图像上。网格把图像分成许多单元，每个单元相当于计算机屏幕上的一个像素。对于黑白图像，每个单元都标记为黑色或者白色，如果标记为黑色，则在计算机中用 0 表示，否则用 1 表示，因此，网格中的每一行用一串 0 和 1 表示。

3) 图像的数据量

如果图像未经压缩处理，一幅图像的数据量可按下面的公式进行计算：

图像数据量＝水平分辨率×垂直分辨率×像素深度

例如一幅分辨率为 640×480 的黑白图像的数据量为 640×480/8＝38400(B)；一幅分辨率为 640×480 的灰度图像的数据量为 640×480×8/8 ＝ 307200(B)；一幅分辨率为 1024×768 的真彩色图像数据量是 1024×768×24 位/8＝2359296B。

通过以上的计算，我们知道位图图像文件所需的存储容量都很大，如果在网上传输，所需的时间也较长。为了减少存储空间和传输时间，可以使用压缩和抖动技术。抖动技术是因特网的WWW页面减少图像大小的常用技术，它根据人类眼睛对颜色和阴影的分辨率，通过两个或多个颜色组成的模式产生附加的颜色和阴影。如果是256色图像，我们不能简单将其转换为16色图像，这样效果不好，而使用抖动技术产生的16色图像其效果会很好。

3. 图像的压缩

由于数字图像中的数据相关性很强，即数据的冗余度很大，因此对图像进行大幅度的数据压缩是完全可行的。并且，人眼的视觉有一定的局限性，即使压缩后的图像有一定的失真，只要限制在一定的范围内，也是可以接受的。

图像的数据压缩有两种类型：无损压缩和有损压缩。无损压缩是指压缩以后的数据进行还原，重建的图像与原始的图像完全相同。常见的无损压缩编码(或称为压缩算法)有行程长度编码(RLE)和霍夫曼(Huffman)编码等。有损压缩是指将压缩后的数据还原成的图像与原始图像之间有一定的误差，但不影响人们对图像含义的正确理解。

图像数据的压缩率是压缩前数据量与压缩后数据量之比：

压缩率＝压缩前数据量/压缩后数据量

对于无损压缩，压缩率与图像本身的复杂程度关系较大，图像的内容越复杂，数据的冗余度就越小，压缩率就越低；相反，图像的内容越简单，数据的冗余度就越大，压缩率就越高。对于有损压缩，压缩率不但受图像内容的复杂程度影响，也受压缩算法的设置影响。

图像的压缩方法很多，不同的方法适用于不同的应用领域。评价一种压缩编码方法的优劣主要看三个方面：压缩率、重建图像的质量(对有损压缩而言)和压缩算法的复杂程度。

4. 图像的格式

(1) BMP 图像格式。BMP 是 Bitmap 的缩写，一般称为“位图”格式，是 Windows 操作系统采用的图像文件存储格式。位图格式的文件一般以“.bmp”和“.dib”为扩展名，后者指的是设备无关位图(Device Independent Bitmap)。在 Windows 环境下所有的图像处理软件都支持这种格式。压缩的位图采用的是行程长度编码(RLE)，属于无损压缩。

(2) GIF 图像格式。GIF 是 Graphics Interchange Format 的缩写，是美国 CompuServe 公司开发的图像文件格式，采用了 LZW 压缩算法(Lemple-Zif-Wdlch)，属于无损压缩算法，并支持透明背景，支持的颜色数最大为 256 色。最有特色的是，它可以将多张图像保存在同一个文件中，这些图像能按预先设定的时间间隔逐张显示，形成一定的动画效果，该格式常用于网页制作。

(3) TIFF 图像格式。TIFF 是 Tagged Image File Format 的缩写，这种图像文件格式支持多种压缩方法，大量应用于图像的扫描和桌面出版方面。此格式的图像文件一般以“.tiff”或“.tif”为扩展名，一个 TIFF 文件中可以保存多幅图像。

(4) PNG 图像格式。PNG(Portable Network Graphic)是企图替代 GIF 和 TIFF 文件格式的一种较新的图像文件存储格式。PNG 使用了 LZ77 派生的无损数据压缩算法。PNG 格式支持流式读写性能，适合于在网络通信过程中连续传输、逐渐由低分辨率到高分辨率、由轮廓到细节地显示图像。

(5) JPEG 图像格式。JPEG 格式是由 JPEG 专家组(Joint Photographic Experts Group)制定的图像数据压缩的国际标准，是一种有损压缩算法，压缩率可以控制。JPEG 格式特别适合处理各种连续色调的彩色或灰度图像(如风景、人物照片)，算法复杂度适中，绝大多数数码相机和扫描仪可直接生成 JPEG 格式的图像文件，其扩展名有“.jpeg”“.jpg”和“.jpe”等。

(6) JPEG2000 图像格式。JPEG2000 采用了小波分析等先进技术，能提供比 JPEG 更好的图像质量和更低的码率，且与 JPEG 保持向下兼容。JPEG2000 既支持有损压缩，也支持无损压缩。JPEG2000 最大的特色是在一幅图像中同时支持两种压缩率，即可为图像中的重点区域使用较低的压缩率，其它部分使用较高的压缩率。使用这种方法可以达到文件大小和图像质量上更完美的平衡。

(7) ICO 和 CUR 图像格式。ICO 格式的图像称为图标(Icon)文件，用来定义程序、文档和快捷方式的图标。同一个 ICO 文件中可以包含 16×16、32×32、48×48 等多种分辨率和多种颜色数的图标，用于在不同的场合显示。ICO 和 CUR 图像的数据量都是很小的。

上面列举的是一些常用的通用图像格式，绝大多数的图像处理软件都直接支持。另外，还有一些专用的格式，如PhotoShop软件的PSD格式、Corel Photo-Paint软件的CPT格式、Picture Publisher软件的PPF格式等，这些格式的图像文件一般只能用相应的软件打开，因为其中包含了不能被其它软件所识别的信息。

5. 矢量图像

矢量图像采用的则是计算方法，由一串可重构图像的指令构成。也就是说，它记录的是生成图像的算法。图像的重要部分是节点，相邻节点之间用特性曲线连接，曲线由节点和它的角度特性经过计算得出。我们在创建矢量图片的时候，可以用不同的颜色来画线和图形，然后计算机将这一串线条和图形转换为能重构图像的指令。计算机只存储这些指令，而不是真正的图像。

但是，矢量图像有几个优点。首先，由于矢量图像保存的只是节点的位置和曲线颜色的算法，因此矢量图像的存储空间比位图图像小。矢量图像的存储空间依赖于图像的复杂性，每条指令都需要存储空间，所以，图像中的线条、图形、填充越多，所需要的存储空间越大。

矢量图像的第二个优点是：使用矢量图像软件，可以方便地修改图像。可以把矢量图像的一部分当做一个单独的对象，单独加以拉伸、缩小、变形、移动和删除。因此矢量图像比较灵活，富于创造性。

矢量图像的第三个优点是：矢量图像可以随意放大或缩小，图像质量不会失真，特别是在打印时，这一优势更加突出。

包含矢量图像的文件的扩展名为.wmf，.dxf，.mgx和.cgm。矢量图像软件指的是绘画软件，而且通常情况下，是一个和位图图像软件不同的软件包。流行的矢量图像软件包有Micrographx Designer、CorelDRAW和Freehand。图3.27是CorelDRAW的窗口组成。

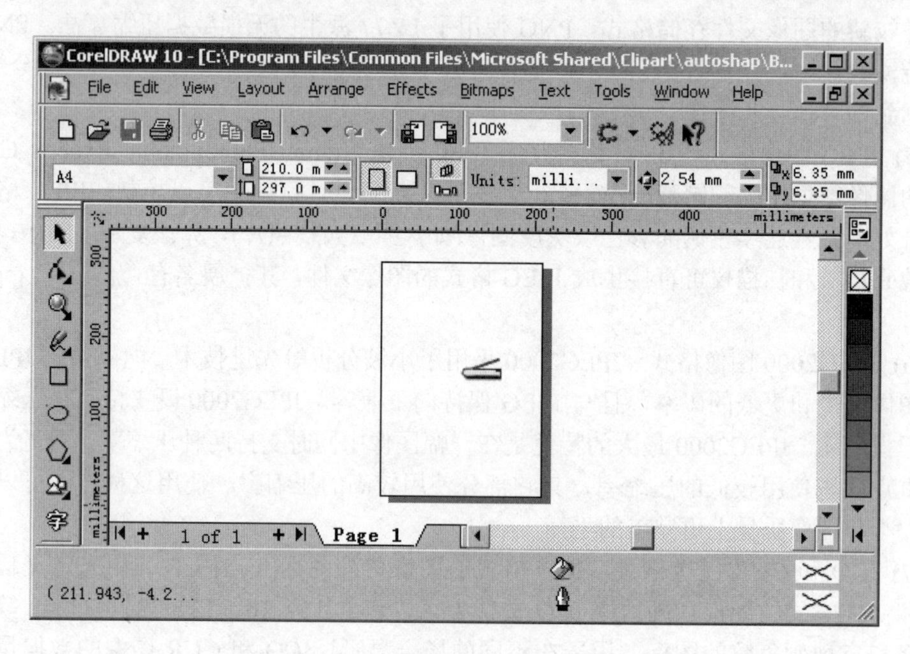

图 3.27 CorelDRAW 的窗口组成

通常，用矢量图像软件来画一个图像时，可以使用画图工具来创建图形或物体。例如可以使用带填充的画圆工具来画一个圆，并填充以颜色。创建这个圆的数据可以用一条指令进行记录。使用画图工具，可以创建如填充矩形或圆的几何物体。通过连接不同的点，可以创建不规则图形的外轮廓。通过改变图形的位置、大小和颜色可以将画出的图形组合成一个图像。同时绘图软件会相应地调整指令。由于矢量图像每次显示时都要重新计算生成，所以矢量图像速度较慢。

如图 3.28（a）所示的是一幅矢量图，其中的叶片、花瓣和花蕊都是使用轮廓线条描述再加上适当的填充效果形成的，所以它们在数据上是相互独立的，具有很高的可编辑性。在矢量图编辑软件中，只需鼠标简单拖动便可将这些花拆散（图 3.28(b)）。若要修改叶片的形状、花瓣的颜色、轮廓线的粗细、层次的前后关系，所需的操作也很简单。

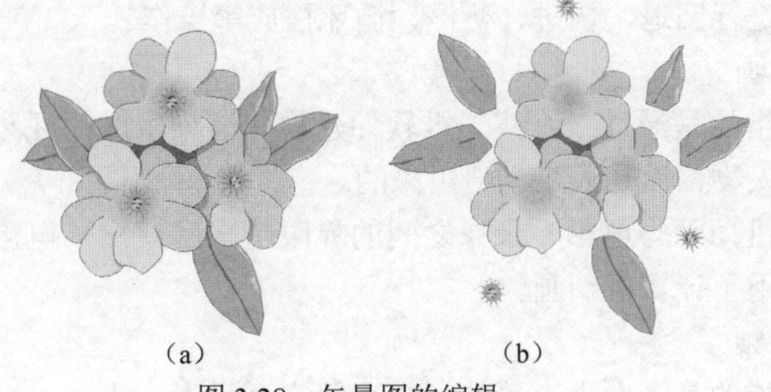
（a）　　　　　　　　　（b）

图 3.28　矢量图的编辑

（a）原图；（b）编辑之后的图。

3.6.4　数字视频

1. 视频的概念

视频源于电视技术，它由连续的画面组成。这些画面以一定的速率连续地投射在屏幕上，使观察者具有图像连续运动的感觉。视频的数字化指在一段时间内以一定的速度对视频信号进行捕获并加以采样后形成数字化数据的处理过程。

视频可以看成是配有相应声音效果的图像的快速更替。数字视频用三个基本参数来进行描述，即用于描述视频中每一帧图像的分辨率、颜色深度，以及描述图像变化速度的图像更替率。

视频是由一系列的帧组成的，每个帧是一幅静止的图片，并且图像也使用位图文件形式表示。根据人眼视觉滞留的特点，每秒连续动态变化 24 次以上的物体就可看成是平滑连续运动的。视频根据制式的不同有着不同帧速，即每秒钟显示的帧数目，如 NTSC 制式的帧速为 30 帧/s，PAL 制式的帧速为 25 帧/s，这意味着视频需要巨大的存储空间。

假设我们按每秒钟需要显示 30 帧计算，一幅分辨率为 640×480 的 256 色图像有 307200B。因此，一秒钟视频需要的存储容量等于 30×307200(即帧速×每幅图像的数据量 = 9216000B，大约 9MB)。两小时的电影需要 66355200000B，约为 61.8GB。甚至只有使用超级计算机，才有可能播放。另外，视频信号中一般包含有音频信号，音频信号同样需要数字化。由此可见，数字视频的数据量是很大的，往往要进行数据压缩。

2. 计算机视频

计算机视频是指通过计算机存储、传输、播放的视频内容。因为计算机是数字的，所以计算机视频从开始就是数字化的。

根据创建的方法、内容的形式和用途的不同，计算机视频可分为以下几类。

1) 电影或录像剪辑

如果计算机安装了 DVD / CD 驱动器和相应的播放软件，便可以播放 VCD 和 DVD 电影光盘。在计算机的硬盘上，可以存放完整的电影文件或电影片段。

人们可以将数码摄像机拍摄的录像内容通过 1394(Firewire)接口导入为计算机视频文件。也可以使用摄像头由 USB 接口录制实时的视频内容。如果计算机中安装了视频采集卡，可以将模拟电视信号、模拟录像带的内容转换为数字视频文件。

上述的电影或录像内容，可以使用通用的视频播放软件以24～30帧/s的正常速度进行播放，还可以进行回退、快进、暂停、循环播放等操作。

2) 计算机动画

计算机动画指的是通过二维或三维软件建模、渲染生成的视频片段，其内容不是拍摄的自然景观或人物，而是人工创造出来的。

现在，计算机动画与电影、录像之间的界限越来越模糊，电影创作和后期制作过程中越来越多地使用了计算机动画。

3) 交互式视频

交互式视频指的是画面上有菜单、按钮等交互元素，用户可以通过鼠标或键盘操作来控制播放流程或改变画面内容。交互式视频往往集成了文本、录像、动画、图片、声音等诸多媒体素材，主要应用在多媒体教学课件中。

目前，交互式视频的创建工具主要有Micromedia公司的Authorware、Director和Flash，以及Corel公司的R.A.V.E.等。

4) 网络电视与视频点播

宽带网络和流媒体技术的发展使得通过网络收看电视节目成为可能。视频点播(Video On Demand，VOD)是指用户可以根据自己的需要选择节目，与传统的被动地收看电视相比有了质的飞跃。

网络电视在娱乐、远程教育、网络视频会议、远程监控、远程专家会诊等领域有着广阔的应用前景。

3. 常用视频压缩格式

数字视频的数据量是非常大的。例如，一段时长为1min、分辨率为640×480的录像(30帧/min，真彩色)，未经压缩的数据量为1.54GB。

如此大的数据量，无论是存储、传输还是处理都有很大的困难，所以对视频数据进行压缩势在必行。由于视频信息中画面内容有很强的信息相关性，相邻帧的内容又有高度的连贯性，再加上人眼的视觉特性，所以数字视频的数据可极大地压缩。

国际标准化组织和各大公司都积极参与视频压缩标准的制定，并且已推出大量实用的视频压缩格式。

1) AVI格式

AVI(Audio Video Interleaved，音频视频交错)格式是1992年由微软公司随Windows 3.1一起推出的，“音频视频交错”是指视频和音频交织在一起进行同步播放。这种视频格式的文件以“.avi”为扩展名，它的优点是图像质量好；缺点是存储量过于庞大，不适合长时间的视频内容。并且它的压缩标准不统一，经常出现某个软件播放不了采用某种编码的AVI格式视频文件。

2) DV-AVI格式

DV(Digital Video Format)是由索尼、松下、JVC等多家厂商联合提出的一种家用数字视频格式，目前流行的数码摄像机就是使用这种格式记录视频数据的。可以通过计算机的IEEE 1394接口(也称为Firewire火线接口)将保存在数码摄像机DV磁带上的视频内容传输到计算机中，也可以将计算机中编辑好的视频数据回录到数码摄像机的DV磁带上。

这种视频格式的文件扩展名一般也是“.avi”，所以人们习惯将其称为DV-AVI格式。

3) MOV格式

MOV是美国Apple公司开发的一种视频格式(以.mov为文件扩展名)，默认的播放器是QuickTime Player。此格式具有较高的压缩比和较完美的视频清晰度，且具有较好的跨平台性，即不仅能支持Mac OS，而且能支持Windows操作系统。

4) MPEG格式

MPEG(Moving Picture Expert Group，运动图像专家组)格式是运动图像压缩算法的国际标准，它采用了有损压缩方法从而减少运动图像中的冗余信息。目前MPEG格式有三个压缩标准，分别是MPEG-1、MPEG-2和MPEG-4，另外，MPEG-7与MPEG-21正处于研发阶段。

(1) MPEG-1制定于1992年，它是针对1.5Mb/s以下数据传输率的运动图像及其伴音而设计的国际标准。也就是通常所见到的VCD光盘的制作格式。这种视频格式的文件扩展名包括.mpg、.mpe、.mpeg及VCD光盘中的.dat文件等。

(2) MPEG-2制定于1994年，设计目标为高级工业标准的图像质量以及更高的传输率。这种格式主要应用在DVD/SVCD的制作方面，同时在一些HDTV(High Definition TV，高清晰电视)和高质量视频编辑、处理中被应用。这种视频格式的文件扩展名包括.mpg、.mpe、.mpeg、.m2v及DVD光盘上的.vob文件。

(3) MPEG-4制定于1998年，是为了播放流式媒体而专门设计的，它可利用很窄的带宽，通过帧重建技术来压缩和传输数据，以求使用最少的数据获得最佳的图像质量。MPEG-4最有吸引力的地方在于它能够生成接近于DVD画质的小容量视频文件。这种视频格式的文件扩展名包括.asf、.mov和.divx、.avi等。

5) DivX格式

DivX是从MPEG-4衍生出的另一种视频编码标准，也称为DVDrip格式，它采用了MPEG4的压缩算法同时又综合了MPEG-4与MP3等方面的技术，使用DivX压缩技术对DVD盘片的视频图像进行高质量压缩，同时用MP3或AC3对音频进行压缩，然后再将视频与音频合成并加上相应的外挂字幕。其画质接近DVD，但体积只有DVD的几分之一。

6) ASF格式

ASF格式(Advanced Streaming Format，高级流格式)是微软公司推出的一种视频格式，用户可以直接使用Windows自带的媒体播放器(Windows Media Player)对其进行播放。由于使用了MPEG-4的压缩算法，所以压缩率和图像的质量都很不错。

7) WMV格式

WMV(Windows Media Video)也是微软公司推出的一种采用独立编码方式并且可以直接在网上实时观看视频节目的视频压缩格式。WMV格式的主要优点包括本地或网络回放、可扩充的媒体类型、部件下载、流的优先级化、多语言支持、环境独立性、丰富的流间关系以及扩展性等。

8) RM格式

RM(Real Media)格式是Real Networks公司所制定的音频视频压缩规范。Real Media可以根据不同的网络传输速率制定出不同的压缩率，从而实现在低速率的网络上进行影像数据实时传送和播放。用户可以使用 RealPlayer 或 RealOne Player 软件对符合该规范的网络音频视频资源在不下载的情况下进行在线播放。另外，作为目前主流网络视频格式，RM 与 ASF 格式各有千秋，通常 RM 视频画面更柔和一些，而 ASF 视频画面则相对清晰一些。

9) RMVB 格式

RMVB 是一种由 RM 格式延伸出的新视频格式，它的先进之处在于打破了 RM 格式平均压缩采样的方式，在保证平均压缩比的基础上合理利用比特率资源，静止和动作场面少的画面场景采用较低的编码速率，这样可以留出更多的带宽空间，而这些带宽会在出现快速运动的画面场景时被利用。这样在保证了静止画面质量的前提下，大幅地提高了运动图像的画面质量，从而图像质量和文件大小之间达到了平衡。相对于 DVDrip 格式，RMVB 视频也有较明显的优势，在相同压缩品质的情况下，RMVB 的文件更小。不仅如此，RMVB 视频格式还具有内置字幕和无需外挂插件支持等独特优点。使用 RealOne Player 2.0 以上版本可以对 RMVB 格式的视频文件进行播放。

4. 数字视频的编辑和播放软件

数字视频编辑软件的功能主要有：①视频捕捉。将来自摄像机、电视机、影碟机的视频内容输入计算机，数字化并压缩为计算机文件。②视频剪辑。该功能将多种素材截取、拼接。③格式转换。即支持多种视频压缩标准，可以生成多种压缩率、分辨率的视频文件，并可以将静态照片转换为幻灯片播放效果的视频内容。④添加菜单、字幕和各种切换特技。⑤VCD、DVD 影碟制作和刻录。

目前，常用的视频编辑软件有 Windows XP 附件的 Movie Maker、Adobe Premiere、Ulead Media Studio Pro、Ulead Video Studio(又称“会声会影”)、Final Cut Pro 和 Vegas Video 等。可以参考 3.5.3 节的介绍。

常用的视频播放软件有 Windows Media Player(媒体播放器)、Real Player、RealOne Player、CyberLink PowerDVD、WinDVD、QuickTime Player 和国产软件“超级解霸”等。这些软件大多数都支持众多的视频格式文件，同时支持 CD、VCD、DVD 等音频视频盘片的播放，功能上各有千秋。

3.6.5 多媒体技术的研究内容及应用前景

1. 多媒体技术的研究内容

1) 多媒体数据压缩 / 解压算法的研究

在多媒体计算机系统中要表示、传输和处理声文图信息，特别是数字化图像和视频要占用大量的存储空间，因此高效的压缩和解压缩算法是多媒体系统运行的关键。因此，数据压缩技术是一个非常重要的内容。

2) 多媒体数据存储技术

高效快速的存储设备是多媒体系统的基本部件之一，光盘系统是目前较好的多媒体数据存储设备，它又分为只读光盘(CD-ROM)、一次写多次读光盘(CD-WORM)、可擦写光盘(CD-RW)。

3) 多媒体计算机硬件平台及软件平台

多媒体计算机系统一般要有较大的内存和外存(硬盘)，并配有光驱、音频卡、视频卡、音像输入输出设备等，而多媒体计算机软件平台是专门设计支持多媒体功能的操作系统或者是在原有操作系统基础上进行扩充，如扩充一个支持音频 / 视频处理的多媒体模块以及各种服务工具等。

4) 多媒体开发和创作工具

为了便于用户开发多媒体应用系统，一般在多媒体操作系统之上提供了丰富的多媒体开发工具，如动画制作软件Macromind Director、3D Studio，以及多媒体节目创作工具Tool Book、Authorware等，这些都是交互式创作工具。

5) 多媒体数据库

和传统的数据库相比，多媒体数据库包含着多种数据类型，数据关系更为复杂，需要一种更有效的管理系统来对多媒体数据库进行管理。

6) 超文本和超媒体

超文本或超媒体是管理多媒体数据信息一种较好的技术，它本质上采用的是一种非线性的网状结构组织块状信息。

7) 多媒体系统数据模型

多媒体系统数据模型是指导多媒体软件系统(软件平台、多媒体开发工具、创作工具、多媒体数据库等)开发的理论基础。

8) 多媒体通信与分布式多媒体系统

多媒体技术和网络技术、通信技术的结合出现了许多令人鼓舞的应用领域，如可视电话、电视会议、视频点播以及以分布式多媒体系统为基础的计算机支持协同工作(CSCW)系统(远程会诊、报纸共编等)，这些应用很大程度地影响了人类生活工作方式。

2. 多媒体技术的应用前景

多媒体技术是一种实用性很强的技术，它一出现就引起许多相关行业的关注，由于其社会影响和经济影响都十分巨大，相关的研究部门和产业部门都非常重视产品化工作，因此多媒体技术的发展和应用日新月异，发展迅猛，产品更新换代快。多媒体技术及其应用几乎覆盖了计算机应用的绝大多数领域，而且还开拓了涉及人类生活、娱乐、学习等方面的新领域。多媒体技术的显著特点是改善了人机交互界面，集声、文、图、像处理一体化，更接近人们自然的信息交流方式。

多媒体技术的典型应用包括以下几个方面：

1) 教育和培训

利用多媒体计算机的特性和功能开展培训、教学工作，激发学生的学习兴趣，寓教于乐，形成图文并茂、丰富多彩的人机交互方式，教学效果良好。

2) 咨询和演示

在销售、导游或宣传等活动中，使用多媒体技术编制的软件(或节目)，能够图文并茂地展示产品、游览景点和其它宣传内容，使用者可与多媒体系统交互，获取感兴趣对象的全方位信息。

3) 娱乐和游戏

影视作品和游戏产品制作是计算机应用的一个重要领域。多媒体技术出现给影视作品和游戏产品制作带来了革命性变化，由简单的卡通片到声文图并茂的逼真实体模拟，画面、声音更加逼真，趣味性娱乐性增加。随着CD-ROM的流行，价廉物美的游戏产品将倍受人们欢迎，对启迪儿童的智慧，丰富成年人的娱乐活动大有益处。

4) 管理信息系统(MIS)

目前MIS系统在商业、企业、银行等部门等已得到广泛的应用。多媒体技术应用到MIS中可得到多种形象生动、活泼、直观的多媒体信息，克服了传统MIS系统中数字加表格那种枯燥的工作方式，使用人员通过友好直观的界面与之交互获取多媒体信息，工作也变得生动有趣。多媒体信息管理系统改善了工作环境，提高了工作质量，有很好的应用前景。

5) 视频会议系统

随着多媒体通信和视频图像传输数字化技术的发展，计算机技术和通信网络技术的结合，视频会议系统成为一个最受关注的应用领域，与电话会议系统相比，视频会议系统能够传输实时图像使与会者具有身其临其境的感觉，但要使视频会议系统实用化必须解决相关的图像压缩、传输、同步等问题。

6) 计算机支持协同工作

多媒体通信技术和分布式计算机技术相结合所组成的分布式多媒体计算机系统能够支持人们长期梦想的远程协同工作。例如远程会诊系统可把身处两地(如北京和上海)的专家召集在一起同时异地会诊复杂病例；远程报纸共编系统可将身处多地的编辑组织起来共同编排同一份报纸。

7) 视频服务系统

诸如影片点播系统、视频购物系统等视频服务系统具有广泛的用户，也是多媒体技术的一个应用热点。

习　题

1. 试述计算机语言的分类以及它们的主要特点。

2. 什么是算法？它具有哪些基本特征？

3. 什么是结构化程序设计方法？这种方法有哪些优点和缺点？

4. 什么是面向对象的程序设计？你所知道的面向对象的程序设计语言有哪些？

5. 请说明以下名词的正确含义：

源程序　　目标程序　　编译程序　　抽象　　封装　　继承　　多态

6. 请进行以下简单算法的设计：

(1) 输入10个数，找出最大的数，并打印出来。

(2) 输入一个班35人的成绩，求出平均分数、最高分数、不及格人数。

(3) 求出 $ax^2+bx+c=0$ 的根。分别考虑 $D=b^2-4ac$ 大于0、等于0和小于0三种情况。

(4) 给定一个偶数 $M(M\geqslant 6)$，将它表示成两个素数之和。

7. 什么是操作系统？它可分为哪几类？各有什么特点及适用于何种场合？

8. 操作系统的基本功能是什么？它包括哪些基本部分？

9. 试说明你所使用过的操作系统的类型和特点。

10. 在Word 2010下输入本书2.6.1节的内容，以文件名EX1.DOCX存放在自己的U盘上。要求如下：

(1) 页面设置为16开，页边距设成上、下、左、右全部为2cm。

(2) 所有标点符号用中文方式，书中的字体、字号按原样设置，书中的图形按原样绘制。

(3) 设置页眉/页脚，页眉为“总线结构”，而在页脚中放置页码，并居中。

(4) 首页用 WordArt 设计一个艺术封面，内容为“南京理工大学”的艺术变形，并写上班级、学号、姓名。

11. 试说明你所使用过的图形软件有哪些，它们各自有哪些特点？

12. 表示声音的 3 个参数是什么？如果采用单声道、16 位采样位数、22.05kHz 的采样频率录制 10min 的声音，所需的数据量是多少？

13. 为什么要进行图像数据的压缩？常用的图像文件有哪些？

14. 什么是位图图像？什么是矢量图形?简述各自具有什么特点。

15. 数字化声音有哪些主要性能参数？试分别叙述这些参数的定义及对数据率和声音质量有何影响。

16. 什么是计算机视频？常用的视频压缩格式有哪些？

17. 谈谈多媒体技术在你生活中的应用。

第4章 信息系统

信息系统的目的是通过提供有用的、精确的和及时的信息来改善组织机构的效率。在整个计算机应用中，数据处理和以数据处理为主的信息系统所占比例高达70%~80%。一个国家的现代化水平越高，科学管理、自动化服务的要求就越迫切，因此各行各业的计算机信息系统和数据处理所占的比例也越高，如教学管理系统、地理信息系统、信息检索系统、医学信息系统、决策支持系统、民航订票系统、电子政务系统、电子商务系统等，信息系统是一种以提供信息服务为主要目的的数据密集型、人机交互的计算机应用系统。

在信息系统的发展过程中，广泛使用到了数据库技术，因此我们本章将重点介绍如下内容：

(1) 信息系统的基本概念。

(2) 数据库技术的产生、发展和研究领域。

(3) 数据库系统的组成和结构。

(4) 开发信息系统的软件工程方法。

(5) 典型信息系统介绍。

4.1 信息、数据与数据处理

4.1.1 数据与信息

在数据处理中，我们最常用到的基本概念就是数据和信息，信息与数据有着不同的含义。

1. 信息的定义

信息是关于现实世界事物的存在方式或运动状态的反映的综合，具体说是一种被加工为特定形式的数据，但这种数据形式对接收者来说是有意义的，而且对当前和将来的决策具有明显的或实际的价值。

如“2000年硕士研究生将扩招30%”，对接受者有意义，使接受者据此作出决策。

2. 信息的特征

信息源于物质和能量，它不可能脱离物质而存在，信息的传递需要物质载体，信息的获取和传递要消耗能量。如信息可以通过报纸、电台、电视、计算机网络进行传递。

信息是可以感知的，人类对客观事物的感知，可以通过感觉器官，也可以通过各种仪器仪表和传感器等，不同的信息源有不同的感知形式。如报纸上刊登的信息通过视觉器官感知，电台中广播的信息通过听觉器官感知。

信息是可存储、加工、传递和再生的。动物用大脑存储信息，叫做记忆。计算机存储器、录音、录像等技术的发展，进一步扩大了信息存储的范围。借助计算机，还可对收集到的信息进行取舍整理。

3. 数据的定义

数据是用来记录信息的可识别的符号，是信息的具体表现形式。

4. 数据的表现形式

可用多种不同的数据形式表示同一信息，而信息不随数据形式的不同而改变。

如“2000 年硕士研究生将扩招 30%”，其中的数据可改为汉字形式“两千年”“百分之三十”。

数据的概念在数据处理领域中已大大地拓宽了，其表现形式不仅包括数字和文字，还包括图形、图象、声音等。这些数据可以记录在纸上，也可记录在各种存储器中。

5. 数据与信息的联系

数据是信息的符号表示或载体，信息则是数据的内涵，是对数据的语义解释。

如上例中的数据 2000、30%被赋予了特定的语义，它们就具有了传递信息的功能。

4.1.2 数据处理

数据处理是将数据转换成信息的过程，包括对数据的收集、存储、加工、检索、传输等一系列活动。其目的是从大量的原始数据中抽取和推导出有价值的信息，作为决策的依据。

可用下式简单的表示信息、数据与数据处理的关系：

信息=数据+数据处理

数据是原料，是输入，而信息是产出，是输出结果。信息处理的真正含义应该是为了产生信息而处理数据。

4.1.3 计算机信息系统

1. 信息系统的定义

计算机信息系统(Computer-based Information System，简称信息系统)是一类以提供信息服务为主要目的的数据密集型、人机交互的计算机应用系统。

信息系统有 4 个主要的特点：

(1) 数据量大，一般需存放在外存中。

(2) 数据存储持久性。

(3) 数据资源使用共享性。

(4) 信息服务功能多样性。

2. 信息系统的分类

信息处理系统的分类方法很多，可以按照信息处理的深度来区分，如业务处理系统、信息检索系统、信息分析系统、专家系统等；也可以按信息处理系统的应用领域区分，如管理信息系统、机票预订系统、医院信息系统等；还可以按系统的结构和处理方式区分，如批处理系统、随机处理系统、交互式处理系统、实时处理系统等。

信息系统按照功能进行划分，可分为如下几类：

(1) 计算服务系统。对众多的用户提供公共的计算服务，服务方式为联机处理或批处理。

(2) 信息存储和检索系统。系统存储大量的数据，并能根据用户的查询要求检索出有关的数据，如情报检索系统、中国科技文献库、专利数据库、学位论文数据库以及 Web 检索系统等。数据库由系统设计者设计并建立，输出是对用户查询的回答。

(3) 监督控制信息系统。监督某些过程的进行，在给定的情况发生时发出信号，提请用户采取处置措施。例如，城市交通管理系统、空中交通管理系统、环境监视系统等。这种系统的输入信息往往是通过传感器传进来的，系统周期地处理输入数据，同数据库中保存的数据进行比较和分析，以决定是否输出信号。

(4) 业务信息处理系统。系统能完成某几种具体业务的信息处理，使业务处理自动化，提高工作效率和质量。处理过程和输出形式都是事先规定好的。数据库中事先存放好完成这些任务所需的各种数据。如机票预订系统、电子资金汇兑系统等。

(5) 过程控制系统。系统通过各种仪器仪表等传感设备实时地收集被控对象的各种现场数据，加以适当处理和转换，送入计算机，根据数学模型对数据进行综合分析判断，给出控制信息，以控制物理过程。如轧钢过程控制系统、化工过程控制系统等。

(6) 信息传输系统。在传输线上将消息从发源地传送到目的地，以达到在地理上分散的机构之间正确、迅速地交换情报的目的。如国际信息传输系统、全国银行数据通信系统等。

(7) 计算机辅助系统。辅助技术人员在特定应用领域(如工程设计、音乐制作、广告设计等)内完成相应的任务，如计算机辅助设计(CAD)、计算机辅助教学(CAI)等。

(8) 信息分析系统。一种高层次的信息系统，为管理决策人员掌握部门运行规律和趋势，制定规划、进行决策的辅助系统。如决策支持系统(DSS)、专家系统等。

(9) 办公信息系统。又称 OA，以先进设备与相关技术构成服务于办公事务的信息系统，按工作流技术充分利用信息资源，提高协同办公效率和质量。

有些信息处理系统可能是上述某几类的综合。如医疗管理系统，其中的事务管理属于业务信息处理系统，临床数据管理和医疗器械管理属于监督控制系统，医学情报检索管理则属于信息存储和检索系统，而计算机辅助诊疗则属于计算机辅助系统。

信息处理系统是一个很复杂的系统。系统的设计、构造、操作和维护都需要很大的费用，因此需要从系统工程的观点加以分析和研究。系统分程序和数据库两部分，它们对信息处理系统都是同样重要的。一个好的信息处理系统必须要有一个良好的人机交互接口。开发信息处理系统的技术尚在不断发展，已经应用的信息处理系统也还需要不断更新。

4.2 数据处理技术的产生与发展

我们知道，信息在现代社会和国民经济发展中所起的作用越来越大，信息资源的开发和利用水平已成为衡量一个国家综合国力的重要标志之一。在计算机的三大主要应用领域(科学计算、数据处理和过程控制)中，数据处理是计算机应用的主要方面。数据库技术就是作为数据处理中的一门技术而发展起来的。

计算机对数据的管理是指对数据的组织、分类、编码、存储、检索和维护提供操作手段。数据管理技术随着计算机硬件、软件技术和计算机应用范围的发展而不断发展，多年来大致经历了如下 3 个阶段。

1. 人工管理阶段(20 世纪 50 年代中期以前)

这一阶段计算机主要用于科学计算。

硬件中的外存只有卡片、纸带、磁带，没有磁盘等直接存取设备。

软件只有汇编语言，没有操作系统和管理数据的软件。

数据处理的方式基本上是批处理。

人工管理阶段的特点如下：

(1) 数据不保存。因为当时计算机主要用于科学计算，对于数据保存的需求尚不迫切。

(2) 系统没有专用的软件对数据进行管理。每个应用程序都要包括数据的存储结构、存取方法、输入方式等，程序员编写应用程序时，还要安排数据的物理存储，因此程序员负担很重。

(3) 数据不共享。数据是面向程序的，一组数据只能对应一个程序。

多个应用程序涉及某些相同的数据时，也必须各自定义，因此程序之间有大量的冗余数据。

(4) 数据不具有独立性。程序依赖于数据，如果数据的类型、格式、或输入输出方式等逻辑结构或物理结构发生变化，必须对应用程序做出相应的修改。

在人工管理阶段，程序与数据之间的关系可用图 4.1 表示。

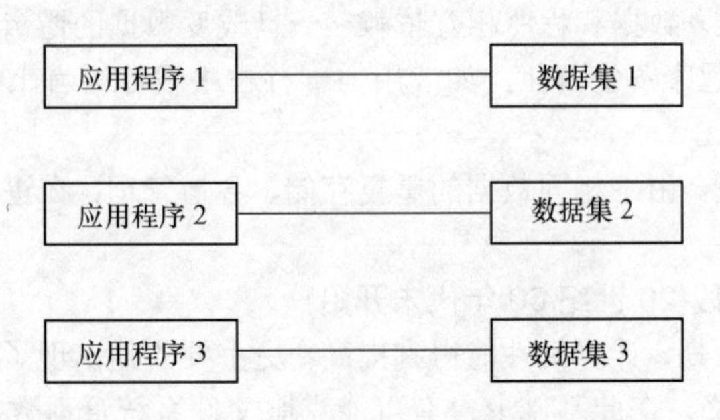

图 4.1　数据的人工管理

2. 文件系统阶段(20 世纪 50 年代后期至 60 年代中期)

这一阶段，计算机不仅用于科学计算，而且大量用于信息管理。大量的数据存储、检索和维护成为紧迫的需求。在硬件方面，有了磁盘、磁鼓等直接存储设备。而在软件方面，出现了高级语言和操作系统。操作系统中有了专门管理数据的软件，一般称为文件系统。

处理方式有批处理，也有联机处理。

文件管理数据的特点如下：

(1) 数据以文件形式可长期保存下来。用户可随时对文件进行查询、修改和增删等处理。

(2) 文件系统可对数据的存取进行管理。程序员只与文件名打交道，不必明确数据的物理存储，大大减轻了程序员的负担。

(3) 文件形式多样化。有顺序文件、倒排文件、索引文件等，因而对文件的记录可顺序访问，也可随机访问，更便于存储和查找数据。

(4) 程序与数据间有一定的独立性。由专门的软件即文件系统进行数据管理，程序和数据间由软件提供的存取方法进行转换，数据存储发生变化不一定影响程序的运行。

在文件系统阶段，程序与数据之间的关系可用图 4.2 表示。

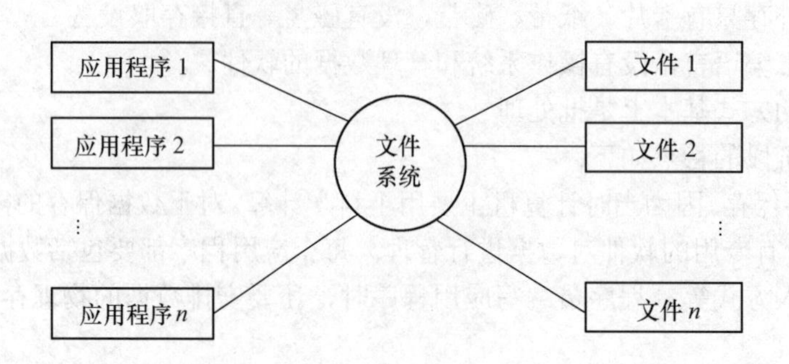

图 4.2 数据的文件系统管理阶段

与人工管理阶段相比，文件系统阶段对数据的管理有了很大的进步，但一些根本性问题仍没有彻底解决，主要表现在以下 3 个方面。

(1) 数据冗余度大。各数据文件之间没有有机的联系，一个文件基本上对应于一个应用程序，数据不能共享。

(2) 数据独立性低。数据和程序相互依赖，一旦改变数据的逻辑结构，必须修改相应的应用程序。而应用程序发生变化，如改用另一种程序设计语言来编写程序，也需修改数据结构。

(3) 数据一致性差。由于相同数据的重复存储、各自管理，在进行更新操作时，容易造成数据的不一致性。

3. 数据库系统阶段(20 世纪 60 年代末开始)

20 世纪 60 年代后期，计算机性能得到提高，更重要的是出现了大容量磁盘，存储容量大大增加且价格下降。在此基础上，有可能克服文件系统管理数据时的不足，而去满足和解决实际应用中多个用户、多个应用程序共享数据的要求，从而使数据能为尽可能多的应用程序服务，这就出现了数据库这样的数据管理技术。数据库技术研究的主要问题就是如何科学地组织和存储数据、如何高效地获取和处理数据。目前，数据库技术作为数据管理的主要技术目前已广泛应用于各个领域，数据库系统已成为计算机系统的重要组成部分，是计算机数据管理技术发展的新阶段。

数据库的特点是数据不再只针对某一特定应用，而是面向全组织，具有整体的结构性、共享性高，冗余度小，具有一定的程序与数据间的独立性，并且实现了对数据进行统一的控制。数据库技术的应用使数据存储量猛增，用户增加，而且数据库技术的出现使数据处理系统的研制从围绕以加工数据的程序为中心转向围绕共享的数据来进行。图 4.3 给出了数据的数据库系统管理示意图。

数据库管理系统将具有一定结构的数据组成一个集合，它主要具有以下几个特点：

1) 数据的结构化

数据库中的数据并不是杂乱无章、毫不相干的，它们具有一定的组织结构，共属同

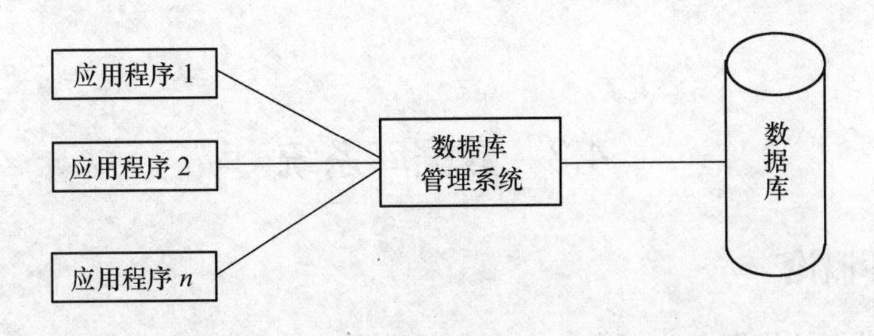

图 4.3　数据的数据库系统管理阶段

一集合的数据具有相似的特征。例如，在一个学校的人员数据管理系统中，关于学生信息的若干个记录就有着相同的特征：每个学生记录都记录着系、班级、学号、姓名、年龄、民族等信息，而学生成绩记录中记录着每个学生的各种成绩——数学、外语、政治等。

2) 数据的共享性

在一个单位的各个部门之间，存在着大量重复的信息。使用数据库的目的就是要统一管理这些信息，减少冗余度，使各个部门共同享有相同的数据。在多用户数据库管理系统中，共享性还可以理解为多个用户可以同时使用数据库中的数据，甚至是同一个数据。

3) 数据的独立性

数据的独立性是指数据记录和数据管理软件之间的独立。数据及其结构应具有独立性，而不应随着应用程序的改变而改变。

4) 数据的完整性

数据的完整性是指保证数据库中数据的正确性。可能造成数据不正确的原因很多，但是数据库管理系统应该通过对数据的进行检查和处理，例如商品的价格不能为负数、人的年龄应为 1～150、一场电影的订票数不应超过电影院的座位数等。

5) 数据的灵活性

数据库管理系统不是把数据简单堆积，它应在记录数据信息的基础上具有多种管理功能，如输入、输出、查询、编辑修改等。

6) 数据的安全性

一个单位所记录的信息并不是所有的人都有权限查看、修改。应根据用户的职责把他们的权限分成若干等级，不同级别的人对数据库的使用有着不同的权限。数据库管理系统应该确保数据的安全性，防止对数据的非法存取。并可采取一系列措施，实现对被破坏数据库的恢复。

从文件系统管理发展到数据库系统管理是信息处理领域的一个重大变化。在文件系统阶段，人们关注的是系统功能的设计，因此程序设计处于主导地位，数据服从于程序设计；而在数据库系统阶段，数据的结构设计已成为信息系统首先关心的问题。可以肯定的是，随着计算机软硬件的发展，成熟的数据库技术仍将不断地向前发展。特别是近年来，数据库技术和计算机网络技术的发展相互渗透、相互促进，已成为当今计算机领域发展迅速、应用广泛的两大领域。数据库技术不仅应用于事务处理，而且进一步应用到情报检索、人工智能、专家系统、计算机辅助设计等领域。

4.3 数据库系统

4.3.1 数据库概论

数据库技术涉及许多基本概念，主要包括数据、数据处理、数据库、数据库管理系统以及数据库系统等。

1. 数据

数据是数据库中存储的基本对象，是事实的反映和记录，由于描述事实有不同的方法，故描述的表达方式也多种多样。在计算机系统中，凡是能被计算机接受，并能被计算机处理的数字、字符、图形、图像、声音、语言等统称为数据。数据有多种表现形式，它们经过数字化后存入计算机。

在日常生活中，人们用自然语言描述事物，而在计算机中，就要抽出事物的特征组成一个记录来描述事物，如我们在学生档案中，人们最感兴趣的是学生的学号、姓名、性别、年龄、籍贯、所在院系、入学时间等，那么就可以这样来描述一名学生：

(98061118，张敏，女，21，上海，计算机系，1998)

这里的学生记录就是数据，通过了解其含义就可以得到相应的信息。数据的含义称为数据的语义。数据与其语义是不可分的。随着计算机技术的发展，数据作为一种重要资源已被人们所认识。(为了妥善存储、科学管理和充分地开发利用这种资源，数据库技术得到了迅速普及。各行各业都相继建立了数据库，并得到广泛应用。)

2. 数据库(DataBase，DB)

数据库是指在计算机存储设备上合理存放的结构化的相关数据集合，可以直观地理解为存放数据的仓库，只不过这个仓库是在计算机的大容量存储器上(例如，硬盘就是一种最常见的计算机大容量存储设备)，而且数据必须按照一定的格式存放，因为它不仅需要存放，而且还要便于查找。数据库中的数据按一定的数据模型组织、描述和存储，具有较小的冗余度、较高的独立性和易扩充性，并可为各种用户共享。

3. 数据库管理系统(DataBase Management System，DBMS)

位于用户和操作系统之间的一层数据管理软件，用来操纵和管理数据库，是数据库系统的核心。完成把数据库提供给用户进行操作、维护和管理的功能。DBMS 的主要工作通常包括下列 4 个部分。

(1) 定义数据库：定义数据库的数据结构，并把各项描述内容从源形式转换成目标形式，存放在系统中供查询使用。

(2) 管理数据库：包括控制整个数据库系统的运行，控制用户的并发访问，执行对数据安全、保密和完整性检查，实施对数据的输入、删除、检索等操作。

(3) 维护数据库：数据库的建立和维护功能包括数据库初始数据的输入、转换功能，数据库的转储、恢复功能，数据库的重新组织功能和性能监视、分析功能等。这些功能通常是由一些实用程序完成的。它是数据库管理系统的一个重要组成部分。

(4) 数据通信：负责处理数据的传送与流动等。

4. 数据库系统(DataBase System，DBS)

数据库本身不是孤立存在的，而是与其它部分一起构成数据库系统。在实际应用中人们面对的是数据库系统。它一般由数据库、数据库管理系统(及其开发工具)、应用系统、数据库管理员和用户构成。

4.3.2 数据库管理系统支持的数据模型

1. 数据描述

在数据处理中，数据描述涉及许多范畴。数据从现实世界到计算机数据库里的具体表示要经历现实世界、信息世界和计算机世界的数据描述 3 个阶段。这 3 个阶段的关系如图 4.4 所示。

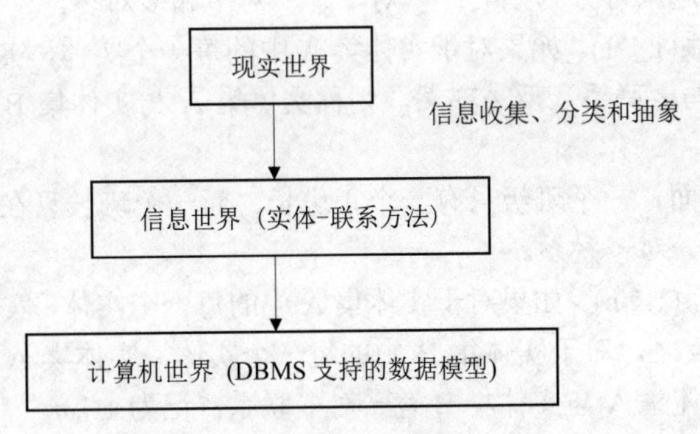

图 4.4 数据处理 3 个阶段的关系

现实世界是指客观存在的世界中的事实及其联系。在这一阶段要对现实世界的信息进行收集、分类，并抽象成信息世界的描述形式，然后再将其描述转换成计算机世界中的数据描述。

信息世界是现实世界在人们头脑中的反映，是对客观事物及其联系的一种抽象描述，一般采用实体—联系方法（Entity-Relationship Approach，E-R 方法）表示。在数据库设计中，这一阶段又称为概念设计阶段，常用概念有：

1) 实体

实体是指客观存在并可相互区别的事物。实体可以是具体的人、事、物，也可以是抽象的概念或联系，例如一名学生、一位教师、一所学校、一门课、一次会议、一堂课、一场球赛等，这里从建立信息结构的角度出发，强调实体是被认识的客观事物，未被认识的客观事物就不可能找出它的特征，也就无法建立起相应的信息结构。

2) 实体集

性质相同的同类实体的集合叫实体集，如教师、学生、课程等。研究实体集的共性是信息世界的基本任务之一。

3) 属性

实体的某一特征称为属性。每个实体都有许多特征，以区别于其它实体。如一本书的主要特征是书名、作者名、出版社、出版年月和定价等；一次会议的主要特征是会议名称、会议时间、会议地点、参加对象和参加人数等。特征是在对客观事物进行深入分析的基础上归纳出来的。属性也称为“型”。实体集中实体具有相同的性质，即指的是具有相同的属性(或相同的型)。

4) 元组

实体的每个属性都有一个确定值，称为属性的值。当某实体有多个属性时，则它们的值就构成一组值，称为元组。实体在信息世界中就是通过元组来表示的。属性的取值有一定的范围，这个范围称为属性域(或值域)。如描述人的年龄属性，可定在1~150的整数范围内；若对于某个具体人的年龄值，可能取值为50。

5) 码

唯一标识实体的属性集称为码，例如学号是学生实体的码。

6) 联系

实体间的“联系”反映了现实世界中客观事物之间的关联。这种联系是复杂的、多种多样的，但归纳起来可分为三类：一对一、一对多和多对多。

(1) 一对一联系(1∶1)。如果对于实体集A中的每一个实体，实体集B中至多有一个(也可以没有)实体与之联系，反之亦然，则称实体集A与实体集B具有一对一联系，记为1∶1。

例如，学校里面，一个班级只有一个正班长，而一个班长只在一个班中任职，则班级与班长之间具有一对一联系。

(2) 一对多联系(1∶n)。如果对于实体集A中的每一个实体，实体集B中有n个实体($n \geqslant 0$)与之联系，反之，对于实体集B中的每一个实体，实体集A中至多只有一个实体与之联系，则称实体集A与实体集B有一对多联系，记为1∶n。

例如，一个班级中有若干名学生，而每名学生只在一个班级中学习，则班级与学生之间具有一对多联系。

(3) 多对多联系(m∶n)。如果对于实体集A中的每一个实体，实体集B中有n个实体($n \geqslant 0$)与之联系，反之，对于实体集B中的每一个实体，实体集A中也有m个实体($m \geqslant 0$)与之联系，则称实体集A与实体集B具有多对多联系，记为m∶n。

例如，一门课程同时有若干个学生选修，而一名学生可以同时选修多门课程，则课程与学生之间具有多对多联系，如图4.5所示。

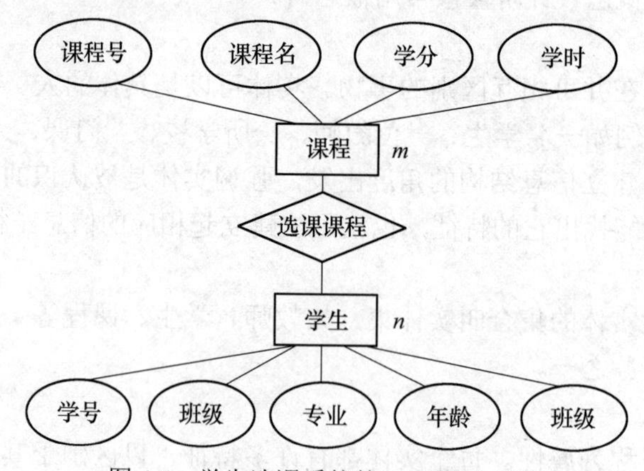

图4.5 学生选课系统的E-R图（m:n）

2. 计算机世界

这一阶段的数据处理是在信息世界对客观事物的描述基础上做进一步抽象，使用的方法为数据模型的方法，这一阶段的数据处理在数据库的设计过程中也称为逻辑设计。

与信息世界常用概念对应，在计算机世界中涉及的基本概念有：

1) 字段

对应与信息世界中的属性，用于标记实体属性的命名单位称为字段，或数据项。字段是数据库中可以命名的最小逻辑数据单位。例如，学生关系有学号、姓名、年龄、性别等字段。

2) 记录

字段的有序集合称为记录。每一个记录对应描述一个实体，因此记录又可以定义为能够完整地描述一个实体的字段集。例如，对应某一教师的属性有姓名、年龄、性别、职称等。

3) 文件

同一类型记录的集合称为文件。文件是用来描述实体集的。例如所有学生记录组成一个学生文件。

4) 关键字

能够唯一标识文件中每个记录的字段或字段集，称为关键字或主码。如在学生实体中的学号可以作为关键字，因为每名学生只有唯一的学号。

计算机世界和信息世界概念的对应关系如表 4.1 所列。

表 4.1 计算机世界和信息世界概念的对应关系表

信息世界	计算机世界
实体	记录
属性	字段
实体集	文件
实体标识符	关键字

3. 三种数据关系模型

在这三种关联关系的基础之上，构成了复杂多样的数据关系模型。在各种数据库管理系统软件中，最常用的模型有层次模型、网状模型、关系模型三种。数据模型用来表示实体和实体之间的联系。常用的数据模型有层次模型、网状模型和关系模型三种。不同数据库管理系统支持不同的数据模型，并按其支持的数据模型分别称为层次数据库、网状数据库和关系数据库。

1) 层次模型

层次模型是数据库中最早出现的数据模型，它用树形结构表示数据之间的联系。这种树由节点和连线组成，节点表示现实世界中的实体集，连线表示实体之间的联系。层次模型的特点是：有且只有一个节点无双亲(上级)节点，此节点叫根节点；其它节点有且只有一个双亲。在层次模型中双亲节点与子女(下级)节点之间的联系只能表示实体与实体之间一对多的对应关系。图 4.6 是层次模型的一个实例，表示的是一个教员学生层次数据模型。

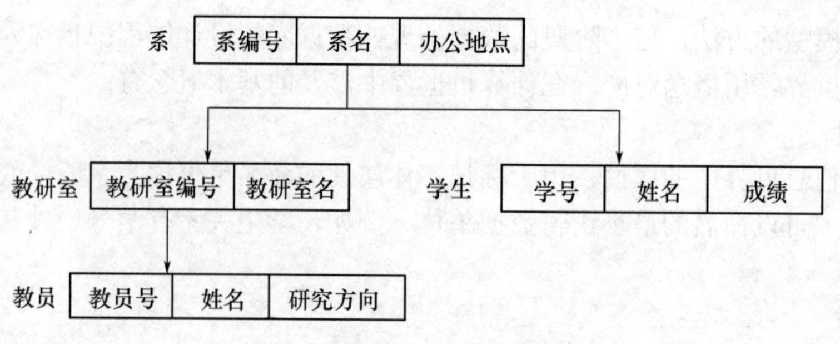

图 4.6　教员学生数据库模型

2) 网状模型

网状模型是一种比层次模型更具普遍性的结构，它去掉了层次模型的两个限制，它允许多个节点没有双亲节点，也允许一个节点可以有多于一个的双亲，还允许两个节点之间有多种联系，因此网状模型更能描述现实世界。图 4.7 是一个学生选课数据关系的网状模型。学生与选课、课程与选课是一对多的联系。

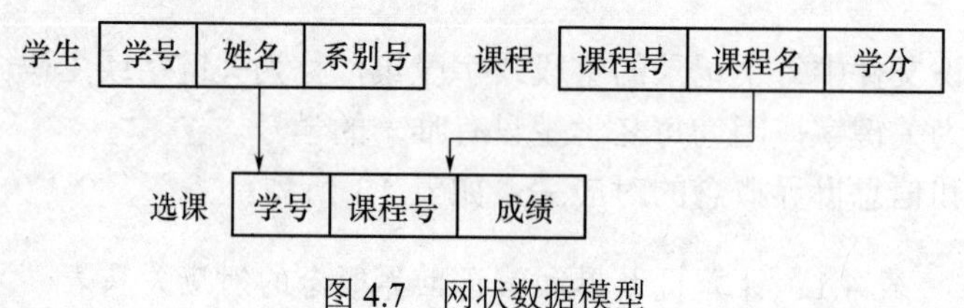

图 4.7　网状数据模型

3) 关系模型

关系模型的基本思想是把事物与事物之间的联系用二维表格的形式来描述。一个关系可以看成一张二维表，表中的每一行是一个记录，在关系模型中称为元组，表中的每一列是一个字段，在关系中称为属性。

(1) 关系模型的特点如下：

① 表格中的每一列都是不可再分的基本属性。

② 各列被指定一个相异的名字。

③ 各行不允许重复。

④ 行、列的次序无关。

例如描述高校学生成绩的数据库中，我们建立了 3 个关系，如表 4.2～表 4.4 所列。各个表之间是通过相同的字段内容联系起来的。

表 4.2　学生

学号	姓名
0005140101	赵甲子
0005140102	钱乙丑
0005140103	孙丙寅
0005140104	李丁卯

表 4.3　课程

课程 ID	课程名称
1	高等数学
2	大学英语
3	军事理论
4	计算机基础
5	体育

表 4.4　成绩

学号	课程 ID	成绩	学号	课程 ID	成绩
0005140101	1	82	0005140103	1	75
0005140101	2	78	0005140103	2	78
0005140101	3	91	0005140103	3	81
0005140101	4	86	0005140103	4	60
0005140101	5	77	0005140103	5	63
0005140102	1	72	0005140104	1	89
0005140102	2	68	0005140104	2	87
0005140102	3	69	0005140104	3	75
0005140102	4	76	0005140104	4	69
0005140102	5	77			

4. 关系模型的优缺点

1) 关系模型的优点：关系模型是建立在严格的数学概念基础上，因而关系数据库管理系统能够用严格的数学理论来描述数据库的组织和操作更为直观地描述现实世界；实体和实体间联系都用关系表示，查询结果也是关系，因此概念单一数据结构简单清晰；具有更高的数据独立性和安全保密性。

2) 关系模型的缺点：查询效率不如关系数据模型；必须通过对用户的查询请求进行优化以提高性能。

关系模型是在 1970 年由 IBM 公司的 E. F. Codd 在其论文"大型共享数据库数据的关系模型"中首先提出的，开创了数据库关系方法和关系数据理论的研究，为关系数据库技术奠定了理论基础。由于 E.F.Codd 的杰出贡献，如图 4.8 所示，他于 1981 年获得 AC 图灵奖。

图 4.8　E. F. Codd

20 世纪 70 年代是关系数据库理论研究和开发原型的时代，其间 IBM 公司推出的 System R，使关系数据库从实验室走向了社会。

关系数据库以其具有严格的数学理论、使用简单灵活、数据独立性强等特点，而被公认为是最有前途的一种数据库管理系统。它的发展十分迅速，目前已成为占据主导地位的数据库管理系统。

自 20 世纪 80 年代以来，计算机厂商作为商品数据库管理系统先后推出 Dbase、FOXBASE、ORACLE、Foxpro、ACCESS 等几乎都是支持关系模型的关系型数据库系统，非关系系统的产品也大都加上了关系接口。

大量的商用关系数据库管理系统的使用，使数据库技术广泛应用到企业管理、情报检索、辅助决策等各个方面成为实现和优化信息系统和应用系统的基本技术。目前 ORACLE 公司的 ORACLE 数据库系统，因齐全的系统功能已成为世界上最畅销的大众数据库系统，得到迅速发展和广泛应用。

4.3.3 数据库系统的组成

数据库系统由 4 个部分组成：硬件系统、系统软件(包括操作系统、数据库管理系统等)、数据库应用系统和各类人员。图 4.9 给出了数据库系统的组成示意图。

1. 硬件系统

由于一般数据库系统数据量很大，加之 DBMS 丰富的强有力的功能使得自身的体积很大，因此整个数据库系统对硬件资源提出了较高的要求，这些要求是：

(1) 有足够大的内存以存放操作系统、DBMS 的核心模块、数据缓冲区和应用程序。

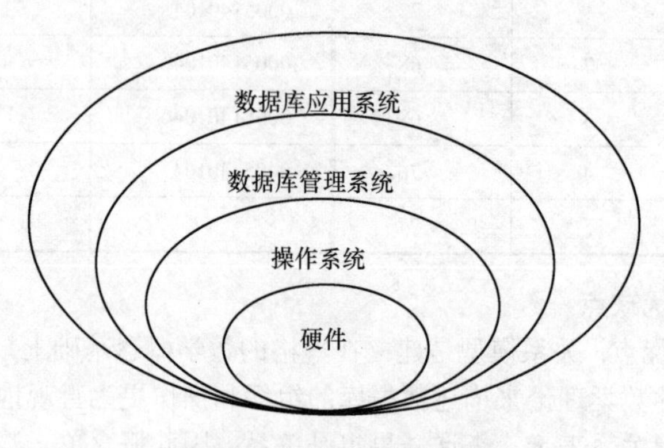

图 4.9 数据库系统的组成

(2) 有足够大的直接存取设备存放数据(如磁盘)，有足够的其它存储设备来进行数据备份。

(3) 要求计算机有较高的数据传输能力，以提高数据传送率。

2. 系统软件

系统软件主要包括操作系统、数据库管理系统、与数据库接口的高级语言及其编译系统，以及以 DBMS 为核心的应用开发工具。

操作系统是计算机系统必不可少的系统软件，也是支持 DBMS 运行必不可少的系统软件。

数据库管理系统是数据库系统不可或缺的系统软件，它提供数据库的建立、使用和维护功能。

一般来讲，数据库管理系统的数据处理能力较弱，所以需要提供与数据库接口的高级语言及其编译系统，以便于开发应用程序。

以 DBMS 为核心的应用开发工具指的是系统为应用开发人员和最终用户提供的高效率、多功能的应用生成器、第四代语言等各种软件工具。

3. 数据库应用系统

数据库应用系统是为特定应用开发的数据库应用软件。数据库管理系统为数据的定义、存储、查询和修改提供支持，而数据库应用系统是对数据库中的数据进行处理和加工的软件，它面向特定应用。基于数据库的各种管理软件都属于数据库应用系统，如管理信息系统、决策支持系统和办公自动化等。

4. 各类人员

参与分析、设计、管理、维护和使用数据库的人员均是数据库系统的组成部分。他们在数据库系统的开发、维护和应用中起着重要的作用。分析、设计、管理和使用数据库系统的人员主要是数据库管理员、系统分析员、应用程序员和最终用户。

1) 数据库管理员(DataBase Administrator，DBA)

数据库是整个企业或组织的数据资源，因此企业或组织应设立专门的数据资源管理机构来管理数据库，数据库管理员则是这个机构的一组人员，负责全面管理和控制数据库系统。具体职责如下：

(1) 决定数据库的数据内容和结构。

(2) 决定数据库的存储结构和存取策略。

(3) 定义数据的安全性要求和完整性约束条件。

(4) 监控数据库的使用和运行。

(5) 数据库的改进和重组。

2) 系统分析员

系统分析员是数据库系统建设期的主要参与人员，负责应用系统的需求分析和规范说明，要和最终用户相结合，确定系统的基本功能，数据库结构和应用程序的设计，以及软硬件的配置，并组织整个系统的开发。

3) 应用程序员

应用程序员根据系统的功能需求负责设计和编写应用系统的程序模块，并参与对程序模块的测试。

4) 最终用户

数据库系统的最终用户是有不同层次的，不同层次的用户其需求的信息以及获得信息的方式也是不同的。一般可将最终用户分为操作层、管理层和决策层。他们通过应用系统的用户接口使用数据库。

4.3.4 数据库设计

1. 数据库设计概述

数据库设计通常具有两个含义，一个是指数据库管理系统的设计，即 DBMS 系统的设计，另一个是指数据库应用系统的设计。我们在这里主要讨论数据库应用系统的设计，即根据具体的应用要求和选定的数据库管理系统来进行数据库设计。

早期的数据库设计，设计者针对用户的信息要求，结合 DBMS 系统的功能，经过分析、选择、综合，建立抽象数据模型，然后使用 DDL 写出模式。由于设计中通常将数据库的逻辑结构、物理结构、存储参数、存取性能一起考虑，所以称为单步设计方法。

这种设计的质量和效率在很大程度上依赖于设计者的经验、知识和水平，设计效率低，不能满足大规模的数据库设计的要求。

从 20 世纪 70 年代起，数据库工作者经过探索和研究，提出了许多数据库的设计方法，借鉴软件工程的原理和方法，将数据库的设计分成几个阶段来进行，每一阶段完成一定的任务。这种设计方法称为多步设计方法。常用的设计方法包括新奥尔良(New

Orleans)方法、规范化方法、基于 ER 模型的方法以及 LRA 方法等。

目前数据库设计方法在经历了由直觉的技艺向各种设计规程和模型化工具的发展过程之后，正在向工程化和自动化方向发展，出现了报表生成器、应用程序生成器等计算机辅助设计工具。

Oracle 公司的 CASE(Computer Aided System Engineering)为数据库设计者提供了一个综合的多窗口、多任务的工作平台，帮助设计者将他们的知识与用户的信息要求和数据处理要求结合起来，方便地把用户的现实世界问题转化为对实际问题的解决。CASE 能对数据库系统的分析、设计和实现都提供辅助，帮助设计者高效地建立高质量的数据库应用系统。

2. 数据库的设计过程

从软件工程的角度，数据库的设计过程可划分为以下几个阶段：

1) 需求分析阶段

这一阶段的工作是数据库设计的基础，它由用户和数据库设计人员来共同完成。数据库设计人员通过调查研究，了解用户业务流程，与用户取得对需求的一致认识，获得用户对所要建立的数据库的信息要求和处理要求的全面描述，从而以需求说明书的形式表达出来。

2) 概念设计阶段

概念设计阶段是在需求分析阶段的基础上进行的，这一阶段通过对收集的信息、数据进行分析、整理，确定实体、属性及它们之间的联系，然后形成描述每个用户的局部信息结构，即定义局部视图(View)。在各个用户的局部视图定义之后，数据库设计者通过对它们的分析和比较，最终形成一个用户易于理解的全局信息结构，即全局视图。

全局视图是对现实世界的一次抽象与模拟，它独立于数据库的逻辑结构以及计算机系统和 DBMS。

3) 逻辑设计阶段

逻辑设计阶段将概念设计所定义的全局视图按照一定的规则转换成特定的 DBMS 所能处理的概念模式，将局部视图转换成外部模式。这一阶段还需处理完整性、一致性、安全性等问题。

4) 物理设计阶段

物理设计阶段的任务是对逻辑设计中所确定的数据模式选取一个最适合的物理存储结构。在这一阶段，要解决数据在介质上如何存放，数据采用什么方法来进行存取和存取路径的选择等问题，因为物理结构的设计直接影响系统的处理效率和系统的开销。

5) 数据库的建立和测试

这一阶段将建立实际的数据库结构、装入数据，完成应用程序的编码和应用程序的装入，完成整个数据库系统的测试，检查整个系统是否达到设计要求，发现和排除可能产生的各种错误，最终产生测试报告和可运行的数据库系统。

6) 数据库的运行和维护

这一阶段将排除数据库系统中残存的隐含错误，并根据用户的要求和系统配置的变化，不断地改进系统性能，必要时进行数据库的再组织和重构，延长数据库系统的使用时间。

4.3.5 数据库的体系结构

1. 三级模式结构

为了更好地描述数据库，实现和保持数据库在数据管理中的优点，提高数据库数据的逻辑独立性和物理独立性，美国 ANSI/X3/SPARC 的数据库管理系统研究小组于 1975 年和 1978 年提出了将数据库结构分为三级模式的标准化建议。这三级模式分别称为外模式(external scheme)、概念模式(conceptual scheme)和内模式(internal scheme)。经过这样划分后的数据库系统结构如图 4.10 所示。下面分别对各部分进行介绍。

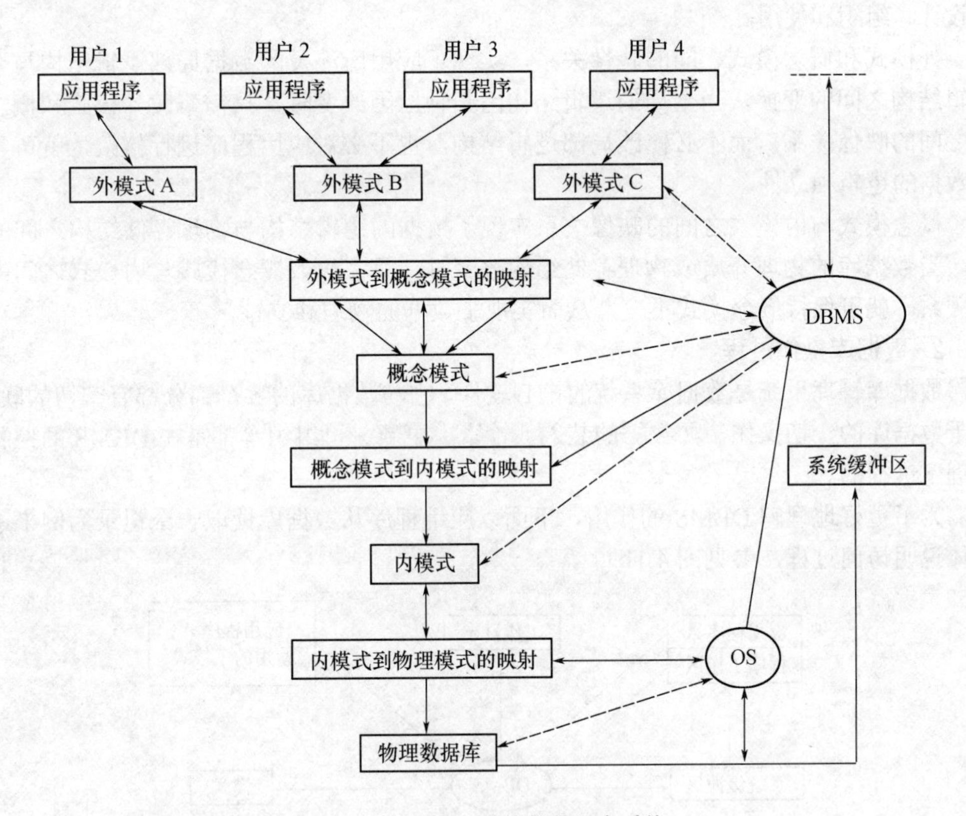

图 4.10 基于三级结构的数据库系统

物理数据库指的是以二进制位流形式存储在磁盘、光盘等大容量物理存储器上的数据集合。物理数据库所使用的物理存储器的容量视系统的不同而不相同，一般都在几十兆字节以上。

内模式亦称存储模式，是对数据库在物理存储器上具体实现的描述。它规定了数据在存储介质上的物理组织方式、记录寻址技术、定义了物理存储块的大小、溢出处理方法等。内模式要解决的问题是如何将各种数据及其之间的联系表示为具有二进制位流形式的物理文件，然后以文件组织起来。

概念模式亦称为模式，它给出了数据库中数据的整体逻辑结构和特性的描述。它除了包含记录型、记录型之间的联系以及数据项的逻辑描述外，还包括了对数据的安全性、完整性等方面的定义。

外模式亦称子模式，它是对数据库中用户所感兴趣的那一部分数据的逻辑结构和特性的描述。它通常是概念模式的一个子集，也可以是整个概念模式。

所有的应用程序都是根据外模式中对数据的描述来编写的。外模式可以共享，即在一个外模式上可以编写多个应用程序，但一个应用程序只能使用一个外模式。不同的外模式之间可以以不同方式相互重叠，即它们可以有公共的数据部分。同时也允许概念模式与外模式之间在数据项的名称、次序等方面互不相同。

数据库的三级模式结构将数据库的物理组织结构与全局逻辑结构和用户的局部逻辑结构相互区别开来，不仅可以实现数据的逻辑独立性和物理独立性，而且也便于数据库的设计、组织和使用。

外模式和概念模式之间的映像关系，实现了应用所涉及的数据局部逻辑结构与全局逻辑结构之间的变换。当全局的逻辑结构因某种原因改变时，只需修改外模式和概念模式之间的映像关系，而不必修改局部逻辑结构，也不必对应用程序进行修改，就可实现了数据的逻辑独立性。

概念模式与内模式之间的映像关系实现了数据的逻辑结构与物理存储结构之间的变换。当数据库的物理介质或物理存储结构改变时，只需修改概念模式与内模式之间的对应关系，就可保持概念模式不变，从而实现了数据的物理独立性。

2. 数据库操作过程

数据库管理系统是数据库系统的核心软件，它与数据库的各个部分都有密切的联系，对于数据库的一切操作，如数据的装入、检索、更新、再组织等都是在 DBMS 的控制和管理下进行的。

为了更好地理解 DBMS 的作用，下面以应用程序从数据库读取一个记录为例来进行具体说明访问过程，参见图 4.11。

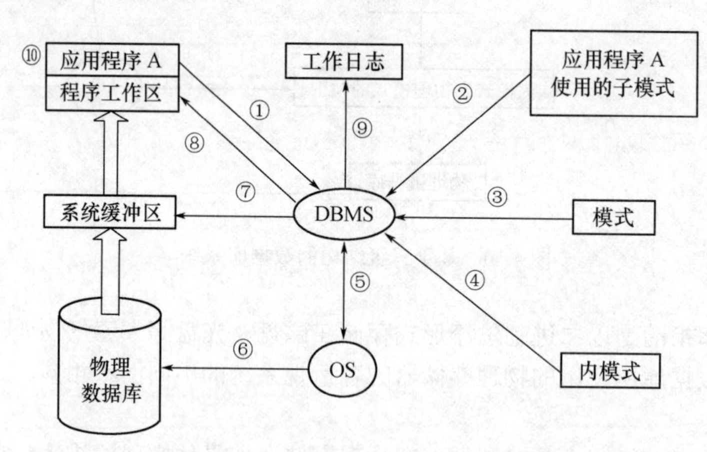

图 4.11　使用 DBMS 为应用程序读取一个记录的操作顺序

(1) 应用程序 A 使用 DML 命令向 DBMS 发出读取一个记录的请求，并提供相应的记录参数，如记录名、关键字值等。

(2) DBMS 根据应用程序 A 对应的子模式信息，核对用户的访问权限、操作是否合法等，若核对结果符合规定，则执行下一步，否则中止执行并给出出错信息。

(3) DBMS 根据子模式和模式之间的映像关系和调用模式，确定该记录在模式上的结构框架。

(4) DBMS 根据模式与存储模式的映像关系和存储模式，确定该记录的物理结构。

(5) DBMS 向 OS 发出读取物理记录命令。

(6) OS 执行 DBMS 发出的命令，从相应的存储设备读出相应的数据，并送入系统缓冲区。

(7) DBMS 收到 OS 的操作结束信息后，按模式和子模式的映像关系将系统缓冲区中的数据装配成应用程序 A 所需要的记录，并送入程序工作区。

(8) DBMS 向应用程序 A 发送反映命令执行情况的状态信息(由状态字描述)，如“执行成功”“数据未找到”等。

(9) 记录系统的工作日志。

(10) 应用程序 A 根据状态信息进行相应的数据处理和输出。

不同的数据库管理系统其操作细节可能存在差异，但其基本过程大体一致。至于其它的数据操作，如写入数据、修改数据、删除数据等，其步骤会增加或变化，但总体是十分类似的。

4.3.6 关系数据库

1. 关系代数

关系代数是一种抽象的查询语言，它是用对关系的运算来表达查询的。任何一种运算都是将一定的运算符作用于一定的运算对象上，得到预期的运算结果。所以运算对象、运算符、运算结果是运算的三大要素。关系代数的运算可分为传统的集合运算和专门的关系运算两类。

其中传统的集合运算将关系看成元组的集合，其运算是从关系的“水平”方向即行的角度来进行。而专门的关系运算不仅涉及行而且涉及列。比较运算符和逻辑运算符是用来辅助专门的关系运算符进行操作的。关系代数的运算对象是关系，运算结果亦为关系。关系代数用到的运算如表 4.5 所列。

表 4.5 关系代数的运算

运算符		含义	运算符		含义
集合运算符	∪ − ∩	并 差 交	专门关系运算符	× σ π |×|	广义笛卡尔积 选择 投影 连接
比较运算符	> ≥ < ≤ = ≠	大于 大于等于 小于 小于等于 等于 不等于	逻辑运算符	¬ ∧ ∨	非 与 或

1) 传统的集合运算

传统的集合运算是二目运算，包括并、差、交、笛卡儿积四种运算。

(1) 并运算。假设有 *n* 元关系 R 和 *n* 元关系 S，它们相应的属性值取自同一个域，则它们的并仍然是一个 *n* 元关系，它由属于关系 R 或属于关系 S 的元组组成，并记为 R∪S。

并运算满足交换律，即 R∪S 与 S∪R 是相等的，如图 4.12 所示。

R

A	B	C
a	b	c
d	e	f
x	y	z

S

A	B	C
x	y	z
w	u	v
m	n	p

R∪S

A	B	C
a	b	c
d	e	f
x	y	z
w	u	v
m	n	p

图 4.12

(2) 差运算。假设有 *n* 元关系 R 和 *n* 元关系 S，它们相应的属性值取自同一个域，则 *n* 元关系 R 和 *n* 元关系 S 的差仍然是一个 *n* 元关系，它由属于关系 R 而不属于关系 S 的元组组成，并记为 R－S。

差运算不满足交换律，即 R－S 与 S－R 是不相等的。如图 4.13 所示。

R

A	B	C
a	b	c
d	e	f
x	y	z

S

A	B	C
x	y	z
w	u	v
m	n	p

R-S

A	B	C
a	b	c
d	e	f

图 4.13

(3) 交运算。假设有 *n* 元关系 R 和 *n* 元关系 S，它们相应的属性值取自同一个域，则它们的交仍然是一个 *n* 元关系，它由属于关系 R 且又属于关系 S 的元组组成，并记为 R∩S。

交运算满足交换律，即 R∩S 与 S∩R 是相等的。如图 4.14 所示。

R

A	B	C
a	b	c
d	e	f
x	y	z

S

A	B	C
x	y	z
w	u	v
m	n	p

R∩S

A	B	C
x	y	z

图 4.14

(4) 笛卡儿积。设有 m 元关系 R 和 n 元关系 S，则 R 与 S 的笛卡儿积记为 R×S，它是一个 $m+n$ 元组的集合（即 $m+n$ 元关系），其中每个元组的前 m 个分量是 R 的一个元组，后 n 个分量是 S 的一个元组。R×S 是所有具备这种条件的元组组成的集合。

在实际进行组合时，可以从 R 的第一个元组开始到最后一个元组，依次与 S 的所有元组组合，最后得到 R×S 的全部元组。R×S 共有 $m \times n$ 个元组。如图 4.15 所示。

R

A	B	C
1	2	3
4	5	6
7	8	9

S

D	E
10	11
12	13

R×S

A	B	C	D	E
1	2	3	10	11
1	2	3	12	13
4	5	6	10	11
4	5	6	12	13
7	8	9	10	11
7	8	9	12	13

图 4.15

2）专门的关系运算

专门的关系运算包括选择、投影、连接等运算。

(1) 选择运算。选择运算是在指定的关系中选取所有满足给定条件的元组，构成一个新的关系，而这个新的关系是原关系的一个子集。选择运算用公式表示为

$$R[g]=\{ r|r\in R \text{ 且 } g(r)\text{为真} \}$$

或

$$\sigma(R)=\{ r|r\in R \text{ 且 } g(r)\text{为真} \}$$

式中：R 是关系名；g 为一个逻辑表达式，取值为真或假。

g 由逻辑运算符∧或 and（与）、∨或 or（或）、¬ 或 not（非）联接各算术比较表达式组成；算术比较符有＝、≠、＞、≥、＜、≤，其运算对象为常量、或者是属性名、或者是简单函数。在后一种表示中，σ 为选择运算符。如图 4.16 所示。

R

S#	SN	SD	C#
S_1	MA	ELE	C_3
S_2	HU	COM	C_1
S_3	LI	MATH	C_2
S_4	CHEN	PHSY	C_1

$R[SD='COM' \wedge C\#='C_1']$

或 $\sigma_{SD='COM' \wedge C\#='C_1'}(R)$

S#	SN	SD	C#
S_2	HU	COM	C_1

图 4.16

(2) 投影运算(在关系的列的方向上进行选择)。投影运算是在给定关系的某些域上进行的运算。通过投影运算可以从一个关系中选择出所需要的属性成分，并且按要求排列成一个新的关系，而新关系的各个属性值来自原关系中相应的属性值。如图 4.17 所示。给定关系 R 在其域列 SN 和 C 上的投影用公式表示为

$$R[SN，C] \text{ 或 } \pi_{SN，C}(R)$$

R

班级 CLA	学号 S#	姓名 SN	所属系 SD	年龄 SA	成绩 MAR
W_1	S_1	MA	PHSY	19	92
W_4	S_2	ZHU	MATH	20	87
W_2	S_5	HU	ELE	20	83
W_3	S_6	QI	COM	19	91
W_1	S_3	ZHOU	ELE	19	95

SNM=R[S#, SN, MAR] 或 SNM= $\pi_{S\#,\ SN,\ MAR}(R)$

S#	SN	MAR
S_1	MA	92
S_2	ZHU	87
S_5	HU	83
S_6	QI	91
S_3	ZHOU	95

图 4.17

(3) 联接运算。联接运算是对两个关系进行的运算，其意义是从两个关系的笛卡儿积中选出满足给定属性间一定条件的那些元组。

设 m 元关系 R 和 n 元关系 S，则 R 和 S 两个关系的联接运算用公式表示为

$$R \underset{[i]\theta[j]}{|\times|} S$$

运算的结果为 $m+n$ 元关系。其中：|×|是联接运算符；θ 为算术比较符；$[i]$与$[j]$分别表示关系 R 中第 i 个属性的属性名和关系 S 中第 j 个属性的属性名，它们之间应具有可比性。这个式子的意思是：在关系 R 和关系 S 的笛卡儿积中，找出关系 R 的第 i 个属性和关系 S 的第 j 个属性之间满足 θ 关系的所有元组。

比较符 θ 有以下三种情况：

当 θ 为"="时，称为等值联接；

当 θ 为"<"时，称为小于联接；

当 θ 为">"时，称为大于联接。

如图 4.18 所示，[3]和[1]分别表示关系 R 中的第三个属性和关系 S 的第一个属性。其中：[3]=[1]是连接运算的条件。

R

销往城市	销售员	产品号	销售量
C1	M1	D1	2000
C2	M2	D2	2500
C3	M3	D1	1500
C4	M4	D2	3000

S

产品号	生产量	订购数
D1	3700	3000
D2	5500	5000
D3	4000	3500

$$R \underset{[3]=[1]}{|\times|} S$$

销往城市	销售员	产品号	销售量	产品号	生产量	订购数
C1	M1	D1	2000	D1	3700	3000
C2	M2	D2	2500	D2	5500	5000
C3	M3	D1	1500	D1	3700	3000
C4	M4	D2	3000	D2	5500	5000

图 4.18

2. 关系数据库标准语言 SQL

有人把 SQL 读作“S-Q-L”，也有人把 SQL 读作“sequel”，需要注意的是，SQL 既不是数据库管理系统，也不是一个应用软件开发语言，它可以作为数据库管理系统或应用软件开发语言的一部分，在用它开发任何一个应用软件时，还都需要用另一种语言来完成屏幕控制、菜单管理和报表生成等功能，因此结构化查询语言 SQL (Sturctured Query Language，SQL)仅是一个标准数据库语言。从对数据库的随机查询到数据库的管理和程序的设计，几乎无所不能，而且书写非常简单，使用方便。

SQL 成为国际标准以后，在数据库以外的其它领域中也开始受到重视。SQL 既可以作为交互式语言独立使用，用做联机终端用户与数据库系统的接口，也可以作为子语言嵌入宿主语言中使用。因此，SQL 在未来的一段相当长的时间内将是关系数据库领域中的一个主流语言，在软件工程、人工智能等领域，也将有很大的潜力。

1) SQL 标准的发展

1970 年，E.F.Codd 首次明确提出关系数据库技术的概念后，在加利福尼亚圣约瑟的 IBM 研究实验室的工作人员承担了 System R 的开发工作，这个项目是论证在数据库管理系统中实现关系模型的可行性。他们使用了一种称为“Sequel”的语言，这种语言也是由圣约瑟的 IBM 研究实验室开发的。该项目从 1974 年开始至 1979 年结束，期间，“Sequel”被重新命名为 SQL。后来，在该项目中所获取的知识被应用到 SQL / DS 的开发，这是 IBM 开发的第一个可商用的关系数据库管理系统。

由于 System R 在所安装的用户那里受到好评，所以其它厂商开始开发使用 SQL 的关系产品，包括来自 Relational Software 公司的 Oracle、Data General Corporation 公司的 DG/SQL，以及 Sybase 公司的 Sybase(1986)。

为了指导 RDBMS 开发，美国国际标准局（ANSI）和国际标准组织（ISO）颁布了一种用于 SQL 关系查询语言(函数和语法)的标准，该标准常称为 SQL / 86，最初是由数据库技术委员会提出的。到了 1989 年又继续对 1986 年的标准进行了扩展，包括了完整性增强特征(Integrity Enhancement Feature，IEF)，通常被称为 SQL / 89。1992 年底，SQL-92 标准颁布，这就是著名的国际标准 ISO / IEC9075：1992，数据库语言 SQL。1994 年和 1996 年 SQL-92 进行了修正，1999 年 7 月，SQL-99 标准颁布。

目前有许多产品支持 SQL，SQL 已经在大型机和个人计算机系统上得到实现，虽然许多 PC 数据库使用一种按例查询（Query-By-Example，QBE）的接口，它们同时也把 SQL 作为可选项。例如，在 Microsoft Access 中，可以在两个接口之间来回切换，按一下按钮，可以把使用 QBE 接口建立起来的查询用 SQL 的形式显示出来，这一特性可以帮助读者学习 SQL 语法。

目前数据库市场正走向成熟，产品进行重大变革的速度减慢，但它们仍将继续基于 SQL。

2) SQL 数据库环境及特点

(1) SQL 数据库环境。图 4.19 是一个简化 SQL 环境，它与 SQL-99 标准是一致的，包括有数据库及访问数据库的 SQL 用户，它基本上是一个三级结构，但有些术语和传统的关系数据库术语描述有所不同。在 SQL 中，关系模式被称为“基本表”，内模式称为“存储文件”，外模式称为“视图”，元组称为“行”，属性称为“列”。

① 一个 SQL 数据库是表(table)的汇集，它用一个或若干个 SQL 模式定义。

② 一个 SQL 表由行集构成，一行(row)是列(column)的序列，每列对应一个数据项。

③ 一个表是一个基本表(basetable)，或者是一个视图(view)。基本表是实际存储在数据库中的表；而视图由若干个基本表或其它视图构成，它的数据是基于基本表的数据，不实际存储在数据库中，因此它是一个虚表。

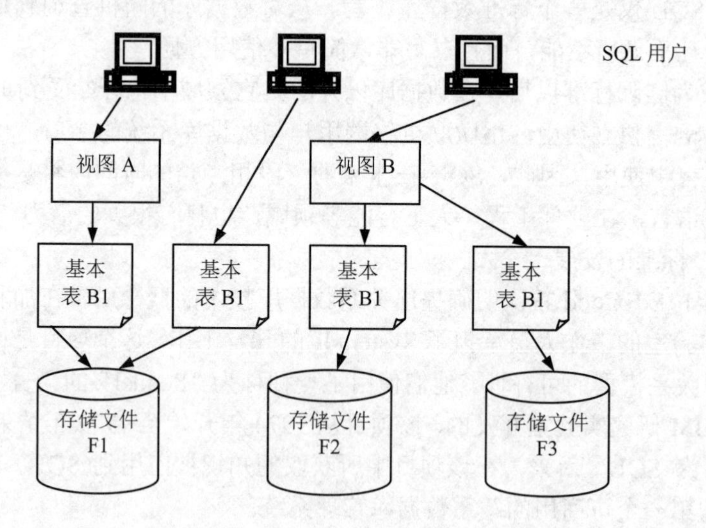

图 4.19 简化的 SQL 环境

④ 一个基本表可以跨一个或多个存储文件，而一个存储文件可以存放一个或多个基本表。每个存储文件和外部存储器上的一个物理文件对应。

⑤ 用户可以使用 SQL 语句对视图和基本表进行查询等操作。在用户看来，视图和基本表是一样的，都是关系(即表格)。

⑥ SQL 用户可以是应用程序，也可以是最终用户。目前标准 SQL 允许的宿主语言(允许嵌入 SQL 语言的程序语言)有 Fortran、Cobol、Pascal、PL / I 和 C 语言等。SQL 用户也能作为独立的用户接口，供交互环境下的终端用户使用。

(2) SQL 语言的功能及特点。SQL 语言包括三种类型。

① 数据定义语言(Data Definition Language，DDL)。DDL 语言是 SQL 中用来生成、修改、删除数据库基本要素的部分。这些基本要素包括表、窗口、模式、目录等。在工作数据库中，为了保护数据库结构不遭受意外修改，通常只能有一个或几个数据库管理员可以使用 DDL 命令。

② 数据操纵语言(Data Manipulation Language，DML)。DML 是 SQL 中运算数据库的部分，它是对数据库中的数据输入、修改及提取的有力工具。DML 语句读起来像普通的英语句子，非常容易理解。但是它也是非常复杂的，可以包含有复合表达式、条件、判断、子查询等。DML 命令是 SQL 的核心命令，这些命令用来更新、插入、修改和查询数据库中的数据。这些命令可以交互地使用，从而在执行语句后，就能立即得到结果。命令也可以包含在用象 C、C++、COBOL 等高级语言编写的程序中，嵌入式 SQL 命令可以使得程序员对报告产生的时机、界面外观、错误处理和数据安全性施加更多控制。

③ 数据控制语言(Data Control Language，DCL)。DCL 这些命令有助于 DBA 控制数

据库。它们包括这样一些的命令：授予和取消访问数据库或数据库中特定对象的权限，存储和删除对数据库产生影响的事务。SQL 通过限制可以改变数据库的操作来保护包括事件、特权等。

SQL 语言主要有以下几方面的特点：

① 一体化。SQL 语言则集数据定义语言 DDL、数据操纵语言 DML、数据控制语言 DCL 的功能于一体，用 SQL 可以实现数据库生命期内的全部活动。SQL 能完成包括定义关系模式、插入数据建立数据库、查询、更新、维护、数据库重构、数据库安全性控制等一系列操作要求，这就为数据库应用系统的开发提供了良好的环境。用户在数据库系统投入运行后，还可根据需要随时地逐步地修改模式，且并不影响数据库的运行，从而使系统具有良好的可扩展性。

另外，由于关系模型中实体以及实体间的联系均用关系来表示，这种数据结构的单一性带来了数据操纵符的统一性。由于信息仅仅以一种方式表示，因此，所有的操作(如插入、删除等)都只需要一种操作符，从而克服了非关系系统由于信息表示方式的多样性带来的操作复杂性。

② 两种使用方式，统一的语法结构。SQL 有两种使用方式：一种是联机交互使用的方式；另一种是嵌入某种高级程序设计语言(如 FORTRAN，COBOL 等)的程序中，以实现数据库操作。前一种方式下，SQL 为自含式语言，可以独立使用。后一种方式下，SQL 为嵌入语言，它依附于主语言。前一种方式适用于非计算机专业的人员，后一种方式适用于程序员。这两种方式给了用户灵活选择的余地，提供了极大的方便。但是，尽管方式不同，SQL 语言的语法结构是基本一致的，这就大大改善了最终用户和程序设计人员之间的通信。

③ 高度非过程化。在 SQL 中，只要求用户提出目的，而不需要指出如何去实现目的。在两种使用方式中均是如此，用户不必了解存取路径，存取路径的选择和 SQL 语句操作的过程由系统自动完成。

④ 语言简洁，易学易用。尽管 SQL 功能极强又有两种使用方式，但由于巧妙的设计，其语言十分简洁，因此容易学习，便于使用。SQL 完成核心功能一共只用了 8 个动词(其中标准 SQL 是 6 个)。表 4.6 列出了表示 SQL 功能的动词。另外，SQL 的语法非常简单，接近英语的口语。

表 4.6 SQL 功能动词

SQL 功能	动 词
数据库查询	SELECT
数据库定义	CREATE，DROP
数据库操纵	INSERT，UODATE，DELETE
数据库控制	GRANT，REVOKE

3. 关系数据库的安全性和完整性

1) 安全性

目前，关系数据库的安全性不仅成熟，而且已进入实际应用。关系数据库的安全性主要包括 3 个方面：

(1) 用户身份标识和鉴别。用户名和用户口令组成用户身份标识，并由系统进行鉴别，在关系数据库管理系统中，一般通过建立合法用户身份标识表，各用户按照分配到的标识登录数据库系统。

(2) 存储权限控制策略。对于数据库中存放的大量数据，不同的用户可存取的数据各有权限，即使是同一组数据不同的用户读写权限也会不同，而着些存储权限就需要一定的控制策略，在实际关系数据库中，通过授权（GRANT）和回收授权（REVOKE）语句实现。

(3) 数据加密技术。对于诸如军事、财务、政府等使用的机密数据，除了要有上面两方面措施外，还需使用相应的数据加密技术建立可靠的数据通道，保证数据的安全，具体内容可参阅相关书籍。

2) 完整性

关系数据库的完整性是指数据的正确性及相容性，即合法用户对数据的增删改必须符合一定的语义，有时要通过几种完整性约束条件来保证。

基于列的完整性约束，包括静态和动态两种。例如，列类型的定义、取值范围等为静态的，修改列时的触发器等为动态的。基于元组的完整性约束，也包括静态和动态两种。例如，各个列之间的关系等为静态的；修改元组中一个或多个列值时的触发器等为动态的。基于关系的完整性约束，包括静态和动态两种，主要是前面提到过的三个关系完整性条件。例如关系在各个事务中的一致性。

控制完整性一般从三个方面着手，先定义一组完整性约束条件；在用户对数据进行操作时再进行检查；若查出有违背完整性约束条件情况时，立即进行处理。

在具体关系数据库中，一般通过在 DDL 语句中的参数体现。

4.3.7 常用数据库管理系统

1. 桌面数据库

1) Access 关系数据库管理系统

Microsoft Access for Windows 是微软公司推出的面向办公自动化、功能强大的关系数据库管理系统。Access 数据文件的后缀名为.MDB，是 Access 数据库的物理存储方式，是数据库对象的集合。数据库对象包括表(Table)、查询(Query)、窗体(Form)、报表(Report)、数据访问页(Page)、宏(Macro)和模块(Module)。

在任何时刻，Access 2010 可以拥有众多的表、查询、窗体、报表、数据访问页、宏和模块。在 Access 中可以建立和修改、录入表的数据，进行数据查询，编写用户界面，进行报表打印，图 4.20 是 Access 2010 的窗口组成。

2) XBase

XBase 作为个人计算机系统中使用最广泛的小型数据库管理系统，具有方便、廉价、简单易用等优势，并向下兼容 DBase、FoxBase 等早期的数据库管理系统。它有良好的普及性，在小型企业数据库管理与 WWW 结合等方面具有一定优势，但它难以管理大型数据库。目前 XBase 中使用最广泛的当属微软公司的 Visual FoxPro，它同时集成了开发工具以方便建立数据库应用系统。

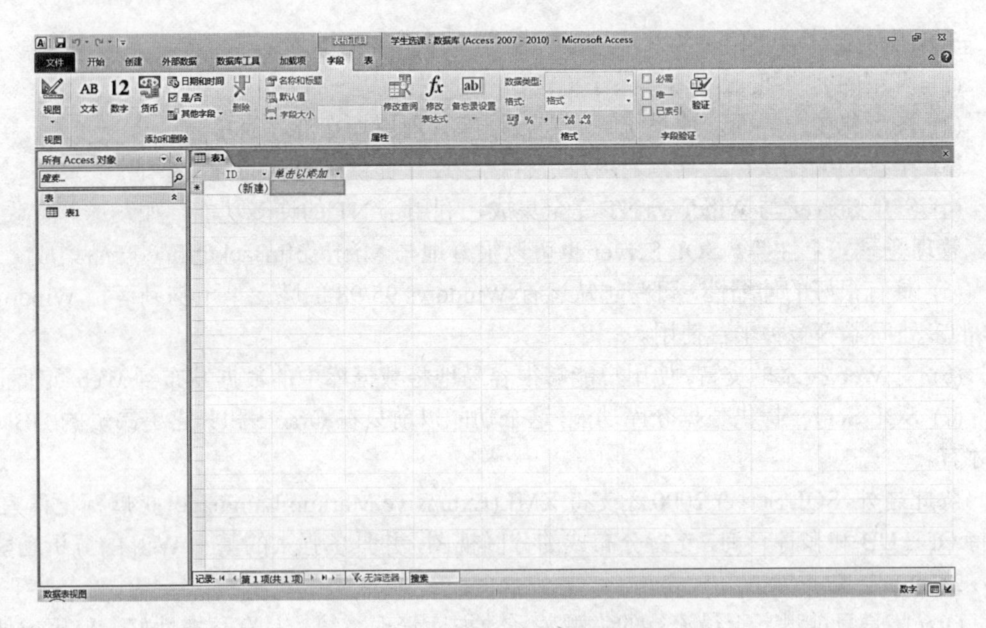

图 4.20　Access 2010 的窗口组成

1998 年 Microsoft Visual Studio 6.0 组件发布，它包括 Visual Basic 6.0、Visual C++ 6.0 和 Visual J++ 6.0 等。而中文版 Visual FoxPro 6.0 的发布，将我国计算机数据库技术推向了一个新阶段。

Visual FoxPro 6.0 中文版的主要特性有：

(1) 用户界面良好，可像 Windows 系统一样操作。

(2) 具有功能强大的面向对象的编程功能。

(3) 可以通过系统提供的各种工具快速创建应用程序。

(4) 数据库的操作更方便灵活。

(5) 可与有些程序实现交互操作。

(6) 与早期的 FoxPro 生成的应用程序兼容。

2. 大型数据库

1) SQL Server 数据库

SQL Server 是微软公司开发和推出的大型关系数据库管理系统(DBMS)，它最初是由 Microsoft、Sybase 和 Ashton-Tate 三家公司共同开发的，并于 1988 年推出了第一个 OS/2 版本。SQL Server 近年来不断更新版本，1996 年，微软公司推出了 SQL Server 6.5 版本；1998 年，SQL Server 7.0 版本和用户见面。

目前 SQL Server 2012 对微软公司来说是一个重要产品。微软公司把自己定位为可用性和大数据领域的领头羊，它推出了许多新的特性和关键的改进，使得它成为至今为止的最强大和最全面的 Microsoft SQL Server 版本。

Microsoft SQL Server 提供了一个查询分析器，目的是编写和测试各种 SQL 语句，同时还提供了企业管理器(图 4.21)，主要供数据库管理员来管理数据库。SQL Server 适合中型企业使用。

Microsoft SQL Server 2012

图 4.21

SQL Server 特点如下：

(1) 真正的客户机/服务器体系结构。

(2) 图形化用户界面，使系统管理和数据库管理更加直观、简单。

(3) 丰富的编程接口工具，为用户进行程序设计提供了更大的选择余地。

(4) SQL Server 与 Windows NT 完全集成，利用了 NT 的许多功能，如发送和接收消息、管理登录安全性等。SQL Server 也可以很好地与 Microsoft BackOffice 产品集成。

(5) 具有很好的伸缩性，可跨越从运行 Windows 95/98 的膝上型电脑到运行 Windows XP 的多处理器等多种平台使用。

(6) 对 Web 技术的支持，使用户能够很容易地将数据库中的数据发布到 Web 页面上。

(7) SQL Server 提供数据仓库功能，这个功能以前只在 Oracle 和其它更昂贵的 DBMS 中才有。

除此之外，SQL Server 2000 还支持 XML(Extensive Markup Language，扩展标记语言)，支持 OLE DB 和多种查询，支持分布式的分区视图，并具备强大的基于 Web 的分析功能。

2) Oracle 数据库

Oracle 是目前世界上最流行的大型关系数据库管理系统，具有移植性好、使用方便、功能齐全、性能强大等特点，适用于各类大、中、小型计算机和专用服务器环境。Oracle 具有许多优点，例如：采用标准的 SQL 结构化查询语言；具有丰富的开发工具；覆盖开发周期的各阶段，数据安全级别为 C2 级(最高级)；支持大型数据库；数据类型支持数字、字符、大至 2GB 的二进制数据；为数据库的面向对象存储提供数据支持。

Oracle 提供了一个叫做 SQL Plus 的命令界面，可以在该窗口中使用 SQL 命令完成对数据库的各种操作，它也可作为查询分析工具使用。Oracle 还提供了一个叫做 DBA Studio 的管理工具，主要供 Oracle 数据库管理员来管理数据库。

Oracle 适合大中型企业使用，在电子政务、电信、证券和银行企业中使用比较广泛。

除 Oracle 和 Microsoft SQL Server 外，还有其它一些大型关系数据库管理系统，如 IBM 公司的 DB2，Sybase 公司的 Sybase 和 Informix 公司的 Informix 等，这些关系数据库管理系统都支持标准的 SQL 语言和微软公司的 ODBC 接口。通过 ODBC 接口，应用程序可以透明地访问这些数据库。

3. 开源数据库

开源数据库是指开放源代码的数据库。Linux 系统下最受程序员喜爱的三种数据库是 MySQL、PostgreSQL 和 Oracle，其中 MySQL、PostgreSQL 就是开源数据库的优秀代表。开源数据库具有速度快、易用性好、支持 SQL 语言、支持各种网络环境、可移植性、开放和价格低廉(甚至免费)等特点。

1) MySQL

MySQL 数据库管理系统是 MySQL 开放式源代码组织提供的小型关系数据库管理系统，可运行在多种操作系统平台上，是一种具有客户机 / 服务器体系结构的分布式数据库管理系统。MySQL 适用于网络环境，可在因特网上共享。由于它追求的是简单、跨平台、零成本和高执行效率，因此它特别适合互联网企业(例如动态网站建设)，许多互联网上的办公和交易系统也采用 MySQL 数据库。其控制台管理器界面如图 4.22 所示。

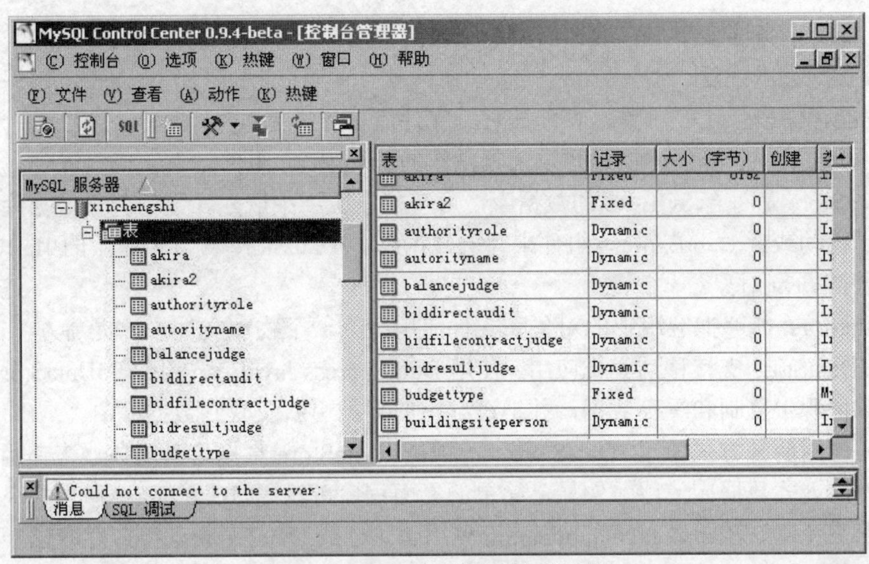

图 4.22　MySQL 的控制台管理器

MySQL 数据库为数据库管理员提供了 WinMySQLAdmin 管理工具，同时还提供了一个命令行管理工具，可以输入 SQL 语句，进行数据库的各种操作。

另外还有一个 phpMySQLAdmin 软件，可以用来实现从 Internet 上管理 MySQL 数据库。

2) PostgreSQL

PostgreSQL 是加州大学伯克利分校计算机系开发的 POSTGRES，现在已经更名为 POSTGRES，版本 4.2 为基础的对象关系型数据库管理系统（ORDBMS）。PostgreSQL 支持大部分 SQL 标准并且提供了许多其他现代特性：复杂查询、外键、触发器、视图、事务完整性、多版本并发控制。同样，PostgreSQL 可以用许多方法扩展，如增加新的数据类型、函数、操作符、聚集函数、索引方法、过程语言。并且，因为许可证的灵活，任何人都可以以任何目的免费使用、修改和分发 PostgreSQL，不管是私用、商用，还是学术研究使用。

PostgreSQL 是一种相对较复杂的对象关系型数据库管理系统，也是目前功能最强大、特性最丰富和最复杂的开源数据库之一，它的某些特性甚至连商业数据库都不具备。PostgreSQL 主要在 UNIX 或 Linux 平台上使用，目前也推出了 Windows 版本。

4. 新型 Java 数据库

伴随着互联网的发展，一种新型程序设计语言 Java 开始流行开来，使用 Java 语言开发的软件项目也越来越多，许多公司都试图在这一领域大显身手，在 Java 盛行的同时，使用 Java 语言编写的面向对象数据库管理系统也应运而生。

JDataStore 是 Borland 公司推出的一个纯 Java 轻量级关系型数据库。相对于庞大的 Oracle、SQL Server 来说，JDataStore 要小得多，而且对系统的要求也要低，可是它的性能并不差。JDataStore 包括如下一些特性：

(1) 支持 JDBC 和 DataEXPRess 接口。

(2) 零治理（Zero-Administration）嵌入式关系型数据库。

(3) 支持事务性多用户存取。

(4) 支持灾难恢复。

(5) 能存储串行化的对象、表和其它的文件流。

(6) 提供了一些能被可视化开发工具操作的 Java Bean 组件。

JDataStore 是符合 SQL-92 的数据库，可直接在应用中嵌入，无需外部数据库引擎。通常通过驱动或者 DataExpress 组件来存取数据库。JDataStore 支持大多数的 JDBC 数据类型，包括 Java 对象。

JDataStore 能够把应用中的对象和文件流串行为一个物理文件，以提高方便性和移动性。 JDataStore 支持移动脱机应用。使用 DataExpress JavaBean 组件，JDataStore 能异步地从数据源中复制和缓存数据，并把缓存中的数据更新反映到数据库中。

通常使用两种方式使用 JDataStore，一种是 JDataStore 直接作为服务器来使用，另一种是作为嵌入式数据库使用。例如，简单的桌面程序可以用 JDataStore 作为一个嵌入式的数据库来使用。客户端 Java application 使用 JDBC 或 DataExpress 接口存取位于本地的数据库文件，如 PDA 中的字典软件、小型的记录系统等。

5. 国产数据库

据中国软件评测中心对国内外数据库的调查结果显示，以 OpenBASE 等为代表的国产数据库除了具有自主版权外，在技术方面也已经接近国外先进水平。国产数据库有价格低和实施周期短等优势。相信国产数据库会在各种应用领域的使用越来越广泛。目前，已经获得实际应用的国产数据库主要包括：

(1) 东软集团有限公司开发的 OpenBASE。

(2) 九江华易软件有限公司开发的华易数据库管理系统 HYSQL。

(3) 人大金仓公司开发的 Kingbase ES 金鼎数据库管理系统。

(4) 武汉华工达梦数据库有限公司承担研制的数据库管理系统 DM3。

(5) 北京国信贝斯软件有限公司推出的 iBASE 数据库。

下面着重介绍其中的佼佼者——东软 OpenBASE。

OpenBASE 是东软集团有限公司研制开发的我国第一个具有自主知识产权的商品化的大型数据库管理系统。经过 10 多年的发展和完善，已经形成了一个以通用关系数据库管理系统为核心，面向各个应用领域的产品系列。OpenBASE 主要包括 OpenBASE 多媒体数据库管理系统、OpenBASE Web 应用服务器、OpenBASE Mini 嵌入式数据库管理系统、OpenBASE Secure 安全数据库系统等产品。所有的这些产品涵盖了企业应用、Internet/Intranet、移动计算等不同的应用领域，具有不同的应用模式，形成了 OpenBASE 面向各种应用的、全面的解决方案。多媒体数据库管理系统是 OpenBASE 产品系列的核心和基础，其它的产品都是在其基础上根据各自应用领域的不同特点发展、演变而成的。OpenBASE 是 863 数据库重大专项重点支持的国产数据库，并且在 2003 年进行的国产数据库公开评测中取得了第一名的好成绩。

OpenBASE 的研发紧紧围绕“大而易”的目标和定位，“大”就是大型通用，“易”就是易使用、易管理、易移植。围绕“大而易”的目标，OpenBASE 在数据量、性能、可靠性、可扩展性、安全性、易用性、兼容性等方面取得了可喜的突破。

OpenBASE 广泛应用于教育、医疗、政府、制造企业、税务、公检法、电力、房地产、网络安全、电子商务、文档管理等众多行业领域，拥有包括本溪钢铁集团总医院、烟台信息产业局、中国医大附属二院、山东省科技厅、四川省制造业信息化生产力促进中心在内的 3000 多家客户。国内第一个全国产化的电子政务系统——山东省烟台市政务信息资源管理系统就采用了 OpenBASE 作为大型数据库管理系统。

4.3.8 数据库的发展

1. 数据库技术的三个发展阶段

数据模型是数据库系统的核心和基础，数据模型的发展经历了格式化数据模型(包括层次数据模型和网状数据模型)、关系数据模型以及面向对象的数据模型。按照数据模型的进展，数据库技术相应地分成三个发展阶段。

第一代数据库指层次和网状数据库系统，层次数据库系统的数据模型为层次模型，网状数据库系统的数据模型为网状模型，但实质上层次模型是网状模型的特例，都是格式化模型，它们从体系结构、数据库语言到数据库存储管理均具有共同的特征。其代表有：IBM 公司 1969 年研制的层次模型的数据库管理系统 IMS；美国数据库系统语言协商会 CODASYL 下属的数据库任务组 DBTG 对数据库方法进行了系统的研究，提出了若干报告，称为 DBTG 报告，该报告基于网状结构，是网状模型的典型代表。第一代数据库奠定了数据库发展的基础，推动了数据库概念、方法及技术的研究。

第二代数据库指关系数据库系统，支持关系数据模型。关系模型建立在严格的数学概念基础上，以关系代数为基础，概念简单、清晰，实体与实体之间的联系都用关系来表示，数据独立性强，易于用户的理解和使用。关系模型概括地讲是由数据结构、关系操作、数据完整性等三部分组成，自问世以来，在实际的商品数据库中得到了广泛的应用。同时在这一阶段，由于进行了大量高层次的研究和开发，取得了许多非常重要的成果，主要有：

(1) 奠定了关系模型的理论基础，给出了关系模型的规范化说明。

(2) 研究了关系数据语言，包括关系代数、关系演算、SQL 语言等。

(3) 研制了大量 RDBMS 的原型，解决了系统实现中查询优化、并发控制、故障恢复等关键技术问题。

第三代数据库是指新一代数据库，这些新的数据库系统无论它是基于扩展关系数据模型的还是基于面向对象模型的；是分布式、客户/服务器或混合式体系结构的；是在 SMP 还是在 MPP 并行机上运行的并行数据库系统；是用于某一领域的工程数据库、统计数据库、空间数据库等，都可以广泛地称为新一代数据库。

新一代的数据库系统应支持数据管理、对象管理和知识管理，必须保持或者继承第二代数据库已有的技术，同时还应对其它系统开放，这种开放性体现在：支持数据库语言标准；在网络上支持标准网络协议等。

2. 传统数据库存在的不足

数据库系统在过去几十年时间中经历了第一代(层次数据库和网状数据库)和第二代(关系数据库)两个发展阶段，在各行各业得到广泛应用。它的主要成就是数据模型的建立和有关数据库的理论基础研究。尤其是建立在牢固的关系数学基础上的关系模型和语言，为用户提供了建模、查询和操作数据库的命令和语言，同时数据库应用开发工具也取得了长足的发展和进步。

近年来，随着MIS(管理信息系统)应用领域的扩大，数据库在办公自动化、计算机辅助设计与制造(CAD / CAM)、计算机集成制造(CIM)、医学辅助诊断(MAD)、地理信息系统、知识库系统等方面得到应用，这些新的应用领域为数据库应用开辟了新的天地，另一方面在应用中提出的一些新的数据管理的需求也直接推动了数据库技术的研究与发展。正是新的应用领域的驱动，推动了数据库的进步，同样也促进了传统数据库的提高和发展。当然也就暴露出传统数据库的局限性。

传统数据库的局限性主要表现在以下几个方面：

(1) 面向机器的语法数据模型，强调数据的高度结构化。

(2) 数据类型简单、固定。

(3) 结构与行为分离。

(4) 数据操纵语言与通用程序设计语言失配。

(5) 被动响应用户的要求。

(6) 存储、管理的对象有限，缺乏知识管理和对象管理的能力。

(7) 事务处理能力较差。

面对数据库应用领域的不断扩展和用户要求的多样化，传统的数据库系统遇到严峻的挑战，正是这些缺陷决定了当前数据库的研究方向，新一代数据库应运而生。

3. 数据库技术的发展研究方向

1) 面向对象的数据库技术

面向对象的数据库系统，采用面向对象的数据模型。面向对象技术中描述对象及其属性的方法与关系数据库中的关系描述非常一致，它能精确地处理现实世界中复杂的目标对象。面向对象中属性的继承性可以实现在对象中共享数据和操作。在面向对象的数据库系统中把程序和方法也作为对象由面向对象数据库管理系统统一管理。这样使得数据库中的程序和数据能真正共享。任何被开发的应用程序都作为对象目标库的一部分，被用户及开发者共享，这样就大大缩短了数据库和应用程序之间的距离，降低了应用系统开发费用，提高了系统的可靠性。

2) 数据库技术与多学科技术的有机结合

数据库技术与多学科技术的有机结合是当前数据库技术发展的重要特征。计算机领域中其它新兴技术的发展对数据库技术产生了重大影响。传统的数据库技术和其它计算机技术的互相结合、互相渗透，使数据库中新的技术内容层出不穷。数据库的许多概念、技术内容、应用领域，甚至某些原理，都有了重大的发展和变化。如数据库技术与分布处理技术相结合，出现了分布式数据库系统；数据库技术与并行处理技术相结合，出现了并行数据库系统；数据库技术与人工智能技术相结合，出现了知识库系统和主动数据库系统；数据库技术与多媒体技术相结合，出现了多媒体数据库系统；数据库技术与模糊技术相结合，出现了模糊数据库系统等。它们共同构成了数据库系统大家族。

3) 面向应用领域的数据库技术的研究

为了适应数据库应用多元化的要求，在传统数据库基础上，结合各个应用领域的特点，研究适合该应用领域的数据库技术，如数据仓库、工程数据库、统计数据库、科学数据库、空间数据库、地理数据库等，这是当前数据库技术发展的又一重要特征。

研究和开发面向特定应用领域的数据库系统的基本方法是以传统数据库技术为基础，针对某一领域的数据对象的特点，建立特定的数据模型，它们有的是关系模型的扩展和修改，有的是具有某些面向对象特征的数据模型。

4.4 软件工程

在计算机发展早期，软件开发过程没有统一的、公认的方法或指导规范。参加人员各行其事，程序设计被看做纯粹个人行为。从 20 世纪 60 年代末以来，随着计算机应用的普及和深化，计算机软件以惊人速度急剧膨胀，规模越来越大，复杂程度越来越高，牵涉的人员越来越多，使大型软件的生产出现了很大的困难，即出现了软件危机。它的主要表现是：

(1) 软件需求增长得不到满足。

(2) 成本增长难以控制，价格极高。

(3) 软件开发进度难以控制，周期拖得很长。

(4) 软件质量难以保证。

(5) 软件的可维护性差。

软件工程正是在这个时期为了解决这种“软件危机”而提出来的。“软件工程”这个词第一次正式提出是在 1968 年北约组织的一次学术讨论会上，主要思想是按工程化的原则和方法来组织和规范软件开发过程，解决软件研制中面临的困难和混乱，从而根本上解决软件危机。因此，所谓软件工程，就是研究大规模程序设计的方法、工具和管理的一门工程科学。要求采用工程的概念、原理、技术和方法来开发和维护软件，把经过时间考验而证明正确的管理技术和当前能够得到的最好的技术方法结合起来。在软件研制开发过程中，若能严格遵循软件工程的方法论，便可提高软件开发的成功率，减少开发及维护中的问题。最终达到在合理的时间、成本等资源的约束下，生产出高质量的软件产品的目的。

4.4.1 软件工程研究内容

软件工程是计算机领域的一个较大的研究方向，其内容十分丰富，包括理论、结构、方法、工具、环境、管理、经济、规范等，如图 4.23 所示。

软件开发技术包括软件开发方法、软件开发工具和软件开发环境，良好的软件工具可促进方法的进步，而先进的软件开发方法能改进工具，软件工具集成软件开发环境。软件开发方法、工具和环境是相互作用的。

软件工具一般是指为了支持软件人员开发和维护活动而使用的软件。如项目估算工具、需求分析工具、设计工具、编码工具、测试工具和维护工具等。

使用了软件工具后，可大大提高软件生产率。机械工具可以放大人类的体力，软件工具可以放大人类的智力。

软件开发环境是指全面支持软件开发全过程的软件工具集合。

软件工程管理技术是实现开发质量的保证。软件工程管理包括软件开发管理和软件经济管理。

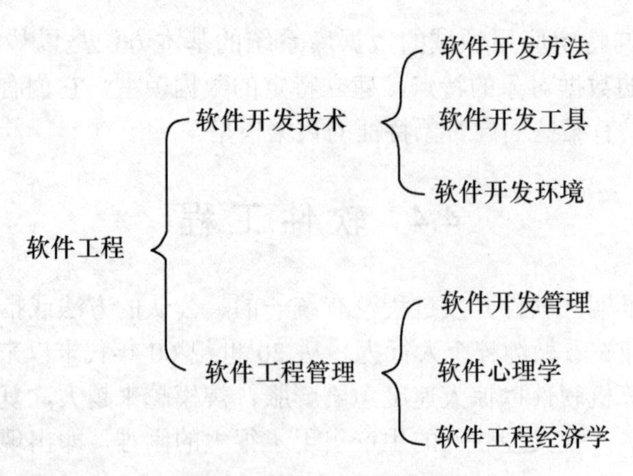

图 4.23　软件工程内容研究

软件开发管理包括软件制定开发规划、人员组成、制定计划、确定软件标准与配置。

软件经济管理主要指成本估算、效益评估、风险分析、投资回收计划、质量评价等。

软件工程学的最终目的是研究如何以较少的投入获得易维护、易理解、可靠性高的软件产品。所以软件工程学就必须研究软件结构、软件设计与开发方法、软件的维护方法、软件工具与开发环境、软件工程的标准与规范、软件工程经济学以及软件开发技术与管理技术的相关理论。

软件开发过程是开发人员的活动，因此，开发人员的热情、情绪等心理因素显然会对软件的开发过程产生影响，所以现在对开发人员的心理活动的研究也非常重视。

由软件工程的内容可知，软件工程涉及计算机科学、工程科学、管理科学、心理学、经济学和数学等领域，是一门综合性的交叉学科。正因为软件工程涉及内容较多，所以我们将主要从软件开发过程的角度做简单介绍。

4.4.2　软件工程的基本原则

1. 软件的生存周期

软件生存周期由软件定义、软件开发和运行维护三个时期组成，每个时期又可进一步划分成若干个阶段。

软件定义时期的工作：一是问题定义，这也是软件生存期的第一个阶段，主要任务是弄清用户要计算机解决的问题是什么；二是可行性研究，其任务是为前一阶段提出的问题寻求一种或数种在技术上可行、且在经济上有较高效益的解决方案。

软件开发时期一般有 5 个阶段，包括：

(1) 需求分析。弄清用户对软件系统的全部需求，主要是确定目标系统必须具备哪些功能。

(2) 总体设计。设计软件的结构，即确定程序由哪些模块组成以及模块间的关系。

(3) 详细设计。针对单个模块的设计。

(4) 编码。按照选定的语言，把模块的过程性描述翻译为源程序。

(5) 测试。通过各种类型的测试使软件达到预定的要求。

软件运行维护时期是软件生存周期的最后一个时期。软件人员在这一时期的工作，主要是做好软件维护。维护的目的是使软件在整个生存周期内保证满足用户的需求和延长软件的使用寿命。

为了保证软件项目取得成功，首要的任务是制定一些必要的计划，如项目实施总计划、软件配置管理计划、软件质量保证计划、测试计划、系统安装计划、运行和维护管理计划等，这些计划要面向开发过程的各个阶段。参与各阶段工作的技术人员必须严格按计划行事。如要修改计划，也必须按照严格的手续进行。

2. 编制软件文档

文档编写与管理是软件开发过程的一个重要工作，对软件工程来说具有非常重要的意义。它是软件开发人员、管理人员、维护人员以及用户之间的桥梁。因此，为了实现对软件开发过程的管理，在开发工作的每一阶段，都需按照规定的格式编写完整精确的文档资料。文档应满足下列要求：

(1) 必须描述如何使用这个系统，即向用户提供用户使用手册。

(2) 必须描述怎样安装和管理这个系统。

(3) 必须描述系统需求和设计，即提供软件需求说明书、总体设计说明书、详细设计说明书等文档，以便协调各个阶段的工作。

(4) 必须描述系统安装和测试，以便将来的维护。

(5) 向未来用户介绍软件的功能和能力，使之能判断该软件能否适合使用者的需要。

4.4.3 软件开发过程

1. 软件开发过程模型

软件开发模型总体来说有传统的瀑布模型、快速原型模型以及软件重用模型等。

1) 瀑布模型

将软件生存周期的各项活动规定为依照固定顺序连接的若干阶段工作，形如瀑布流水，最终得到软件产品。如图 4.24 所示，图的右边列出了各阶段应提供的文档资料。

瀑布模型规定了各项软件工程活动，包括制定开发计划，进行需求分析和说明，软件设计，程序编码、测试及运行维护，并且规定了它们自上而下、相互衔接的固定次序，如同瀑布流水，逐级下落。

然而软件开发的实践表明，上述各项活动之间并非完全是自上而下，呈线性图式。实际情况是，每项开发活动均处于一个质量环(输入—处理—输出—评审)中。只有当其工作得到确认，才能继续进行下一项活动，这在图 4.24 中用向下的箭头表示；否则返工，在图 4.24 中将对应的向下的箭头改为向上的箭头来表示。

瀑布模型为软件开发提供了一种有效的管理模型。根据这一模型制定开发计划，进行成本预算，组织开发力量，以项目的阶段评审和文档控制为手段有效地对整个开发过程进行指导。

瀑布模型这种模式建立在完备的需求分析的基础上，但实际上由于用户不熟悉信息技术，可能提出非常含糊的需求，而这种需求因为用户与开发者之间存在的文化差异，导致双方对问题的理解产生了差异，这个差异常常表现为开发人员对问题的随意解释。经验还证明，一旦用户开始使用计算机系统，他们对目标系统的理解可能又会发生变化，这显然会使原始需求无效。所以，实际上需求分析在许多情况下是不可能完备和准确的。

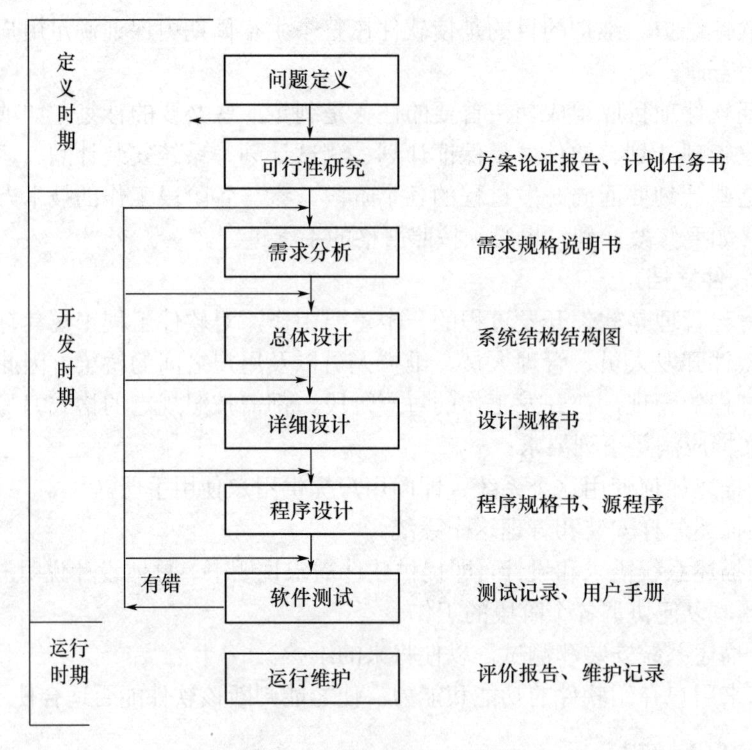

图 4.24 软件开发瀑布模型

瀑布模型是一种整体开发模型，在开发过程中，用户看不见系统是什么样，只有开发完成向用户提交整个系统时，用户才能看到一个完整的系统。

瀑布模型适合于功能和性能明确、完整、无重大变化的软件开发。对于当前的大型软件项目，特别是应用软件项目，在开发前期用户常常对系统只有一个模糊的想法，很难明确确定和表达对系统的全面要求，所以这类软件经过详细的需求定义，尽管可得到一份较好的需求说明，但却很难期望该需求说明能将系统的一切都描述得完整、准确、一致并与实际环境相符，很难通过它在逻辑上推断出系统的运行效果，并以此达到各类人员对系统的共同理解。

作为整体开发的瀑布模型，由于不支持软件产品的演化，对开发过程中的一些很难发现的错误只有在最终产品运行时才能发现，所以最终产品将难以维护。

2) 增量模型

该方法不要求从一开始就有一个完整的软件需求定义。常常是用户自己对软件需求的理解还不甚明确，或者讲不清楚。渐增型开发方法允许从部分需求定义出发，先建立一个不完全的系统，通过测试运行整个系统取得经验和反馈，加深对软件需求的理解，进一步使系统扩充和完善。如此反复进行，直至软件人员和用户对所设计完成的软件系统满意为止。由于渐增型软件开发的过程自始至终都是在软件人员和用户的共同参与下进行的，所以一旦发现正在开发的软件与用户要求不符，就可以立即进行修改。使用这种方法开发出来的软件系统可以很好地满足用户的需求。

在增量模型中，通常把第一次得到的试验性产品称为原型。软件在该模型中是逐渐开发出来的，开发一部分，向用户展示一部分，可让用户及早看到部分软件，及早发现问题。或者先开发一个原型软件，完成部分主要功能，展示给用户并征求意见，然后逐步完善，最终获得满意的软件产品。因此该模型也称为快速原型模型。

该模型具有较大的灵活性，适合于软件需求不明确、设计方案有一定风险的软件项目。开发过程如图 4.25 所示。

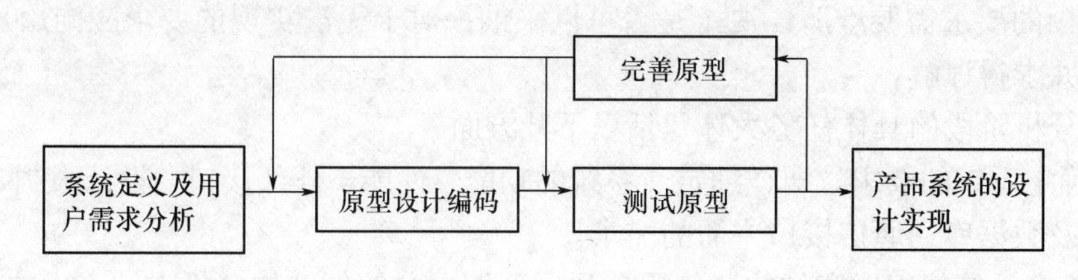

图 4.25 原型开发软件的过程

3) 软件重用模型

这种开发模型旨在开发具有各种一般性功能的软件模块，将它们组成软件重用库，这些模块设计时考虑其适应各种界面的接口规格，可供软件开发时利用。

上面介绍的是目前常见的软件开发模型，但对于一个具体的软件开发过程可能会存在着若干方法的组合与交叉，如将瀑布模型与增量模型结合起来，加入了两种模型均忽略的风险分析，就形成了所谓的螺旋模型。随着软件开发技术的进步，一些新的开发模型与方式也在出现，现有的开发模型也在不断地完善与演变。

2. 软件开发过程

1) 可行性论证

可行性论证是软件生存周期中的第一个阶段，进行论证的目的在于用最小的代价确定新开发系统的系统目标和规模能否实现，系统方案在经济上、技术上和操作上是否可以接受。因此，可行性研究主要集中在如下三个方面：

(1) 经济可行性。这是对经济合理性进行评价，包括对项目进行成本效益分析，比较项目开发的成本与预期将得到的效益。

(2) 技术可行性。对要求的功能、性能以及限制条件进行分析，以确定现有技术能否实现这个系统。

(3) 操作可行性。系统的操作方式在用户所在的组织内是否可行。

可行性论证的结果应写成可行性分析报告，作为使用部门是否继续进行该项工程的依据，并作为软件文档的基础材料。可行性分析报告的内容应该包括以下几个方面：

(1) 背景情况。包括国内外水平、历史现状和市场需求。

(2) 系统描述。包括总体方案和技术路线、课题分解、关键技术、计划目标和阶段目标。

(3) 成本效益分析。即经济可行性，包括经费概算和预期经济效益。

(4) 技术风险评价。即技术可行性，包括技术实力、设备条件和已有工作基础。

(5) 其它与项目有关的问题。如法律问题，确定由于系统开发可能引起的侵权或法律责任等。

2) 需求分析

需求分析是软件开发阶段要做的第一项工作，它的任务是要对可行性论证与开发计划中制定出的系统目标和功能进行进一步的详细论证；对系统环境，包括用户需求、硬件需求、软件需求，进行更深入的分析；对开发计划进一步细化。

需求分析阶段研究的对象是软件产品的用户要求。需要注意的是，必须全面理解用户的各项需求，但又不能全盘接受所有的要求。因为并非所有的用户要求都是合理的。对其中模糊的要求需要澄清，决定是否可以采纳；对于无法实现的要求应向用户做充分的解释，并求得谅解。

需求分析阶段的具体任务大体包括以下几方面。

(1) 确定系统的要求。即详细定义系统的功能、性能、外部接口、设计限制、软硬支撑环境以及数据库、通信接口方面的需求。

(2) 确定系统的组成和结构。使用自顶向下逐层分解的结构分析方法 (SA 方法) 对系统进行分解，以确定系统的组成成分和软件系统的构成。

(3) 分析系统的数据要求。任何一个软件系统本质上都是信息处理系统，系统必须处理的信息和系统应该产生的信息在很大程度上决定了系统的面貌，对软件设计有深远的影响。因此，分析系统的数据要求是软件需求分析的一个重要任务。数据流图(Data Flow Diagram，DFD)和数据词典(Data Dictionary，DD)是描述数据处理过程的有力工具。DFD 从数据传递和加工的角度，以图形的方式描述数据处理系统的工作情况。而数据词典的任务是对 DFD 中出现的所有数据元素给出明确定义，使 DFD 中的数据流名字、加工名字和文件名字具有确切的解释。数据流图和数据字典的密切配合，能清楚表达数据处理的要求。

(4) 编写需求规格说明书。它是需求分析结果的文档形式，是用户和软件开发者对开发的软件系统的共同理解，相当于用户和开发单位之间的一份技术合同。同时也是以后各阶段工作的基础，是对软件系统进行确认和验收的依据。

3) 总体设计

总体设计是在需求分析的基础上进行的工作，是软件开发时期的一个阶段，它的根本目的是设计软件系统的结构。总体设计的主要任务有两个。①设计软件系统结构，也就是要将系统划分成模块，确定每个模块的功能，以及这些模块相互间的调用关系、模块间的接口等。应该把模块组织成良好的层次系统。上层模块调用下层模块，最下层的模块完成最基本、最具体的功能。软件结构一般用层次图或结构图来描述。应用结构化设计方法可从需求分析阶段得到的 DFD 中产生出系统结构图。②设计主要的数据结构，这包括确定主要算法的数据结构、文件结构或数据库模式。尤其是对于需要使用数据库的应用领域，分析员应该对数据库作进一步设计，包括模式、子模式、完整性、安全性设计。总体设计阶段的文档是总体设计说明书。

通常在总体设计时，采用层次图来描述软件的层次结构，它很适合在自顶向下设计软件的过程中使用。此外，还有其它一些图形表达方法，如 Yourdon 结构图等。图 4.26 为层次图的一个实例。

4) 详细设计

如前所述，总体设计阶段确定了软件系统的总体结构，给出了各个组成模块的功能和模块间的接口，是详细设计阶段的基础。因此，详细设计就是在总体设计的基础上，确定应该怎样具体地实现所要求的系统，直到对系统中的每个模块给出足够的、详细的过程描述，从而在编码阶段可以把整个描述直接翻译成用某种程序设计语言书写的程序。详细设计的结果基本上决定了最终的程序代码的质量。

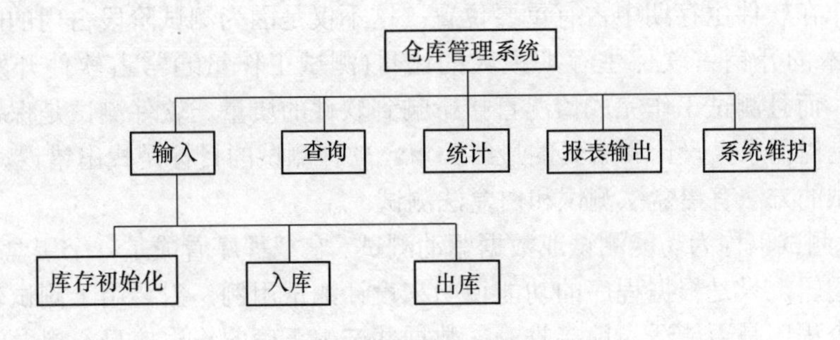

图 4.26 软件结构表示方法

描述程序处理过程的工具称为详细设计的工具，常用的表示工具有程序流程图、盒图(NS 图)、PAD 图、过程设计语言(PDL)等。这在前面已经加以介绍。

5) 软件编码

编码是设计的自然结果，也就是把软件设计的结果翻译成用某种程序设计语言书写的程序。程序的质量主要取决于详细设计的质量。但是，程序设计语言的特性和编码风格也会对程序的可靠性、可读性、可测试性和可维护性产生深远的影响。源程序代码的逻辑简明清晰、易读易懂是好程序的一个重要标准。因此，我们要选用一个合适的程序设计语言。

编写程序时主要应注意以下几个方面。

(1) 程序内部文档。包括恰当的标识符、适当的注释和程序代码的布局等。选取含义鲜明的名字，使它能正确地提示程序对象所代表的实体。如果使用缩写，那么缩写规则应该一致。注释是程序员和程序读者通信的重要手段，正确的注释有助于对程序的理解。程序清单的布局对于程序的可读性也有很大的影响，利用适当的缩进方式可使程序的层次结构清晰明显。

(2) 语句构造。每个语句都应该简单而直接，不能为了提高效率而使程序变得过分复杂；不要为了节省空间而把多个语句写在同一行；应尽量避免对复杂条件的测试，避免大量使用循环嵌套和条件嵌套；利用括号使逻辑表达式或算术表达式的运算次序清晰直观。

(3) 输入输出。在设计和编写程序时应该考虑有关输入输出的规则，对所有输入数据都进行校验，检查输入项和重要组合的合法性：保持输入格式简单；使用数据结束标志，不要求用户指定数据的数目；明确提示交互式输入的请求，详细说明可用的选择和边界值，设计良好的输出报表。

(4) 效率。包括时间效率和空间效率(存储效率)。源程序的效率直接由详细设计阶段确定的算法效率决定，但是，编码风格也能对程序的执行速度和存储效率产生影响。为了提高程序的时间效率，可以考虑在写程序之前先简化算术和逻辑表达式；仔细研究嵌套的循环，以确定是否有语句可以从内层往外移；尽量避免使用指针和复杂的表；使用执行时间短的算术运算；不要混合使用不同的数据类型，尽量使用整数运算和布尔表达式，使用有良好优化特性的编译程序，以自动生成高效的目标代码等。为提高存储效率，可选用有紧缩存储特性的编译程序，在非常必要时，也可以使用汇编语言。

6) 软件测试

测试工作在软件生存期中占有重要位置。这不仅是因为测试阶段占用的时间、花费的人力和成本的开销占软件生存期很大的比重(测试工作量通常占软件开发工作量的40%～50%)，而且测试工作完成情况直接影响到软件的质量。软件测试是保证软件质量的关键，也是对需求、设计和编码的最终评审。软件测试的目标是找出错误。

软件测试的方法有黑盒法测试和白盒法测试。

(1) 黑盒测试也称为功能测试或数据驱动测试。它把程序看成是一个黑盒子，不关心程序内部的逻辑，只是根据程序的功能说明来设计测试用例，主要用于测试软件的外部功能。即检查程序是否能适当地接收输入数据并产生正确的输出信息。黑盒法有以下几种：等价分类法、边界值分析法、因果图法、错误推测法等。

(2) 白盒测试即结构测试，它把程序看成是一个透明的白盒子，也就是完全了解程序的结构和处理过程。这种方法利用程序结构的实现细节来设计测试用例，涉及到程序设计风格、控制方法、源语句、数据库细节、编码细节等，这种方法非常重视测试用例的覆盖率。

7) 软件维护

软件维护是软件交付使用以后对它所做的改变，也是软件生命期的最后一个阶段。如果软件是可测试的、可理解的、可修改的、可移植的、可靠的、有效的和可用的，则说明软件是可维护的。但软件维护的工作量非常大，大型软件的维护成本通常高达开发成本的 4 倍左右。

软件系统维护工作主要包括改正性维护、适应性维护和完善性维护三个方面。

(1) 改正性维护。虽然在软件完成后进行了软件测试，但它不能将软件系统的所有错误和问题都一一检查出来并加以处理，因此仍然存在一些潜在的问题。这些潜在的问题就要由软件维护来解决了。因此维护工作是在软件运行中发生异常或故障时进行的。这种故障常常是由于遇到了从未用过的输入数据组合情况或是与其它软件或硬件的接口出现问题。

(2) 适应性维护。大型软件的开发往往投入了大量的人力物力，使用寿命往往在 10 年以上。在软件系统的使用过程中，为了使该软件能适应外部环境的变动，人们必须对软件系统进行必要的修改。将这种为适应硬件系统和软件系统的变化而对软件系统所做的修改叫适应性维护。

(3) 完善性维护。是为了扩充软件的功能，提高原有软件性能而开展的软件工程活动。例如，用户在使用了一段时间以后，提出了新的要求，希望在已开发的软件基础上加以扩充。

4.5 典型信息系统介绍

近 20 年来，信息技术的应用渗透到各个领域，信息系统在各行业普遍建立和成功应用，开创了社会信息化建设的新局面。本节将介绍几个应用面广、应用意义重大的典型信息系统。

4.5.1 制造业信息系统

自 1960 年开始，发达国家制造企业之间的竞争日趋激烈，先进的技术和方法是企业生存的基本因素。信息技术与企业管理方法和管理手段相结合，产生了各种类型的制造业信息系统。如制造资源计划系统(MRPⅡ)、企业资源计划(ERP)、技术信息系统(CAD、CAPP、CAM)等。

1. 制造资源计划

制造资源计划(Manufacture Requirement Planning Ⅱ，MRPⅡ)是当今国际上一种成功的企业管理理论和方法，它的发展经历了基本 MRP、闭环 MRP 和 MRPⅡ四个阶段。其基本思想就是通过运用科学的管理方法和现代化的工具——计算机，规范企业各项管理，根据市场需求的变化，对企业的各种制造资源和整个生产、经营过程，实行有效组织、协调、控制，在确保企业正常进行生产的基础上，最大限度地降低库存量，缩短生产周期，减少资金占用，降低生产成本，提高企业的投入产出率等，从而提高企业的经济效益和市场竞争能力。MRPⅡ要解决的基本问题是在市场经济条件下，如何通过对企业的集成管理，达到企业内部的高度计划性，从而优化利用企业资源，达到企业经济效益最佳。

MRPⅡ具有以下特点：

(1) MRPⅡ把企业中的各业务子系统有机地组织起来，尤其生产和财务两个子系统关系尤为密切。集成了企业内部各项管理，包括基础数据、制造管理、采购管理、销售管理、财务管理等，形成了一个对生产进行全面管理的一体化的系统，实现了企业物流、信息流、资金流的集成和统一。

(2) MRPⅡ的理论及软件来源于市场经济条件下企业管理的科学总结，并随着市场经济的发展在不断发展。

(3) MRPⅡ具有模拟功能，能根据不同的决策方针模拟出各种将会发生的结果。

(4) MRPⅡ的所有数据来源于一个中央数据库，各个子系统在统一的数据环境下工作，实现了系统各类数据的共享，同时也保证了数据的一致性。

(5) MRPⅡ的生产计划和控制方式为推动式，缺乏拉动式的控制机制。这使得它在产品控制和进度控制中是被动的，显然这是 MRPⅡ的缺点。另外，在计划和控制之间存在着时滞问题。

2. 企业资源计划

企业资源计划(Enterprise Resource Planning，ERP)是新一代制造商业系统 MRPⅡ软件。它包含客户/服务架构、使用图形用户接口、应用开放系统制作。除了已有的标准功能外，还包括其它特性，如质量、过程运作管理以及报告调整等。特别是 ERP 采用的基础技术将同时给用户软件和硬件两方面的独立性，从而更加容易升级。ERP 系统产品应当能满足各行业企业全面信息化管理的需要。ERP 系统软件是按照现代集成制造(CIMS)哲理来开发。成本管理与业务的集成是 ERP 成功的保证。

ERP 具有以下特点：

(1) 扩展性。ERP 系统的管理范围更广阔，功能更深入。它超越 MRPⅡ范围的集成功能，包括质量管理、试验室管理、流程作业管理、配方管理、产品数据管理、维护管理、管制报告和仓库管理等。

(2) 技术先进性。ERP 系统的技术融合 IT 领域的最新成果而日趋先进，网络化计算技术势不可挡。

(3) 灵活性。ERP 系统应具备足够的灵活性，以适应在实施中及实施后业务环境的不断变化。ERP 系统应提供支持这种灵活性的一整套的、并且与 ERP 系统本身一体化的应用工具。

(4) 通用性。ERP 支持混合方式的制造环境。包括既可支持离散又可支持流程的制造环境，并具有用面向对象的业务模型来组合业务过程的能力。

3. 计算机制造系统

计算机制造系统(Computer Integrated Manufacturing System，CIMS)以计算机为基础，利用计算机、网络、数据库技术和现代化管理方法(包括 MRP、MRPⅡ、ERP 等核心应用)综合生产过程中信息流和物流的运动，集市场研究、生产决策、经营管理、设计制造等功能为一体，使企业走向高度集成化、自动化、智能化的生产技术和组织方式，提高生产效率、产品质量、企业应变能力和竞争力。

CIMS 的研究包含了信息系统的主要研究内容，因而也是计算机信息系统的一个主要研究和发展方向，它的目标是对设计、制造、管理实现全盘自动化。

CIMS 技术包含了一个制造业企业的设计、制造和管理三方面的主要功能：

1) 设计

通过计算机辅助设计(Computer Aided Design，CAD)完成产品设计，提供产品的图纸、技术参数，同时建立产品结构数据库、产品的零件数据库等，从而形成一个集成的设计环境。

2) 制造

通过计算机辅助制造(Computer Aided Manufacturing，CAM)与计算机辅助工艺设计(Computer Aided Process Planning，CAPP)，对设计完成的产品进行工艺过程设计、工艺分析，并合理选择工艺参数；按照产品的零件形状及工艺参数等生成生产加工所需的数控加工代码，最后输入加工机床将毛坯加工成合格的零件，并装配成部件直至最终产品。

3) 管理

通过计算机辅助生产管理(Computer Aided Production Management，CAPM)，对生产过程中的信息进行管理，制订不同时间跨度的各类管理计划，同时把技术管理、生产管理、销售管理、财务管理等有机地结合起来，并做好各类计划的合理衔接，使之构成一个和谐的整体。

4.5.2 电子政务

电子政务是指政府机构在其管理和服务职能中运用现代信息技术，实现政府组织结构和工作流程的重组优化，超越时间、空间和部门分隔的制约，建成一个精简、高效、廉洁、公平的政府运作模式。电子政务模型可简单概括为两方面：政府部门内部利用先进的网络信息技术实现办公自动化、管理信息化、决策科学化；政府部门与社会各界利用网络信息平台充分进行信息共享与服务、加强群众监督、提高办事效率及促进政务公开等。因此，政府上网工程与电子政务可谓互为因果，相辅相成，政府上网工程的最终目标正是推动电子政务的实现。

电子政务是一个系统工程，应该符合三个基本条件：

(1) 电子政务是必须借助于电子信息化硬件系统、数字网络技术和相关软件技术的综合服务系统。

(2) 电子政务是处理与政府有关的公开事务，内部事务的综合系统。

(3) 电子政务是新型的、先进的、革命性的政务管理系统，包括进行组织结构的重组和业务流程的再造，与传统政府管理之间有显著的区别。

电子政务的内容非常广泛，国内外也有不同的内容规范，根据国家政府所规划的项目来看，电子政务主要包括这样几个方面：

(1) 政府间的电子政务。指上下级政府、不同地方政府、不同政府部门之间的电子政务，包括电子法规政策系统、电子公文系统、电子司法档案系统、电子财政管理系统、电子办公系统、电子培训系统、业绩评价系统等。

(2) 政府对企业的电子政务。指政府通过电子网络系统进行电子采购与招标，精简管理业务流程，快捷迅速地为企业提供各种信息服务，主要包括电子采购与招标、电子税务、电子证照办理、信息咨询服务、中小企业电子服务等。

(3) 政府对公民的电子政务。指政府通过电子网络系统为公民提供的各种服务，主要包括教育培训服务、就业服务、电子医疗服务、社会保险网络服务、公民信息服务、交通管理服务、公民电子税务、电子证件服务等。

电子政务可以打破时间、空间以及条块分割的制约，加强对政府业务的有效监管，提高政府的运作效率，并为社会公众提供高效、优质、廉洁的一体化管理和服务，具有广阔的前景。

4.5.3 地理信息系统和数字地球

1. 地理信息系统

物质世界中的任何地物都被牢牢地打上了时空的烙印。人们的生产和生活中 80%以上的信息和地理空间位置有关。地理信息系统(Geographic Information System，GIS)作为获取、处理、管理和分析地理空间数据的重要工具、技术和学科，近年来得到了广泛关注和迅猛发展。

从技术和应用的角度，GIS 是解决空间问题的工具、方法和技术；从学科的角度，GIS 是在地理学、地图学、测量学和计算机科学等学科基础上发展起来的一门学科，具有独立的学科体系；从功能上，GIS 具有空间数据的获取、存储、显示、编辑、处理、分析、输出和应用等功能；从系统学的角度，GIS 具有一定结构和功能，是一个完整的系统。

2. 数字城市(Digital City)

地理信息系统应用于城市交通、安全、防火、市政工程、规划、管理、决策等方面，称为城市地理信息系统，又称数字城市。

数字城市可以是一个综合系统，包括用地、建筑、管线(地上和埋地)等，也可以是一个专业应用系统，如城市规划系统等。

数字城市为认识物质城市打开了新的视野，并提供了全新的城市规划、建设和管理的调控手段。例如，城市规划师在有准确坐标、时间和对象属性的五维虚拟城市环境中进行规划、决策和管理，就像走在现实的城市街道上或乘坐直升机观察规划、设计城市空间布置、组合配置城市资源、改善交通系统活动一样。数字城市无疑将为调控城市、预测城市、监管城市提供革命性的手段，对传统方法是一个巨大的挑战。同时，这种手段是一种可持续、适应城市变化的手段，从而为城市可持续发展的改善和调控提供了有力的工具。

事实上，一些发达国家已经开始了智能大厦、数字家庭、数字社区和数字城市建设的实验。如新加坡首先提出了智能城市的设想，并在积极进行中；美国与日本等已分别建成了一批智能化生活小区的示范工程；美国约有 50 个城市正在打算建设数字城市等。数字城市的研究在我国虽然刚起步，但已经出现了很强的发展势头。上海市已率先进行城市骨干 ATM 网的建设，并同时组建 IP 电话系统、电子商务 ICP、电子社区等增值系统、国际远程医疗中心等；深圳、淄博、北海等城市均已初步建成覆盖全市区的 ATM 骨干网络，并正在向数字城市的纵深方向发展。北京的“数字中关村”建设正在积极建设中，届时将打破时间、空间和部门之间的限制，利用网络实现政府内部与外部的数字化桥梁。

3. 数字地球

数字地球(Digital Earth)就是在全球范围内建立一个以空间位置为主线，将信息组织起来的复杂系统，即按照地理坐标整理并构造一个全球的信息模型，描述地球上每一点的全部信息，按地理位置组织、存储起来，并提供有效、方便和直观的检索、分析和显示手段，利用这个系统可以快速、准确、充分和完整地了解及利用地球上各方面的信息。数字地球是遥感、遥测、数据库与地理信息系统、全球定位系统、万维网、仿真与虚拟技术等现代科技的高度综合集成和升华，是当今科技发展的制高点。

在某种意义上，数字地球就是一个全球范围的以地理位置及其相互关系为基础组成的信息框架，并在该框架内嵌入我们所能获得的信息的总称。

可以从两个层次上理解数字地球：

(1) 将地球表面上每一点上的固有信息(即与空间位置直接有关的相对固定的信息，如地形、地貌、植被、建筑、水文等)数字化，按地理坐标组织起一个三维的数字地球，全面、详尽地刻画我们居住的这个星球。

(2) 在此基础上再嵌入所有相关信息(即与空间位置间接有关的相对变动的信息，如人文、经济、政治、军事、科学技术乃至历史等)，组成一个意义更加广泛的多维数字地球，为各种应用目的服务。

4.5.4 远程教育

远程教育的诞生是工业社会技术应用的结果，蒸汽机和铁路的发明极大地扩展了人们活动的地理空间。为了让异地的学生能继续学习，教师自然地想到把学习材料(书籍和教材)通过邮政系统由铁路运输传递到学生手中，这便是最早的远程教育形式——函授教育。从此，每一次新技术在教育媒体和教育传播领域中的应用就产生出一种新型的远程教育形式，从基于印刷、录音录像媒体和无线电广播技术的广播电视教育，到基于模拟视音频及数字化媒体和计算机网络、卫星传输和通信技术的网络教育，再到基于新型移动数字化教育媒体和移动通信网络技术的移动教育，莫不如此。远程教育在教学媒体和技术环境两个方面都表现出愈益丰富、愈加复杂的特点，这种丰富性和复杂性使得远程教育具有了较高的学术研究价值。知识经济社会的来临凸显学习的重要性和远程教育无穷的市场潜力，一大批企业被吸引介入远程教育研究领域，由此带来了远程教育的跨越式发展和远程教育研究的繁荣。

远程教育就是利用计算机及计算机网络进行教学，使得学生和教师可以异地完成教学活动的一种教学模式。一个典型远程教育的内容主要包括课程学习、远程考试和远程讨论等。

远程教育在实践中呈现如下一些基本趋势：教师的角色将逐渐淡化，教师更多地以教育资源的形式或学习帮促者的身份出现；出于教学或社会交往需要而组织的基于传统面对面方式，或现代电子方式的集体会议交流活动将增多；从强调媒体与技术的作用转向注重以技术为基础的教育环境建构和教育资源的建设与利用，这种术语的转变体现了学习者中心理论、建构主义、系统科学和后现代主义等现代教育理念、复杂性科学和哲学思想在远程教育中的渗透；远程教育中不可或缺的重要角色是实施远程教育的组织机构，远程教育中的远程学习具有系统性、严肃性与社会确认性的特点，而一般远程学习则不具有这些特点；教育信息传递的通信机制多样化，单向通信、双向通信、多向通信并存，同步传输与异步传输共现。

4.5.5 远程医疗

远程医疗是指通过计算机技术、通信技术与多媒体技术，同医疗技术相结合，旨在提高诊断与医疗水平、降低医疗开支、满足广大人民群众保健需求的一项全新的医疗服务。目前，远程医疗技术已经从最初的电视监护、电话远程诊断发展到利用高速网络进行数字、图像、话音的综合传输，并且实现了实时的话音和高清晰图像的交流，为现代医学的应用提供了更广阔的发展空间。国外在这一领域的发展已有40多年的历史，而我国只在最近几年才得到重视和发展。

远程医疗技术所要实现的目标主要包括以检查诊断为目的的远程医疗诊断系统、以咨询会诊为目的的远程医疗会诊系统、以教学培训为目的的远程医疗教育系统和以家庭病床为目的的远程病床监护系统。

应用的目的和需求不同，在远程医疗系统中配置的设备和使用的通信网络环境也有所不同。远程医疗诊断系统主要配置各种数字化医疗仪器和相应的通信接口，并且主要在医院内部的局域网上运行。终端用户设备包括电子扫描仪、数字摄像机以及话筒、扬声器等。远程医疗教育系统与医疗会诊系统相似，主要是采用视频会议方式在宽带网上运行。无论哪一种远程医疗系统，计算机和多媒体设备都是必不可少的。

远程医疗的应用范围很广泛，通常可用于放射科、病例科、皮肤科、心脏科、内诊镜以及神经科等多种病例。远程医疗技术的应用十分广泛，因此决定这项技术具有巨大的发展空间。

美国联航正投入试验运行的远程医疗系统，提供了全方位的生命信号检测，包括心脏、血压、呼吸等。在飞行过程中，可通过移动通信系统及时得到全球各地的医疗支持。由马里兰大学开发的战地远程医疗系统，由战地医生、通信设备车、卫星通信网、野战医院和医疗中心组成。每个士兵都配戴一只医疗手环，它能测试出士兵的血压和心率等参数。另外还装有一只 GPS 定位仪，当士兵受了伤，可以帮助医生很快找到他，并通过远程医疗系统得到诊断和治疗。

在我国一些有条件的医院和医科院校也已经开展了这方面工作，如上海医科大学金山医院在网上公布了远程医疗会诊专家名单。西安医科大学在美国“亚洲之桥”资助下成立了远程医疗中心。最近，在贵阳市成立了西南第一家远程医疗中心——中国金卫贵阳远程医疗会诊中心。

远程医疗可以使身处偏僻地区和没有良好医疗条件的患者获得良好的诊断和治疗，如农村、山区、野外勘测地、空中、海上、战场等，也可以使医学专家同时对在不同空间位置的患者进行会诊。

4.5.6 数字图书馆

随着信息技术的发展，需要存储和传播的信息量越来越大，信息的种类和形式越来越丰富，传统图书馆的机制显然不能满足这些需要。因此，人们提出了数字图书馆(Digital Library，D-Lib)的设想。数字图书馆是一个电子化信息的仓储，能够存储大量各种形式的信息，用户可以通过网络方便地访问它，以获得这些信息，并且其信息存储和用户访问不受地域限制。

数字图书馆是将包括多媒体在内的各种信息的数据化、存储管理、查询和发布集成在一起，使这些信息得以在网络上传播，从而最大限度地利用这些信息。数字图书馆利用多媒体数据库技术、超媒体技术，针对数字化书馆中各种媒体的特性，在图像检索、视频点播和文献资料提取等方面提出了一套有效可行的管理检索方案。在当今电子商业、环球市场、虚拟机构日趋普及的年代数字图书馆作为一套完善的媒体资产管理系统，无疑创造了一个安全稳妥的环境，方便共享和销售数字资料。

因此，数字图书馆是一种拥有多种媒体、内容丰富的数字化信息资源，是一种能为读者方便、快捷地提供信息的服务机制。

目前，世界各发达国家都投入了大量的资源，加紧建设数字图书馆。例如，美国国家自然科学基金投资 1 亿美元建设的 NSF / A8PA / NASA 数字图书馆将涵盖大规模的文献库、空间影院库、地理图源、声像资源库，美国还投资 3000 万美元建设美国数字图书馆联盟项目，重点是美国历史与文化成就信息。这些情况都表明，发达国家都把数字图书馆的建设作为未来社会文化建设的一个重要内容，加以高度重视。

我国有关方面也正在积极筹备和启动数字图书馆工作，一些科研院所和高校正在抓紧进行数字图书馆有关关键技术的研究，同时，一些图书馆也开始进行试验。由 IBM 公司倡议的亚太地区第一个数字图书馆论坛已经在北京成立，包括北京大学、清华大学、中国国家图书馆在内的来自中国、韩国、日本的 17 所大学、图书馆和博物馆成为论坛的发起成员。亚太数字图书馆论坛是一个非赢利的机构，其宗旨是推动和促进数字图书馆的技术和标准在亚太地区的大学、博物馆和其它文化收藏机构中的应用。论坛将与有关的国际标准化组织一道联合制定与数字化、存储和通过因特网获取多媒体信息等相关的统一标准。论坛还将致力于会员间以及它们与世界其它数字化文化收藏机构的相互连接。

习 题

1. 什么是数据库、数据库管理系统和数据库系统？你用过的数据库管理系统有哪些？各有什么特点？

2. 简述数据库管理系统的特点。

3. 请说明以下名词的正确含义：

实体　　实体集　　属性　　元组　　码　　一对一联系
一对多联系　　多对多联系　　层次模型　　网状模型　　关系模型

4. 综述数据库技术在各行各业的应用。

5. 什么是软件危机？什么是软件工程？

6. 在软件开发过程中，为什么强调文档编写？

7. 软件的生存周期是如何划分的？简述各阶段的主要任务。

8. 什么是黑盒测试和白盒测试？各有什么特点？软件测试的目标是什么？

9. 软件维护的主要工作包括哪几个方面？你认为在软件开发过程中应采取什么措施才能提高软件产品的可维护性？

10. 什么是电子商务和电子政务？如何对电子商务进行分类？

11. 列举 3 个你所熟悉的信息系统，说明它们的作用、特点。

第5章　计算机网络

计算机网络涉及到通信与计算机两个领域，是计算机技术与通信技术相结合的产物。一方面，通信技术为计算机之间的数据传递和交换提供必要手段；另一方面，数字计算技术的发展渗透到通信技术中，又提高了通信网络的各种性能。

计算机网络的诞生使计算机体系结构发生了巨大变化，在当今社会经济中起着非常重要的作用，并对人类社会的进步做出了巨大贡献。现在，计算机网络已经成为人们社会生活中不可缺少的一个重要基本组成部分，计算机网络应用已经遍布于各个领域。从某种意义上讲，计算机网络的发展水平不仅反映了一个国家的计算机科学和通信技术的水平，而且已经成为衡量其国力及现代化程度的重要标志之一。

5.1　计算机网络的产生与发展

计算机网络的发展过程是从简单到复杂、从单机到多机、由终端与计算机之间的通信演变到计算机与计算机之间的直接通信的过程。

计算机网络的发展经历了以下几个发展阶段：

1. 第一阶段——面向终端的计算机网络

1954年，收发器终端成功研制，人们利用它将穿孔卡片上的数据从电话线发送到远程计算机进行处理。此后，电传打字机作为远程终端和计算机相连，用户可以在远程的电传打字机上键入自己的程序，而计算机算出的结果又可以从计算机传送到电传打字机打印出来。计算机与通信的结合就这样开始了。这种面向终端的网络的基本模型如图5.1所示。

图5.1　面向终端的计算机网络基本模型

图5.1中的调制解调器(Modem)是实现两种信号转换的设备。其作用就是，在通信前，先把从计算机或远程终端发出的数字信号转换成可以在电话线上传送的模拟信号；通信后再将被转换的信号进行复原。线路控制器(Line Controller，LC)是计算机和远程终端相连时的接口设备。其作用是进行串行和并行传输的转换，以及进行简单的传输差错控制。这是由于计算机内的数据传输是并行传输，而通信线路上的数据传输是串行传输。早期的线路控制器只能和一条通信线路相连，同时也只能适用于某一种传输速率。计算机主

要用于批处理作业。

随着远程终端数量的增多，为了避免一台计算机使用多个线路控制器，为提高通信线路利用率、提高主机效率、减轻负担，在20世纪60年代初，出现了多重线路控制器。它可以和多个远程终端相连接。

这时的计算机既要管理数据通信，又要对数据进行加工处理，因而负担很重。为了解决单机系统既承担通信工作又承担处理数据工作造成负担过重的问题，后来在计算机和终端之间，引入了前端处理机(Front End Processor，FEP)，专门负责通信控制工作，从而实现了数据处理与通信控制的分工。集中器和前端处理机常采用价格低廉的小型机，如图5.2所示。

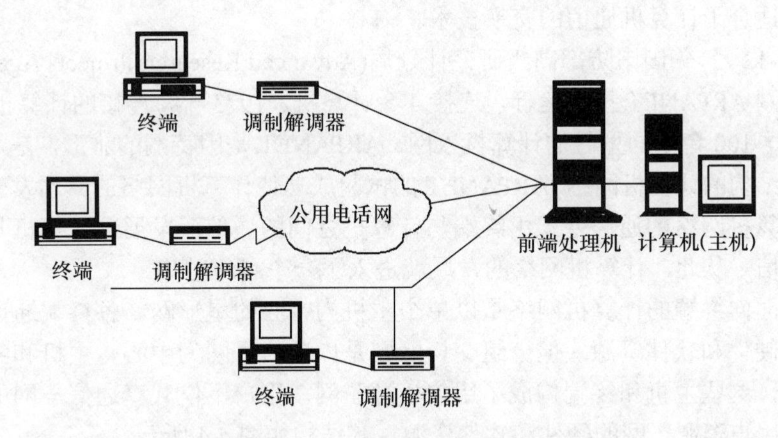

图5.2　用前端处理机完成通信任务

随着用户的增多，通信线路的加长，通信线路成本随之上升并有超出其它设备总价的趋势。为了进一步节省通信费用，提高通信效率，在终端比较集中的地方设置集中器或多路复用器把终端发来的信息收集起来，并把用户的作业信息存入集中器或多路复用器中，然后再用高速线路将数据信息传给前端处理机，最后提交给主机。当主机把信息发给用户时，信息经前端处理机、集中器最后分发给用户，从而进一步提高了通信效率。如图5.3所示。

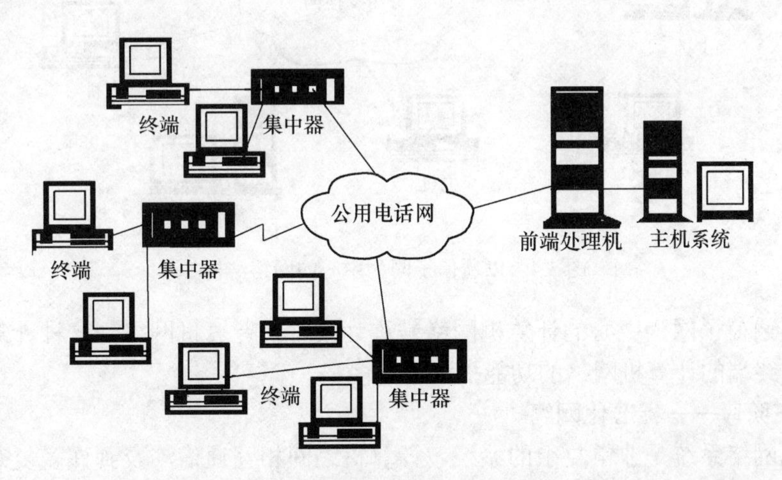

图5.3　利用集中器实现多路复用

上面几种情况，通信的一方是计算机，另一方是终端，所以又都称为面向终端的计算机网络。

在 20 世纪 60 年代，这种面向终端的计算机通信网获得了很大的发展，其中许多网络至今仍在使用。

2. 第二阶段——计算机与计算机通信网

20 世纪 60 年代中期，各个独立的计算中心除了完成自己的任务外，还需要互相联系，因此提出了计算机之间进行通信的要求。若干联机系统中的主计算机之间要求互联，达到资源共享的目的。

1964 年 8 月，英国国家物理实验室 NPL 的戴维斯(Davies)提出了分组(Packer)的概念，找到了新的适合于计算机通信的交换技术。

1969 年 12 月，美国国防部高级研究计划局(Advanced Research Projects Agency，ARPA)的分组交换网 ARPANET 投入运行，连接 4 台计算机。1973 年，连接的计算机发展到 40 台，1975 年，100 台不同型号的计算机入网。ARPANET 是因特网的雏形，是最早的享有盛名的两级结构的计算机网络。ARPANET 的试验成功使计算机网络的概念发生了根本的变化。使计算机网络的通信方式由终端与计算机之间的通信，发展到计算机与计算机之间的直接通信。从此，计算机网络的发展就进入了一个崭新时代。

早期的面向终端的计算机网络是以单个主机为中心的星形网，各终端通过通信线路共享主机的硬件和软件资源。但分组交换网则是以通信子网为中心，主机和终端都处在网络的外围，这些主机和终端构成了用户资源子网。用户不仅共享通信子网的资源，而且还可共享用户资源子网的硬件和软件资源，其结构如图 5.4 所示。

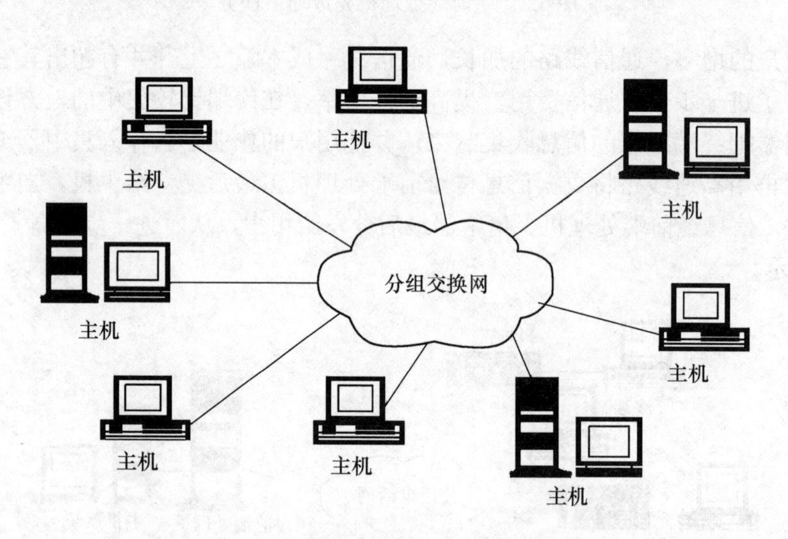

图 5.4　以通信子网为中心的网络结构

这种以通信子网为中心的计算机网络常称为第二代计算机网络，这种计算机网络比第一代面向终端的计算机网络的功能扩大了许多。

3. 第三阶段——标准化网络

计算机网络系统是非常复杂的系统，计算机之间相互通信涉及到许多复杂的技术问题，为实现计算机网络通信，实现网络资源共享，计算机网络系统体系结构采用的是解决复杂问题十分有效的分层处理的方法。1974 年，美国 IBM 公司公布了它研制的系统网络体系结构(System Network Architecture，SNA)。不久，各种不同的分层网络系统体系结构相继出现。

对各种体系结构来说，相同体系结构的网络产品互连是非常容易实现的，而不同系统体系结构的产品却很难实现互联。但社会的发展迫切要求不同体系结构的产品都能够很容易地得到互联，人们迫切希望建立一系列的国际标准，渴望得到一个“开放”系统。为此，国际标准化组织(International Standards Organization，ISO)于 1977 年成立了专门的机构来研究该问题，在 1984 年正式颁布了开放系统互联基本参考模型(Open System Interconnection Basic Reference Model)的国际标准 OSI，这就产生了第三代计算机网络。

4．第四阶段——网络互联与高速网络

进入 20 世纪 90 年代，计算机技术、通信技术以及建立在互联计算机网络技术基础上的计算机网络技术得到了迅猛的发展。特别是 1993 年美国宣布建立国家信息基础设施(National Information Infrastructure，NII)后，全世界许多国家纷纷制订和建立本国的 NII，从而极大地推动了计算机网络技术的发展。使计算机网络进入了一个崭新的阶段，这就是计算机网络互联与高速网络阶段。目前，全球以因特网为核心的高速计算机互联网络已经形成，因特网已经成为人类最重要的、最大的知识宝库。网络互联和高速计算机网络就成为第四代计算机网络，如图 5.5 所示。

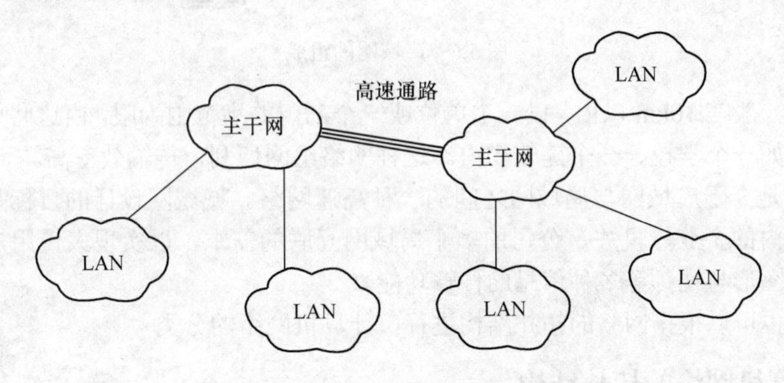

图 5.5　网络互联与高速网络的基本模型

5.2　计算机网络的结构

计算机网络系统是一种复杂的系统，存在多种结构。本节将从不同的角度简单的介绍网络系统的各种结构。

5.2.1　计算机网络的分类

计算机网络有多种分类标准。按网络数据传输和转接系统的拥有者来分，可分为专用网络和公用网络。公用网络指由国家电信部门组建、控制和管理的网络，任何单位都可使用。公用数据通信网络的特点是借用电话、电报、微波通信甚至卫星通信等通信业务部门的公用通信手段，实现计算机网络的通信联系。公用数据网的数据线路可以为多个网络公用。美国的 TELENET、加拿大的 DATAPAC、欧洲的 EURONET 及日本的 DDX

都是公用数据网络。专用网则是某部门或公司自己组建、控制和管理，不允许其它部门或单位使用的网络。

最常用的分类标准是根据网络范围和计算机之间互连的距离来分类。计算机网络可分为广域网(Wide Area Network，WAN)、局域网(Local Area Network，LAN)、城域网(Metropolitan Area Network，MAN)。

广域网涉及的区域大，如国家、城市之间的网络都是广域网。广域网一般由多个部门或多个国家联合组建，它的作用范围通常可以从几十千米到几千千米，能实现大范围内的资源共享，所以广域网有时也称为远程网。如图 5.6 所示。

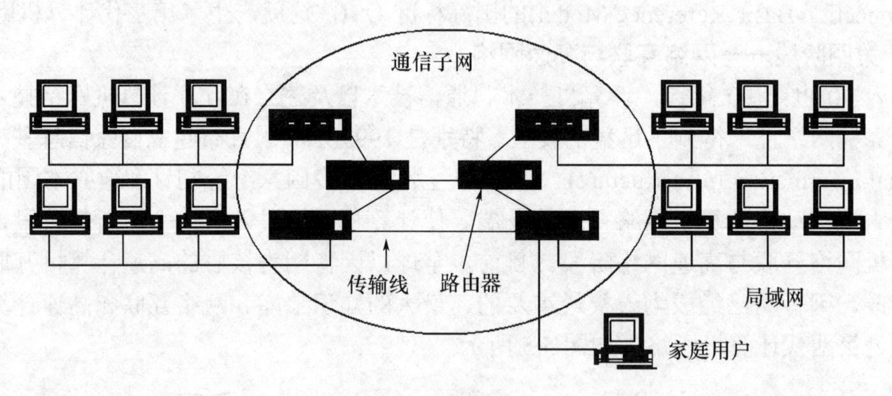

图 5.6　广域网的组成

局域网一般在 10km 以内，以一个单位或一个部门的小范围为限，由这些单位或部门单独组建，如一个学校、一个建筑物内。这种网络组网便利，传输效率高。

城域网是介于广域网与局域网之间的一种高速网络。城域网设计的目标是要满足几十千米范围内的企业、机关、公司的多个局域网互联的需求，以实现大量用户之间的数据、话音、图形与视频等多种信息的传输功能。

另外，也可以根据网络的拓扑结构进行，计算机网络的分类。

5.2.2　计算机网络的拓扑结构

拓扑学是几何学的一个分支。计算机网络拓扑是指用网中节点与通信线路之间的几何关系表示的网络结构，它反映了网络中各实体间的结构关系，其中节点包含通信处理机、主机、终端。计算机网络设计的第一步是拓扑设计，网络的拓扑设计是指在给定计算机和终端位置(即给定网中节点位置)及保证一定的可靠性时延、吞吐量的情况下，通过选择合适的通路、线路的定量及流量的分配使整个网络的成本最低，网络拓扑设计的好坏对整个网络的性能和经济性有重大影响。

计算机网络的拓扑结构，说到底是信道分布的拓扑结构，不同的拓扑结构其信道访问技术、性能(包括各种负载下的延迟、吞吐率、可靠性以及信道利用率等)、设备开销等各不相同，分别适用于不同的场合，下面对常用的网络拓扑结构进行简单的介绍。

1. 总线拓扑

总线型拓扑是最常见的拓扑结构。总线型拓扑的每个点都通过相应的硬件接口直接连到传输介质上，如图 5.7(a)所示，各站点所发送的信号都可以传送到总线上的每一站点。这很像城市公共汽车装载乘客并在其线路上到达各个站点一样，乘客在其选择的站点下车。

总线型拓扑的优点是电缆长度短，布线容易。缺点是进一步增加节点时需要断开缆线，网络必须关闭，总线查错需从起始节点一直查到终节点，一个节点出错，整个网络会受到损坏。目前广泛使用的以太网就是基于总线拓扑的。

2. 网状形拓扑

如图 5.7(b)所示，网状形拓扑的节点之间的连接是任意的，没有规律，其主要优点是可靠性高，缺点是结构复杂，网络必须采用路由选择算法与流量控制方法。目前广域网基本上都是采用网状拓扑结构。

3. 星形拓扑

星形网络拓扑的最早形式之一是以一台设备作为中央节点，该中央节点上连接了来自各工作站的连线，如图 5.7(c)所示。中央节点可以是文件服务器或专门的接线设备。早期的 NOVELL 网络采用的就是这种结构。

星形拓扑中数据通过中心节点发送到每个节点，很像连到中心交换局的电话线。中心节点控制全网的通信，任何两节点之间的通信都要通过中心节点。所以网络的中心节点的可靠性是全网可靠性的瓶颈，中心节点的故障可能造成全网瘫痪。这是星形拓扑的主要缺点，星形拓扑的优点是结构简单，易于实现，便于管理。

4. 环形拓扑

环形网是由许多干线耦合器及点到点链路连成单向环路，每一个干线耦合器和一个终端或计算机连在一起。如图 5.7(d)所示，在标准设计中，信号沿一个方向环形传递，通常为顺时针方向。典型的环形拓扑是任何时候只有一个数据包(令牌)在环上激活。

环形拓扑的优点是电缆长度短，抗故障性能好；缺点是一个节点故障会引起全网故障，故障诊断困难。

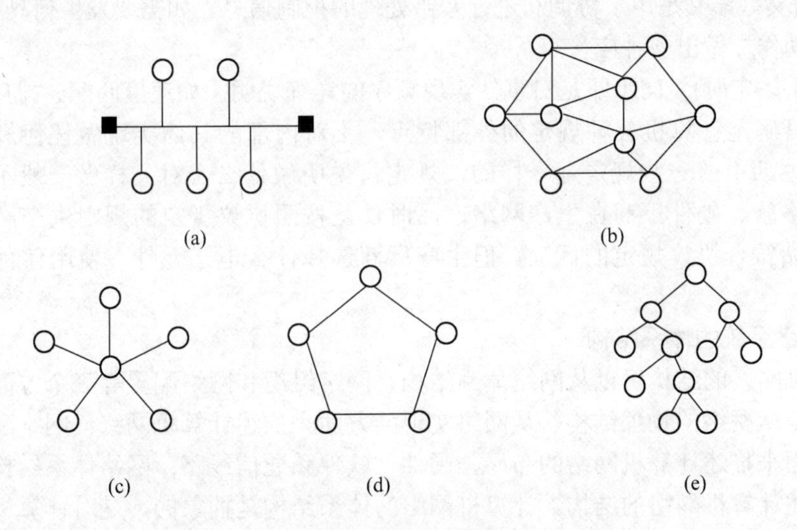

图 5.7　网络拓扑结构

(a) 总线型；(b) 网状形；(c) 星形；(d) 环形；(e) 树形。

5. 树形拓扑

树形拓扑可以看成是星形拓扑的扩展。在树形拓扑结构中，节点按层次进行连接，信息交换主要在上下节点之间进行，相邻节点之间数据交换量小。网络中的故障易于检测和隔离。如图 5.7(e)所示。

由于树形结构及网状型结构较复杂，所以在局域网中很少采用。常用的局域网拓扑结构有星形结构、总线型结构、环形结构以及在总线基础上发展的逻辑环结构。

但是在所有五种拓扑结构中，树形结构具有独特的层次结构。著名的因特网，就采用树形结构，以对应于管理层次和寻径层次。

5.2.3 计算机网络的体系结构

1. 通信协议

协议是一组规则的集合，是进行交互的双方必须遵守的约定。在网络系统中，为了保证数据通信双方能正确而自动地进行通信，针对通信过程的各种问题，制订了一整套约定，这就是网络系统的通信协议。通信协议是一套语义和语法规则，用来规定有关功能部件在通信过程中的操作。

1) 通信协议的特点

(1) 通信协议具有层次性。这是由于网络系统体系结构是有层次的。通信协议被分为多个层次，在每个层次内又可以被分成若干子层次，协议各层次有高低之分。

(2) 通信协议具有可靠性和有效性。如果通信协议不可靠就会造成通信混乱和中断，只有通信协议有效，才能实现系统内的各种资源的共享。

2) 网络协议的组成

网络协议主要由以下三个要素组成：

(1) 语法。语法是数据与控制信息的结构或格式。如数据格式、编码、信号电平等。

(2) 语义。语义是用于协调和进行差错处理的控制信息。如需要发生何种控制信息、完成何种动作、做出何种应答等。

(3) 同步(定时)。同步即是对事件实现顺序的详细说明。如速度匹配、排序等。

协议只确定计算机各种规定的外部特点，不对内部的具体实现做任何规定，这同人们日常生活中的一些规定是一样的，规定只说明做什么，对怎样做一般不做描述。计算机网络软、硬件厂商在生产网络产品时，是按照协议规定的规则生产产品，使生产出的产品符合协议规定的标准，但生产厂商选择什么电子元件、使用何种语言是不受约束的。

2. 网络系统的体系结构

计算机网络的结构可以从网络体系结构、网络组织和网络配置等三个方面来描述。网络组织是从网络的物理结构、从网络实现的方面来描述计算机网络；网络配置是从网络应用方面来描述计算机网络的布局、硬件、软件和通信线路；网络体系结构则是从功能上来描述计算机网络的结构。计算机网络的体系结构是抽象的，是对计算机网络通信所需要完成的功能的精确定义。而对于体系结构中所确定的功能如何实现，则是网络产品制造者遵循体系结构需要研究和实现的问题。

1) 网络体系结构的划分

目前计算机网络系统的体系结构，类似于计算机系统的多层体系结构，它是以高度结构化的方式设计的。所谓结构化是指将一个复杂的系统设计问题分解成一个个容易处理的子问题，然后加以解决。这些子问题相对独立，相互联系。

所谓层次结构是指将一个复杂的系统设计问题划分成层次分明的一组组容易处理的子问题，各层执行自己所承担的任务。层与层之间有接口，它们为层与层之间提供了组合的通道。层次结构设计是结构化设计中最常用、最主要的设计方法之一。网络体系结构是分层结构，其实质是将大量的、各类型的协议合理地组织起来，并按功能的先后顺序进行逻辑分割。网络体系分层结构模型如图 5.8 所示。

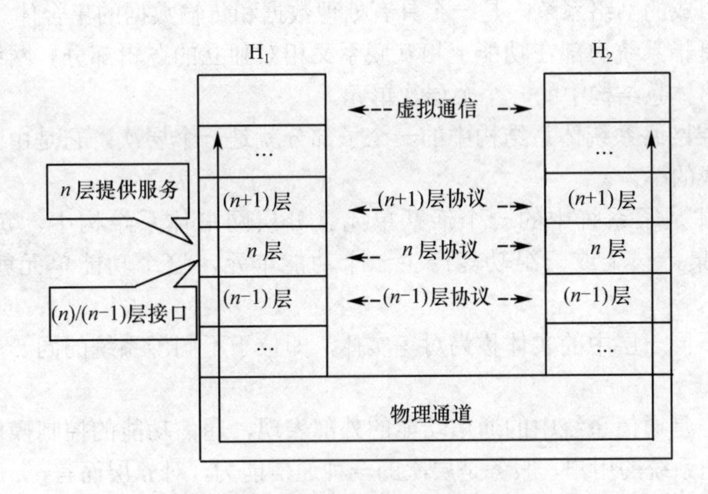

图 5.8　计算机网络体系的分层结构模型

在网络分层结构中，*n* 层是(*n*−1)层的用户，同时是(*n*+1)层的服务提供者。对（*n*+1）层来说，（*n*+1）层直接使用的是 *n* 层提供的服务，而事实上(*n*+1)层是通 *n* 层提供的服务享用到了 *n* 层内的服务。分层结构的好处在于：

(1) 独立性强。独立性是指对分层中具有相对独立功能的每一层，它不必知道下一层是如何实现的，只要知道下层通过层间接口提供的服务是什么，本层向上一层提供的服务是什么就可以。

(2) 功能简单。系统经分层后，整个复杂的系统被分解成若干个范围小的、功能简单的部分，使每一层功能简单。

(3) 适应性强。当任何一层发生变化，只要层间接口不发生变化，那么，这种变化就不影响其它任何一层。这就意味着可以对分层结构中的任何一层的内部进行修改，甚至可以取消某层。

(4) 易实现和维护。分层结构使实现和调试一个大的、复杂的网络系统变得简单和容易。

(5) 结构可分割。结构可分割是指被分层的各层的功能均可用最佳的技术手段来实现。

(6) 易于交流和有利于标准化。

2) 计算机网络分层结构模型

图 5.8 描述了网络体系分层结构模型，模型反映了结构层次、协议、接口之间的关系。从图中可以看出：

(1) 模型中只存在一层(即物理媒体传输层)是物理通信，其余各层之间的通信(用虚线描述)都是虚拟通信，或称逻辑通信。

(2) 对等实体之间的通信都是遵守同层协议进行的。

(3) 层间通信即相邻层实体之间进行的通信是遵循层间协议规则进行的。

网络分层结构中各部分的含义如下。

系统：是指由一台或多台计算机、软件系统、终端、外部设备、通信设备和操作人员、管理人员组成的网络系统，是一个具有处理数据和传输数据的集合体。

子系统：是指系统内部在功能上相互联系又相对独立的逻辑部分。网络体系结构中的子系统是网络体系结构中的一个个层次单元。

层次：分层网络系统体系结构中的一个子部分就是一个层次。它是由网络系统中对应的子系统构成的。

实体：实体是子系统中的一个活跃单元。分层网络体系结构中，每一层包含一个通信功能子集，一个或一组功能产生一个功能单元，这个功能单元就构成了所谓的实体。

对等实体：同一层中的实体称为对等实体，即位于不同子系统的同一层内相互交互的实体。

通信服务：是通信系统中的通信功能的外部表现，通信功能的控制操作以“服务”形式提供给通信系统的用户。服务是层次的一种通信能力，对 n 层而言，n 层通信服务是在 n 层子系统之上看到的 n 层通信功能操作的结果。

物理通信：是通信双方存在某种媒体，通过某种通信手段实现双方信息交换的。

虚拟通信：虚拟通信也称逻辑通信，这种通信不同于物理通信，通信双方没有直接联系，是通过与进行虚拟通信实体相关的实体提供的服务，按一定规则(即协议)进行的。

3. 标准化网络体系结构

任何计算机网络系统都是由一系列用户终端、计算机、具有通信处理和数据交换功能的节点、数据传输链路等组成。完成计算机与计算机或用户终端的通信都要具备一些基本的功能，这是任何一个计算机网络系统都具有的共性。例如保证存在一条有效的传输路径；进行数据链路控制、误码检测、数据重发，以保证实现数据无误码的传输；实现有效的寻址和路径选择，保证数据准确无误的到达目的地；进行同步控制，保证通信双方传输速率的匹配；对报文进行有效的分组和组合，适应缓冲容量，保证数据传输质量；进行网络用户对话管理和实现不同编码、不同控制方式的协议转换，保证各终端用户进行数据识别等。

根据这一特点，ISO 推出了开放系统互联模型，简称 OSI 七层结构的参考模型(所谓开放是指系统按 OSI 标准建立的系统，能与其它也按 OSI 标准建立的系统相互连接)。OSI 开放系统模型包括物理层、数据链路层、网络层、传输层、会话层、表示层、应用层，如图 5.9 所示。

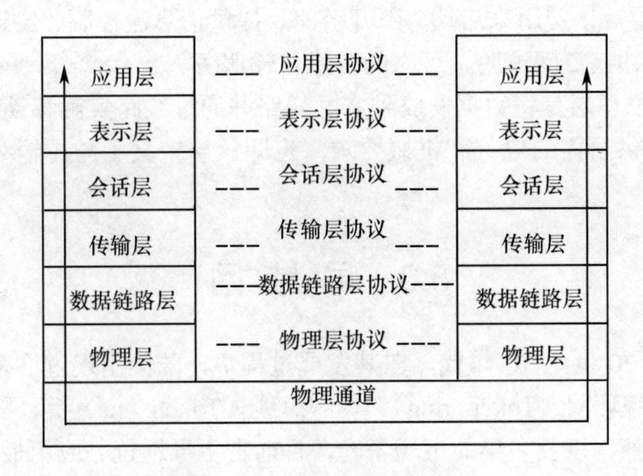

图 5.9 OSI 开放系统模型

OSI 参考模型定义了不同计算机互联标准的框架结构，得到了国际上的承认，它被认为是新一代网络的结构。它通过分层把复杂的通信过程分成了多个独立的、比较容易解决的子问题。在 OSI 模型中，下一层为上一层提供服务，而各层内部的工作与相邻层是无关的。

1) 国际标准组织提出 OSI 七层模型的主要原则

(1) 划分层次要根据理论上需要的不同等级划分。

(2) 层次的划分要便于标准化。

(3) 各层内的功能要尽可能的具有相对独立性。

(4) 相类似的功能应尽可能放在同一层内。

(5) 各层的划分要便于层与层之间的衔接。

(6) 各界面的交互要尽量的少。

(7) 根据需要，在同一层内可以再形成若干个子层次。

(8) 扩充某一层次的功能或协议，不能影响整体模型的主体结构。

2) OSI 模型中各层的功能

(1) 应用层。其主要功能是用户界面的表现形式，许多应用程序也在该层同用户和网络打交道，如电子函件、文件传送操作等。它是与用户应用进程的接口，相当于“做什么”。

(2) 表示层。该层处理各应用之间所交换的数据和语法，解决格式和数据表示的差异，它是为应用层服务的，向应用层解释来自对话层的数据，即相当于“对方看起来像什么”。

(3) 会话层。该层从逻辑上是负责数据交换的建立、保持及终止。实际工作是接收来自传输层并将被送到表示层的数据，并负责纠正错误。出错控制、会话控制、远程过程调用均是这一层的功能。总之，会话层的目的是组织和同步相互合作的会话用户之间的对话。

(4) 传输层。该层在逻辑上是提供网络各端口之间的连接，其实际任务是负责可靠的传递数据。如数据包无法按时传递时传输层将发出传递将延迟的信息。

(5) 网络层。该层的工作主要有网络路径选择和中继、分段组合、顺序及流量控制等。其目的是如何将信息安排在网络上以及如何将信息送到目的地。

(6) 数据链路层。该层用来启动、断开链路、提供信息流控制、错误控制和同步等功能。即用于提供相邻接点间透明、可靠的信息传输服务。

(7) 物理层。物理层是将数据安放到实际线路并通过线路实际移动的层。它为建立、维持及终止呼叫提供所需的电气和机械要求，也即该层定义了与传输线以及接口的各种特性。

5.3 局域网

局域网产生于 20 世纪 70 年代，在其发展过程中，陆续出现过许多种类型，如以太网（Ethernet）、令牌环网（Token ring）、令牌总线（Token bus）等，随着网络及相关技术的不断完善和成熟，以及多年的市场考验，目前占主导地位、应用最广泛的是以太网，本节将重点予以介绍。

5.3.1 局域网概述

简单地说，局域网是指将小范围内的计算机通过通信线路连接起来，达到数据通信和资源共享的网络。

它主要具有以下特点：

(1) 地理范围有限，一般在几千米左右，如一间办公室、一幢楼、一所学校等。

(2) 较高的数据传输速率，一般达 10Mb/s、100Mb/s，甚至 1000Mb/s。

(3) 低误码率，一般为 10^{-8}～10^{-11}。

(4) 通常属于某一个单位所有，由其内部自行建立、控制管理和使用。

局域网的拓扑结构一般采用总线型、星形和环形，传输介质可以采用双绞线、同轴电缆、光纤以及无线介质等。

作为计算机网络的一个重要分支，局域网由于其组网方便、传输速率高等特点得到了迅速的发展和广泛的应用，而推动局域网技术快速发展的一个主要因素就是由 IEEE 802 委员会制定的 IEEE 802 局域网标准。

IEEE 802 委员会是美国电气和电子工程师学会 IEEE 在 1980 年 2 月成立的一个分委员会，专门从事局域网标准化方面的工作，以便推动局域网技术的应用，规范相关产品的研制和开发。目前已陆续制定了一系列的标准，从 IEEE 802.1 到 IEEE 802.16，并不断增加新的标准。

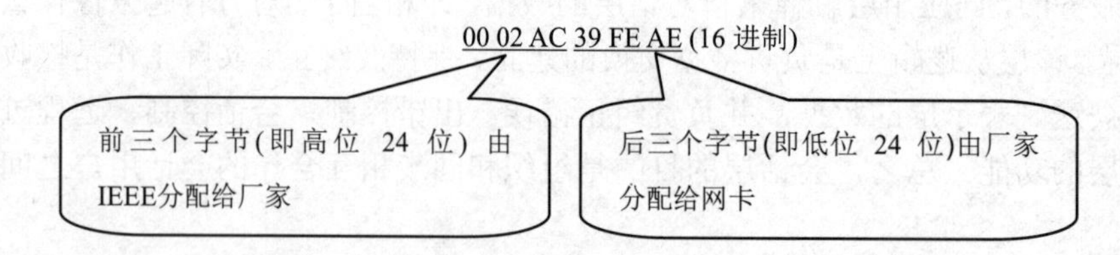

为保证信息传输的正常进行，网络中的每一个主机都有一个物理地址，也称为硬件地址或 MAC 地址（Media Access Address，介质访问地址），这是一个全局地址，而且要保证世界范围内唯一。IEEE 802 标准规定 MAC 地址采用 6B（48 位）的地址。

主机的 MAC 地址实际上是其连网所用的网卡上的地址，通常每一块网卡都带有一个全球唯一的 48 位二进制数的地址。为保证唯一性，网卡的生产厂商要向 IEEE 的注册管理委员会 RAC 购买地址的前 3 个字节，作为生产厂商的唯一标识符，而后 3 个字节由生产厂商自行分配，并在生产网卡时固化在其只读存储器（ROM）中。

5.3.2 以太网

以太网（Ethernet）由美国 Xerox 公司在 20 世纪 70 年代初期建立，具有数据传输可靠、组网方便、灵活、价格低、标准化程度高等特点，是目前应用最广泛的一种局域网。

早期以太网的设计采用总线结构，用同轴电缆作为传输介质，传输速率为 10Mb/s。经过多年的发展，其性能不断提高，传输速率越来越快，其拓扑结构、传输介质、工作方式都发生改变。

1) 以太网介质访问控制协议：CSMA/CD

以太网的基本拓扑结构为总线型，所有站点都连接到一条总线上，如图 5.10 所示。

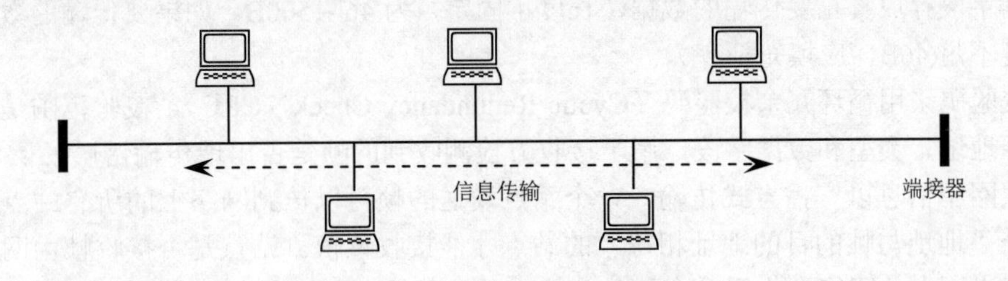

图 5.10 以太网总线结构

由于网络中所有站点共享同一总线传输信息，而且任何一个站点所发送的信息都以广播方式向总线两端传播，因此当网络中有两个以上的站点同时发送信息时，就会出现冲突，所发送的信息受到破坏。所谓介质访问控制协议是指多个站点共享同一传输介质时，如何协调各个站点对介质的访问，确保同一时刻只有一个站点发送信息。

目前以太网中使用的一种介质访问控制协议是 CSMA/CD（Carrier Sense Multiple Access/Collision Detect，带冲突检测的载波侦听多路访问），通过该协议来解决介质争用的冲突问题。某站点要发送信息时，首先对介质进行侦听，判断介质是否忙（有载波），即是否有其他站点正在传送信息，只有当介质空闲（无载波）时才能发送。另一方面，由于信号在线路上的传输时延，可能会出现多个站点同时侦听到介质空闲而开始发送，并出现冲突，因此站点在发送的同时仍然需要进行侦听，一旦检测到冲突，就立即停止发送。

CSMA/CD 的工作过程如下：

(1) 站点发送前先侦听介质。

(2) 若传输介质空闲（无载波），就发送信息。

(3) 若介质忙（有载波），就继续侦听直到介质空闲才发送。

(4) 发送期间继续侦听介质，如果检测到发生冲突，立即停止当前的信息发送，并在等待一个随机时间之后返回第（1）步，重新侦听发送该信息。

(5) 如果未检测到冲突，则信息发送成功。

上述过程也可以简单地归纳为：发前先听，边发边听，冲突停止，延迟重发。

CSMA/CD 是局域网的一个重要协议，其对应标准为 IEEE 802.3。

2) 以太网帧格式

以太网中信息以“帧”为单位进行传输，其格式如图 5.11 所示。

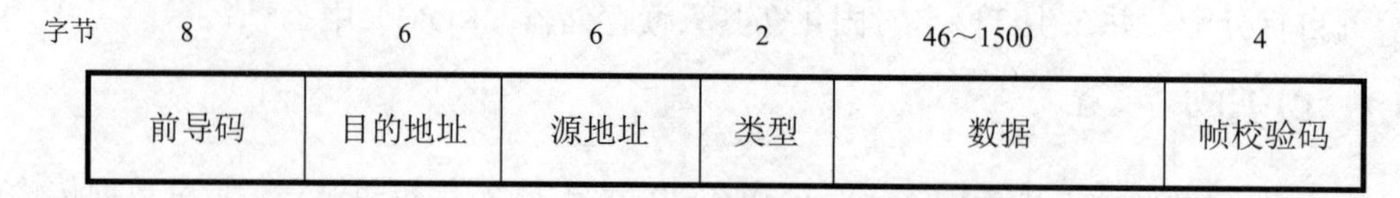

图 5.11 以太网帧格式

前导码是帧的同步信号，由 8 个字节的特殊序列组成，其中前 7 个字节分别为“10101010”，第 8 个字节为“10101011”，用于标识一个帧的开始。

目的地址是指本帧要发往的站点的 MAC 地址。

源地址是发出本帧的站点的 MAC 地址。

类型字段指出应该将帧交给哪个协议软件模块进行处理。

数据字段存放真正要传输的数据，长度不固定，为 46~1500B，如果要传输的数据本身的长度不足 46B，应填充补齐。

帧校验码采用循环冗余校验码（Cyclic Redundancy Check，CRC），校验范围是目的地址、源地址、类型和数据字段，用于接收方检测收到的帧是否出现传输错误。

以太网中信息以广播方式传输，一个站点发送的帧可以传到网络上的所有站点，但只有一个“地址与帧的目的地址相符”的站点才能接收该帧。站点是否接收帧由网卡来判断，每当网卡从网络上收到一个帧，就检查帧的目的 MAC 地址，如果与本站的 MAC 地址相符，即该帧是发给本站点的，因而接收，否则丢弃此帧。

3) 典型以太网

(1) 10Base-T 以太网。早期以太网采用总线结构，传输速率为 10Mb/s，如 10Base-5 粗缆以太网、10Base-2 细缆以太网。粗缆以太网可靠性高、安装复杂；细缆以太网安装简单灵活、可靠性较差。

1990 年出现了 10Base-T 双绞线以太网，传输速率为 10Mb/s，“T”表示用双绞线作为传输介质。采用这种技术的以太网是星形结构，利用集线器组网，所有站点分别通过双绞线连接到一个中心集线器(Hub)上，具有组网方便、便于系统升级、易于维护等特点。如图 5.12 所示。

这里，集线器类似于一个多端口的转发器，每一个端口通过一对双绞线直接连接一个站点，站点到集线器的距离不超过 100m。集线器连接的网络在物理上是一个星形网，但从介质访问控制方式来看，仍然是一个总线型网，各站点共享逻辑上的总线。当集线器从某个端口收到一个站点发来的数据帧时，就将该帧转送到所有其他端口，以便站点识别接收。因此，这种集线器实际上是共享式集线器，连接到集线器上的站点共享逻辑总线，同一时刻只能有一个站点发送数据。

(2) 交换式以太网。使用交换机（也称为交换式集线器）连接各个站点组成交换式以太网，可以明显地提高网络性能。

交换机同样带有多个端口，组网方法与共享式集线器类似，如图 5.13 所示。交换机与集线器的主要区别在于内部结构和工作方式不同，当交换机从某个端口收到一个站点发来的数据帧时，不再向所有其他端口传送，而是将该帧直接送到目的站点所对应的端口并转发出去。因此交换机可以同时支持多对站点之间的通信，如图中的 A1 和 A2、B1 和 B2，而不产生冲突。

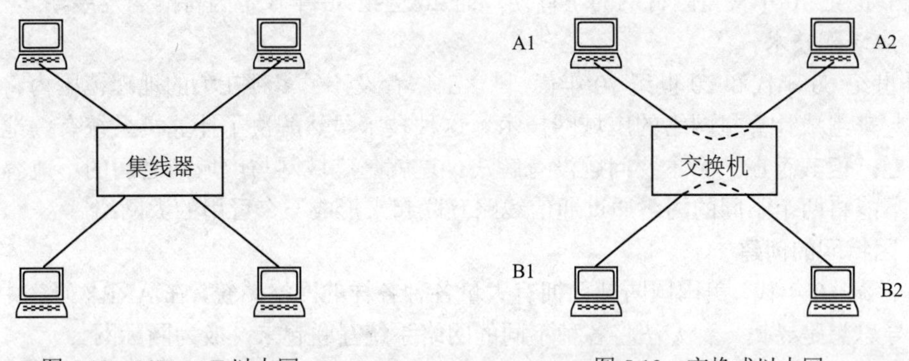

图 5.12　10Base-T 以太网　　　　图 5.13　交换式以太网

目前，交换机由于具有良好的性能，在局域网中得到广泛使用。

(3) 高速以太网。高速以太网通常指传输速率为 100Mb/s 以上的网络，相关技术很多，典型的有如下几种。

① 100Base-T 快速以太网。传输速率为 100Mb/s。与 10Base-T 技术兼容，它可以采用集线器或交换机组网，星形拓扑结构，用户可以方便地从 10Base-T 升级到 100Base-T。

② 千兆位以太网和万兆位以太网 传输速率更快，分别可达 1000Mb/s（即 1Gb/s）和 10Gb/s。

这些技术的出现，极大地提高了网络的性能，扩大了局域网的规模和应用范围，距离可以扩大到几十千米甚至上百千米，特别是千兆位以太网和万兆位以太网已成为目前局域网和城域网建设中主干网络的首选技术。

5.4 因特网

Internet 原来叫互联网，后来由国家名词委员会正式定名为因特网。从原先“互联网”这个名字就可以看出，因特网是指通过网络互联设备把不同的多个网络或网络群体互联起来形成的大网络。目前联入的计算机几乎覆盖了全球 180 多个国家和地区，联入的计算机存储了最丰富的信息资源，是世界最大的计算机网络。通俗地说，因特网就是把全球上亿台计算机连接而成的一个超大网络。是一个全球性的、特定的、开放的、被国际社会认可和广泛使用的计算机互联网络，是世界最大的计算机网络。

5.4.1 因特网的形成与发展

因特网分布于全球 180 多个国家和地区，拥有 5000 万以上用户，已经连接全球超过 4 万网络。

中国是第 71 个国家级因特网成员。因特网使所有网上用户遵守共同的协议，共享资源，由此形成了“因特网网络文化”，因特网是全人类最大的知识宝库之一。

因特网是由美国国防部高级研究计划局研制的 ARPANET 发展起来的。1973 年，英国和挪威加入 ARPANET，实现了 ARPANET 的首次跨洲连接。20 世纪 80 年代，随着 PC 的出现和计算机价格的大幅度下跌，加上局域网的发展，各学术和研究机构希望把自己的计算机连接到 ARPANET 上的要求越来越强烈，从而掀起了一场 ARPANET 热。可以说，20 世纪 70 年代是因特网的孕育期，而 20 世纪 80 年代是因特网的发展期。

1. 广域网技术

20 世纪 60 年代和 20 世纪 70 年代，科学工作者设计了多种在大的地理范围内将计算机互联起来组成计算机网络的广域网技术。这种技术虽然解决了计算机系统有关地理范围的问题，但其存在一个主要问题没有解决，这就是广域网与广域网之间的不兼容性问题，即不能将两个不同的网络通过通信线路互联起来形成一个可用的大网络。

2. 因特网的创建

20 世纪 60 年代，美国国防部已拥有大量各种各样的网络系统，在 ARPA 研究中，其主要指导思想是寻找一种方法将各种不同的网络系统互联起来，成为网际网。

ARPA 项目对解决不兼容网络互联问题进行了研究，ARPA 的研究项目及研究人员建立的原型系统被称为因特网。

3. 局域网络的发展

局域网络的产生和发展促进了因特网的发展。在 20 世纪 70 年代末期，计算机价格大幅度下降，对大的企业或组织来说，每个部门都能负担得起一台计算机，将这些小型计算机互联起来，并且在它们之间快速传送信息的强烈愿望，推动了计算机网络技术的迅速发展。一时间，局域网的数量急剧增长，许多大的企业和组织内部都使用了多种局域网技术，因此，局域网技术的产生和发展促进了因特网的发展。

因特网是一个异构的计算机网络，凡是采用 TCP/IP 协议并且能够与因特网中的任何一台主机进行通信的计算机，都可以看成是因特网的一部分。

5.4.2 因特网的基本结构

因特网之所以能够在短时间内风靡全球，并得到不断的发展，就是因为因特网有其独特的基本结构。

因特网是分层结构的。从直接用户的角度，可以把因特网作为一个单一的大网络来对待，允许任意数目的计算机进行通信的网络，如图 5.14 所示。

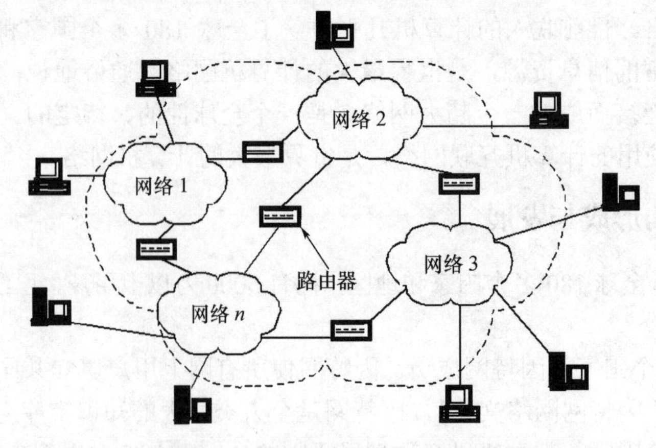

图 5.14 因特网逻辑结构示意图

在美国，因特网主要由如下三层网络构成。

(1) 主干网。主干网是因特网的最高层，它是由 NSFNET(国家科学基金会)、Milner(国防部)、NSI(国家宇航局)及 ESNET(能源部)等政府提供的多个网络互联构成的。主干网是因特网基础和支柱网。

(2) 中间层网。中间层网是由地区网络和商业用网络构成的。

(3) 底层网。它处于因特网的最下层，主要是由大学和企业的网络构成。

5.4.3 因特网的关键技术及管理机构

1. 协议

因特网将不同结构的计算机和不同类型的计算机连接起来，除了物理连接问题要解决外，必须解决好计算机间通信的问题，而解决问题的关键就是通信协议。因特网采用的是 TCP/IP 协议。TCP/IP 协议主要由 TCP(Transmission Control Protocol,传送控制协议)协议和 IP(Internet Protocol，网际协议)协议组合而成，实际是一组协议。

因特网是一个异构的计算机网络，凡是采用 TCP/IP 协议并且能够与因特网中的任何一台主机进行通信的计算机，都可以看成是因特网的一部分。

因特网使用 TCP IP 协议将各种网络互联起来，其中 IP 协议详细规定了计算机在通信时应遵循的全部具体细节，对因特网中的分组进行了精确定义。所有使用因特网的计算机都必须运行 IP 协议。

IP 协议使计算机之间能够发送和接收分组，但 IP 协议不能解决传输中出现的问题。TCP 协议与 IP 配合，使因特网工作得更可靠。TCP 协议能够解决分组交换中分组丢失、按分组顺序组合分组、检测分组有无重复等问题。

IP 与 TCP 相互配合，协同工作，IP 保证将数据从一个地址传送到另一个地址，但不能保证传送的正确性，TCP 协议则用来保证传送的正确性，使因特网实现了数据的可靠传输。

2. 客户/服务器模式

因特网所提供的服务都采用客户 / 服务器模式，这种模式把提供服务和用户应用分开。用户学习和使用因特网实际上是学习和使用客户程序。

3. 地址和域名

1) IP 地址

在介绍 IP 地址之前，让我们首先看一看大家都非常熟悉的电话网。每部连入电话网的电话机都有一个电话局分配的电话号码，我们只要知道某台电话机的电话号码，便可以拨通该电话，如果被呼叫的话机与发起呼叫的话机位于同一个国家(或地区)的不同城市，要在电话号码前加上被叫话机所在城市的区号，如果被呼叫的话机与发起呼叫的话机位于不同的国家(或地区)，要在电话号码前加被叫话机所在国家(或地区)的代码和城市的区号。

接入因特网中的计算机与接入电话网的电话机非常相似，每台计算机也有一个由授权单位分配的号码，称为 IP 地址。IP 地址也采取层次结构，但它与电话号码的层次有所不同。电话号码采用国家(或地区)代码、城市区号和电话号码三个层次，是按地理方式进行划分的。而 IP 地址的层次是按逻辑网络结构进行划分的，一个 IP 地址由两部分组成，即网络号和主机号，网络号用于识别一个逻辑网络，而主机号用于识别网络中的一台主机。只要两台主机具有相同的网络号，不论它们位于何处，都属于同一个逻辑网络；相反，如果两台主机网络号不同，即使比邻放置，也属于不同的逻辑网络。

因特网中的每台主机至少有一个 IP 地址，而且这个 IP 地址必须是全网唯一的。在因特网中允许一台主机有两个或多个 IP 地址。如果一台主机有两个或多个 IP 地址，则该主机属于两个或多个逻辑网络。

IP 地址由 32 位二进制数值组成(4B)，但为了方便用户的理解和记忆，它采用了十进制标记法，即将 4B 的二进制数值转换成四个十进制数值，每个数值小于等于 255，数值中间用“.”隔开，例如：

二进制 IP 地址为

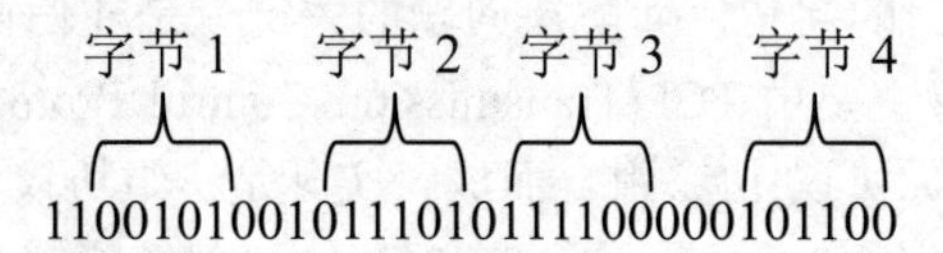

用十进制表示法表示成

202.93.120.44

2) IP 地址分类与子网屏蔽码

IP 地址由网络号与主机号两部分构成，那么 4B 的 IP 地址中哪一部分是网络号，哪一部分是主机号呢？网络号的长度将决定因特网中能包含多少个网络，而主机号将决定每个网络中能连接多少台主机。

由于因特网中网络众多，网络规模相差也很悬殊，有些网络上的主机多一些，有些网络上的主机少一些，为了适应不同的网络规模将 IP 地址分成了 3 类：A 类、B 类和 C 类。表 5.1 简要地总结了 IP 地址的类别与规模。

表 5.1 IP 地址的类别与规模

类别	第一字节范围	网络地址长度	最大的主机数目	适用的网络范围
A	1～126	1B	16387064	大型网络
B	128～191	2B	64526	中型网络
C	192～223	3B	254	小型网络

例如，202.93.120.44 为一个 C 类 IP 地址，前三个字节为网络号，通常记为 202.93.120.0，而后一个字节为主机号 44。

但是对于一些小规模网络可能只包含几台主机，即使用一个 C 类网络号仍然是一种浪费(可以容纳 254 台主机)，因而我们需要对 IP 地址中的主机号部分进行再次划分，将其划分成子网号和主机号两部分。例如，我们可以对 B 类网络号 168.113.0.0 进行再次划分，使其第三个字节代表子网号，其余部分为主机号，对于 IP 地址为 168.113.81.1 的主机来说，它的网络号为 168.113.81.0，主机号为 1。

再次划分后的 IP 地址的网络号部分和主机号部分用子网屏蔽码来区分，子网屏蔽码也为 32 位二进制数值，分别对应 IP 地址的 32 位二进制数值。对于 IP 地址中的网络号部分在子网屏蔽码中用“1”表示，对于 IP 地址中的主机号部分在子网屏蔽码中用“0”表示。

例如，对于网络号 168.113.81.0 的 IP 地址，其子网屏蔽码为

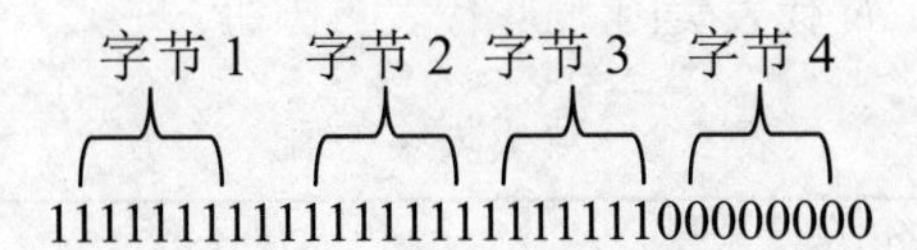

用十进制表示法表示成

255.255.255.0

3) IP 数据包的传输

在因特网中，称发送数据的主机为源主机，接收数据的主机为目的主机，并分别把源主机和目的主机的 IP 地址称为源 IP 地址和目的 IP 地址。如果源主机要发送数据给目的主机，则源主机必须知道目的主机的 IP 地址，并将目的 IP 地址放在要发送数据的前面一同发出。因特网中的路由器会根据该目的 IP 地址确定路径，经过路由器的多次转发最终将数据交给目的主机。如图 5.15 所示，一台主机要发送数据给 IP 地址为 202.93.120.34 主机，则源主机把目的 IP 地址 202.93.120.34 放在数据的前面发出，因特网根据 202.93.120.34 找到对应的主机，并把数据交给目的主机。

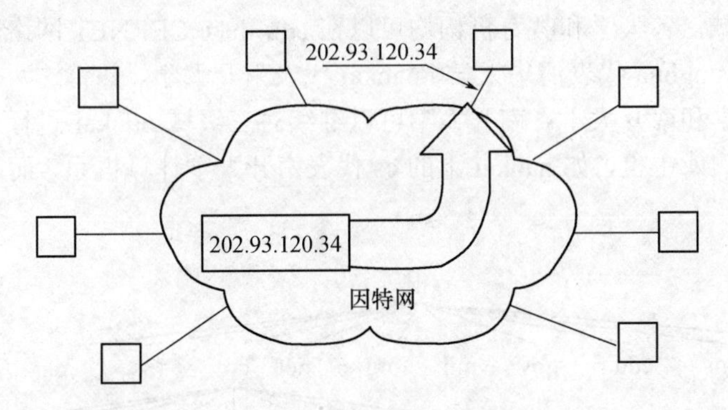

图 5.15　IP 数据包传输

通常源主机在发出数据包时只需指明第一个路由器，而后数据包在因特网中如何传输以及沿着哪一条路径传输，源主机则不必关心。源主机两次发往同一目的主机的数据可能会沿着不同的路径到达目的主机。

4) 主机名与域名服务

IP 地址为因特网提供了统一的寻址方式，直接使用 IP 地址便可以访问因特网中的主机资源。但是由于 IP 地址只是一串数字，没有任何意义，对于用户来说，记忆起来十分困难。所以几乎所有的因特网应用软件都不要求用户直接输入主机的 IP 地址，而是直接使用具有一定意义的主机名。

(1) 因特网的域名体系。因特网的域名结构由 TCP / IP 协议集中的域名系统(Domain Name System，DNS)进行定义。

首先，DNS 把整个因特网划分成多个域，称为顶级域，并为每个顶级域规定了国际

通用的域名，如表 5.2 所列。顶级域的划分采用了两种划分模式，即组织模式和地理模式。前 7 个域对应于组织模式，其余的域对应于地理模式。地理模式的顶级域是按国家进行划分的，每个申请加入因特网的国家和地区都可以作为一个顶级域，并向 NIC 注册一个顶级域名，如 cn 代表中国、us 代表美国、uk 代表英国等。

表 5.2　顶级域名分配

顶级域名	分 配 给	顶级域名	分 配 给
com	商业部门	net	主要网络支持中心
edu	教育机构	org	上述以外的组织
gov	政府机构	int	国际组织
mil	军事部门	国家代码	各个国家

其次，NIC 将顶级域的管理权分派给指定的管理机构，各管理机构对其管理的域进行继续划分，即划分成二级域，并将各二级域的管理权授予其下属的管理机构，如此下去，便形成了层次型域名结构。由于管理机构是逐级授权的，所以最终的域名都得到了 NIC 的承认，成为因特网中的正式名字。

图 5.16 列举出了因特网域名结构中的一部分，如顶级域名 cn 由中国因特网中心 CNNIC 管理，它将 cn 域划分成多个子域，包括 ac、com、edu、gov、net、org 等，并将二级域名 edu 的管理权授予 CERNET 网络中心。CERNET 网络中心又将 edu 域划分成多个子域，即三级域，各大学和教育机构均可以在 edu 下向 CERNET 网络中心注册三级域名，如 edu 下的 tsinghua 代表清华大学、nankai 代表南开大学，并将这两个域名的管理权分别授予清华大学和南开大学。南开大学可以继续对三级域 nankai 进行划分，将四级域名分配给下属部门或主机，如 nankai 下的 cs 代表南开大学计算机系，而 WWW 和 CS 中代表两台主机。

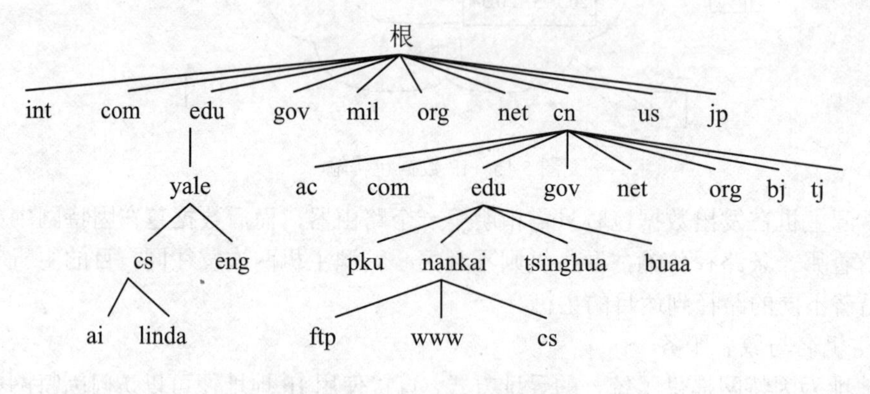

图 5.16　因特网域名结构

这种层次型命名体系与地理上的命名方法非常相似，它允许在两个不同的域中设有相同的下一级域名，就像不同的两个省可以有相同名字的城市一样，不会造成混乱。

因特网中的这种命名结构只代表着一种逻辑的组织方法，并不代表实际的物理连接。位于同一个域中的主机并不一定要连接在一个网络中或在一个地区，它可以分布在全球的任何地方。

上面介绍了因特网的域名结构，那么在这种域名结构下应如何书写主机名呢？

主机名的书写方法与邮政系统中的地址书写方法非常相似。在邮政系统中，如果是国际之间的书信往来，在书写地址时必须包括国家、省(或州)、城市及街道门牌号(或单位)等，采用这种书写方式，即使两个城市有相同的街道门牌号，也不会把信送错，因为它们属于不同的城市。所以一台主机的主机名应由它所属的各级域的域名与分配给该主机的名字共同构成的，顶级域名放在最右面，分配给主机的名字放在最左面，各级名字之间用“.”隔开。例如 cn→edu→nankai 下面的 WWW 主机的主机名为 WWW.nankai.edu.cn。

(2) 域名服务器。因特网域名系统的提出为用户提供了极大的方便。通常构成主机名的各个部分(各级域名)都具有一定的含义，相对于主机的 IP 地址来说更容易记忆。但主机名只是为用户提供了一种方便记忆的手段，计算机之间不能直接使用主机名进行通信，仍然要使用 IP 地址来完成数据的传输。所以当因特网应用程序接收到用户输入的主机名时，必须负责找到与该主机名对应的 IP 地址，然后利用找到的 IP 地址将数据送往目的主机。

那么到哪里去寻找一个主机名所对应的 IP 地址呢？这就要借助于域名服务器来完成。因特网中存在着大量的域名服务器，每台域名服务器保存着它所管辖区域内的主机的名字与 IP 地址的对照表。当因特网应用程序接收到一个主机名时，它向本地的域名服务器查询该主机名所对应的 IP 地址，如果本地域名服务器中没有该主机名所对应的 IP 地址，则本地域名服务器向其它域名服务器发出援助信号，由其它域名服务器配合查找，并把查找到的 IP 地址返回给因特网应用程序。这个过程与我们向“114 台”查询某个单位的电话号码的过程非常相似，只是各个城市的“114 台”之间没有很好的协作。如果我们要从天津查询北京某个单位的电话，则需直接向北京的“114 台”查询。而因特网中的域名服务器之间具有很好的协作关系，我们只通过本地的域名服务器便可以实现全网主机的 IP 地址的查询。

在因特网中，允许一台主机有多个名字，同时也允许多个主机名对应一个 IP 地址，这为主机的命名提供了极大的灵活性。

4. 因特网管理机构

因特网中无绝对权威的管理机构。接入因特网是各国独立的管理内部事务。全球具有权威性和影响力的因特网管理机构主要是因特网协会(Internet Society，ISOC)。

ISOC 是由各国志愿者组成的组织。该协会通过对标准的制订、全球的协调和知识的教育与培训等工作，实现推动因特网的发展，促进全球化的信息交流。ISOC 本身不经营因特网，只是通过支持相关的机构完成相应的技术管理。

因特网体系结构委员会(Internet Architecture Board，IAB)是 ISOC 中的专门负责协调因特网技术管理与技术发展的。IAB 的主要任务是根据因特网发展的需要制订技术标准，发布工作文件，进行因特网技术方面的国际协调和规划因特网发展战略。

因特网工程任务组 IETF 和因特网研究任务组 IRTF 是 IAB 中的两个具体部门，他们分别负责技术管理和技术发展方面的具体工作。

因特网的运行管理由因特网各个层次上的管理机构负责，包括世界各地的网络运行中心(NOC)和网络信息中心(NIC)。其中，NOC 负责检测管辖范围内网络的运行状态、收集运行统计数据、实施对运行状态的控制等；NIC 负责因特网的注册服务、名录服务、数据库服务，以及信息提供服务等。

因特网域名注册机构(ICANN)成立于 1998 年 10 月。此前，网络解决方案公司 NSI 在 1993 年与美国政府签订独家域名注册服务接管“因特网号码分配机构 LANA”，并垄断了 COM.、NET.、ORG.域名。

5.4.4 因特网服务及对人类的影响

1. 因特网服务

通过因特网可获得多种服务。用户可实现信息交换，参加讨论组发表意见，将文件从一个因特网站传到其它网站。学生和其他科研人员可从远程站点访问信息。个人、公司或组织可利用因特网 World Wide Web 的服务来共享世界上的信息。下面讨论因特网上的这些服务。

1) E-mail

所有网络都有一个最基本的目标，即便于通信，因特网也不例外。许多公司都有自己的网络，可利用其在公司内部发送消息。而因特网可用于组织之外的在全国全世界范围的通信。通过公司网络、因特网或其它类型的网络发送消息的方式称为电子邮件或 E-mail。E-mail 是因特网上最广泛使用的一种服务。用户使用 E-mail 通信比用其它方式更有效率，它避免了在用电话通信时经常出现的中断，同时消息阅读起来也更方便。E-mail 在国际通信上更显示它的优势，使用它不必担心国际电话那么高额的话费和不同地区的时差。E-mail 还能方便地将一条消息向多个接收者发送。

发送消息时，发送者必须知道接收者的邮箱地址。典型的邮箱地址由用户标识和域名组成，两部分间用@ (念 at)符号分开。用户标识是特定用户在特定系统的账号。@符号后面的域名是某个区域或某种类型组织的名称。

下面列举几个假设的邮箱地址。

speters@cba．bgsu．edu 表明这个账号是隶属于 Bowling Green Stafe 大学(bgsu)的企业管理学院(cda)的学生 Sally Peters 的(用户标识是 speters)，edu 表示这是一个教育机构。

mwalters@noaa．gov 表明它是属于国家海洋和大气管理局 Mike Walters 的账号，该局是一个美国的政府部门。

mls@cup.hp.com 表明这是 Hewlett-Packard 公司 Cupertino 办公室的 Melissa L. Shieh 的账号，com 表示该公司是一个商业组织。图 5.17 是电子邮件系统的构成。

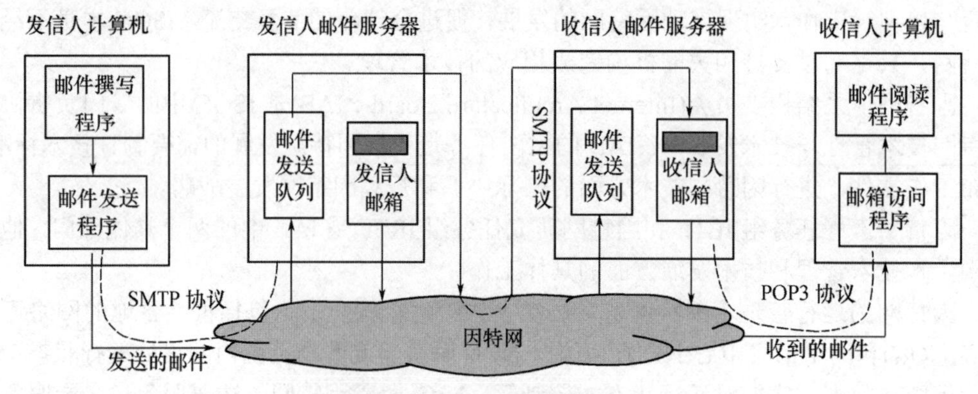

图 5.17 电子邮件系统的构成

2) FTP

FTP 是 File Transfer Protocol 的缩写，原意为文件传输协议。这里指遵循这种协议提供的各种服务。它允许用户把自己所用的计算机连接到远程服务器上。这时，用户的计算机就成为远程服务器的一个终端，可以使用服务器的资源，如查看服务器上的文件、运行服务器中的程序等。既可以把服务器上的文件传输到自己的(本地)计算机上(这个过程叫做下载(download))，也可把自己本地计算机上的信息发送到远程服务器上(这个过程叫做上载或上传(upload))，如图 5.18 所示。

图 5.18　FTP 的组成结构

在因特网上可访问众多的免费软件，但是要想找到某个特定文件，没有特殊的软件工具几乎是不可能的，Archie 就是这样一种工具。Archie 每个月搜索 1500 多个站点，并管理搜索到的文件和它们的位置清单。用户可从清单中方便地找到所要文件，并下载它们到自己的计算机上。

3) Usenet

包括新闻和讨论组的计算机网络称为 Usenet。每个新闻组交换某个主题下的消息(即文章(articles))。有许多新闻组，每个新闻组讨论自己喜欢的主题，上至天文，下至某个小狮子的画像。要管理好自己特定的 Usenet 可通过查阅该新闻组所带的详细说明。在新闻组中还有一种称为新闻阅读器的软件也很有用。新闻阅读器可以帮我们检查哪些人已经发表了哪些文章，以及我们自己发表过哪些文章等。

4) Telnet

允许用户与分布于世界各地的数据库、图书馆书目和其它信息源相连接的软件称为 Telnet。通过该软件用户可登录到一台远程的主计算机上，访问该计算机的数据，用户操作起来就像在直接操作该远程计算机。世界各地的研究人员、学生可以利用 Telnet 访问图书馆数据库，查找珍贵的书籍、期刊和各种文章。

5) World Wide Web

World Wide Web 也称为 WWW、W3 或简单称为 Web。Web 通过连接方式，把遍布世界的成千上万个 Web 服务器上的多媒体文档收集到一起。Web 文档可以是文本、图片、动画、声音甚至视频信息或它们的结合。Web 是因特网中发展最快的部分，当我们平时谈论因特网时，实际上都是说的 Web 这种形式。Web 网站按页组织，每个页大约以一个计算机屏幕所能容纳的信息量为单位。Web 站点的开始页称为主页，它类似于杂志的封面，用户通过主页可访问站点上的其它页。每个网页都有指定的地址，这种地址描述方法正规地称为统一资源定位(URL)。Web 网页的 URL 都有特定的格式，例如：

http:// www.ibm.com

这里 http 称为超文本传送协议(HTTP)，它是 Web 上的通信标准。构成 Web 的独立计算机称为 Web 服务器或 HTTP 服务器。由于这些服务器能解释 HTTP 命令，因此可以用站点的 URL 来定位该站点和访问该站点的内容。字母 WWW 表示它是 World Wide Web 的站点。URL 的其余部分，如 ibm.com，表示它是一个属于 IBM 的商业类型的站点。

2. 因特网对人类的影响

因特网是在人类对信息资源需求的推动下发展起来的。随着人类社会的发展，信息已成为人类社会最重要和不可缺少的并用以竞争、生存、发展的资源。计算机网络技术的不断发展和完善，不仅极大地满足了人类对信息的需求，更重要的是它加速和推动了人类社会的发展，使人类社会发生了根本性的变革。因特网为人类带来了各种利益，主要包括经济利益、改善为公众利益服务的网络、促进科学研究和推动教育事业发展。

因特网是全人类的资源，它已成为世界各国的信息基础结构设施。

5.5 计算机网络安全

计算机网络的安全是一个非常复杂的问题，安全问题不仅仅是技术方面的问题，它还涉及人的心理、社会环境以及法律等多方面内容。在计算机网络系统中，多个用户共处在一个大环境中，系统资源是共享的，用户终端可以直接访问网络和分布在各用户处理机中的文件、数据和各种软件、硬件资源。随着计算机和网络的普及，政府、军队的核心机密和重要数据、企业的商业机密甚至是个人的隐私都存储在互联的计算机中，而因系统原因和不法之徒千方百计的“闯入”、破坏，使有关方面蒙受了巨大的损失。因此，网络安全问题已成为当今计算机领域中最重要的研究课题之一。

5.5.1 计算机网络安全的有关概念

1. 安全与保密

计算机网络安全是指网络系统中用户共享的软、硬件等各种资源的安全，防止各种资源受到有意和无意的各种破坏及不被非法侵用等。研究计算机网络安全问题必然要涉及保密问题，但安全同保密却不是等同的两个概念。在研究网络安全问题时，针对非法侵用、盗窃机密等方面的安全问题要用保密技术加以解决。保密是指为维护用户自身利益，对资源加以防止非法侵用和防止盗取的措施，使非法用户盗取不到，或者盗取到了资源也识别不了和不能使用。

2. 风险与威胁

风险是指遭受损失的程度；威胁是指对资产构成损失威胁的人、物、事、想法等因素。其中，资产是进行风险分析的核心内容，它是系统保护的对象，网络系统中的资产主要是数据。威胁会利用系统所暴露出的弱点和要害之处对系统进行攻击，威胁包括有意和无意两种。

3. 敏感信息

敏感信息是指那些容易丢失、滥用、被非法授权人访问或修改的信息，是泄露、破坏、不可使用或修改后对你的组织造成损失的信息。

4. 脆弱性

脆弱性是指在系统中安全防护的弱点。脆弱性与威胁是密切相关的。

5. 控制

控制是指为降低受破坏的可能性所做的努力。

5.5.2 产生网络不安全的因素

随着计算机网络技术的发展，计算机网络系统独特的优越性越来越明显，在社会生活中的作用与地位越来越重要。但其安全性也开始下降，给非法用户、犯罪分子提供了机会。计算机网络的不安全因素多种多样，但归纳起来主要为如下几种。

1. 环境

计算机网络通过有线链路或无线电波连接不同地域的计算机或终端，线路中经常有信息传送，因此，自然环境和社会环境对计算机网络都会产生巨大的不良影响。对于自然界，如恶劣的温湿度、地震、风灾、火灾等天灾以及事故都会对网络造成严重的损害和影响；强电、强磁场会毁坏传输中和信息载体上的数据信息；计算机网络还极易遭雷击，雷电能轻而易举地穿过电缆，损坏网中的计算机，使计算机网络瘫痪。对于社会而言，社会不安定，没有良好的社会风气也会增加对网络的人为破坏，给系统带来毁坏性的打击。

2. 资源共享

计算机网络实现资源共享，包括硬件共享、软件共享、数据共享。各终端可以访问主计算机的资源，各终端之间也可以相互共享资源，这样为异地用户提供了巨大方便，同时也给非法用户窃取信息、破坏信息创造了条件，非法用户有可能通过终端或节点进行非法浏览、非法修改。此外硬件和软件故障也会引起泄密。同时，大多数共享资源(如网络打印机)同它们的许多使用者之间有相当一段距离，这样就给窃取信息在时间和空间上设下了便利条件。

3. 数据通信

计算机网络要通过数据通信来交换信息，这些信息是通过物理线路、无线电波以及电子设备进行的，这样，在通信中传输的信息极易遭受损坏，如搭线窃听、网络线路的辐射等都对信息的安全造成威胁。

4. 计算机病毒

计算机网络可以从多个节点接收信息，因而极易感染计算机病毒，病毒一旦侵入，在网络内再按指数增长进行再生，进行传染，很快就会遍及网络各节点，短时间内可以造成网络的瘫痪。

5. 网络管理

网络系统的正常运行离不开系统管理人员对网络系统的管理。由于对系统的管理措施不当，会造成设备的损坏、保密信息的人为泄露等。而这些失误，人为的因素是主要的。

5.5.3 网络系统保护的基本方法

1. 安全策略

每个组织都必须制订一个安全策略以满足系统的安全需要，为有效地使用系统资源提供保证。例如，对一个军事系统承包商来说，安全性是首要的，他所实行的安全策略，完全不同于通常需要开放的访问和自由交流思想的学术机构希望实行的安全策略。

安全策略涉及法律、技术、管理等多方面问题。

2. 防火墙

在网络系统中，防火墙是一种用来限制、隔离网络用户的某些工作的技术，安全系统对外部访问者(例如，通过因特网连接的访问者)可以通过防火墙技术来实现安全保护。

防火墙可以被定义为：限制被保护网络与互联网之间，或其它网络之间信息访问的部件或部件集。防火墙实际上是一种保护装置，防止非法入侵，以保护网络数据。在互联网上防火墙服务于多个目的：

(1) 限定访问控制点。

(2) 防止侵入者侵入。

(3) 限定离开控制点。

(4) 有效地阻止破坏者对计算机系统进行破坏。

总之，防火墙在互联网中是分离器、限制器、分析器。防火墙通常是一组硬件设备配有适当软件的网络的多种组合。在互联网中，防火墙的物理实现方式是多种多样的。用于限制外部访问的方法很多，每一种都必须权衡安全性与访问的方便性之间的得失。

最安全的解决方案是“隔离”，即用不连到网络上的专用机器进行所有外部的连接。但这种非常安全的方案却极不方便，因为任何希望进行外部访问的人都必须使用专用机器。

防火墙最简单采用的是包过滤技术，如图 5.19 所示，用它来限制可用的服务，限制发出或接收可接受数据包的地址。通常外部访问是由具有各种安全级的网络提供的，通过使用一个易于配置的包过滤路由器能够完成过滤功能，这种方法只需一个放置在外部世界和网络之间的包过滤路由器即可。它是一种简单、相对成本低的解决方案，但在需要某些合理的安全要求时却能力有限。如果系统需要提供更多的控制和灵活性的过滤，可以通过基于主机的系统实现。

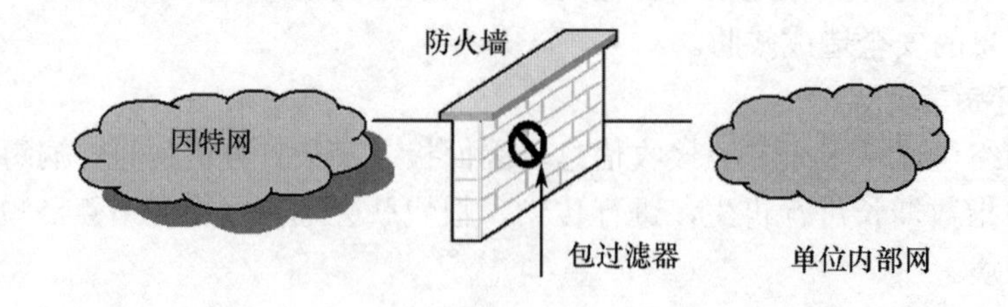

图 5.19 防火墙中的包过滤

防火墙在互联网中，对系统的安全起着极其重要的作用，但对于系统的安全问题，还有许多问题防火墙无法解决，防火墙还存在许多缺陷。

(1) 由于很多网络在提供网络服务的同时，都存在安全问题。防火墙为了提高被保护网络的安全性，就限制或关闭了很多有用但又存在安全缺陷的网络服务，从而限制了有用的网络服务。

(2) 由于防火墙通常情况下只提供对外部网络用户攻击的防护。而对来自内部网络用户的攻击只能依靠内部网络主机系统的安全性能。所以，防火墙无法防护内部网络用户的攻击。

(3) 互联网防火墙无法防范通过防火墙以外的其它途径对系统的攻击。

(4) 因为操作系统、病毒的类型，编码与压缩二进制文件的方法等各不相同。防火墙不能完全防止传送已感染病毒的软件或文件。所以防火墙在防病毒方面存在明显的缺陷。

总之，随着网络的发展、应用的普及，各种网络安全问题不断地出现，作为一种被动式防护手段的防火墙，网络的安全问题不可能只靠防火墙来完全解决。

3. 记录

为了了解、防护和恢复未经授权的访问，在网络上的每项活动都必须被记录下来，系统管理员必须能以某种方式处理记录的信息，以便获得所需的信息来定位和特征化侵入行为。

例如，UNIX 系统就可以自动记录某些活动，但是它还需要其它附加记录以及处理大量记录数据和识别各种问题的复杂工具。

由于重新检查数目如此庞大的数据是不可能的，人们就需要使用复杂的记录软件检查基本数据，从中识别可疑的登录和不符合协议的通信，并生成网络使用情况的统计数据。

4. 识别和鉴别

网络中的用户和系统必须能够可靠地识别自身，以确保关键数据和资源的完整性。网络中必须有控制手段，使用户或系统只能访问他们需要或有权使用的资源。系统中所具有的这种能力还必须是不容易被破坏的，最简单和容易实现的识别和鉴别的方法就是使用口令字或利用生物测定法如手形检测、面部检测及指纹检测(图 5.20)。

图 5.20　指纹扫描仪

其它通用的识别和鉴别控制机制包括：限制网络中最大用户数和会话数；限制每个用户的访问日期和时间；提供预先正式排定的时间表激活与停用账户等。另外，在定义的非活动时间内会话应当暂停，并且应当限制允许用户登录失败的重试次数。

5. 物理保护

电缆、终端(特别是网络服务器)、路由器和其它系统硬件会受到物理危害(例如，通过“搭线”到网络电缆上)。为了防止这些问题，应当规划网络的物理安装，以使潜在的安全性危害达到最小。网络服务器和路由器应当锁存在屋子或柜子中，并限制用户的访问次数。应对访问网络上使用的软件进行限制以确保不危及数据。对网络连线进行规划以尽可能减少搭线的潜在可能。

5.5.4 网络安全策略

要保证计算机网络系统的安全，首先要确立保证安全的策略，这就是：预防为主，对症下药，消除隐患。

对网络系统来说，随着时间的推移，各种新的破坏手段不断出现，层出不穷。为此，系统要对症下药，发现一个问题解决一个问题，这就是所谓治疗。治疗是通过增加系统的管理功能，监控系统的运行状态，在一定范围内对被发现的不正常活动予以禁止，因此，具有极大的被动性。为了掌握主动权，就必须采取一系列的预防措施，通过健全的系统安全功能，使系统得到有效的保护。

1. 加强网络管理，保证系统安全

(1) 加强计算机安全立法。近年来计算机犯罪日益增加，特别是在经济领域中的计算机犯罪非常严重，要约束计算机犯罪首先是立法。

(2) 制订合理的网络管理措施。法律并不能从根本上杜绝犯罪，法律制裁只能是一种外在的补救措施，提供一种威慑，而且法律总有一个界线，所以，除了进一步加强立法外，还必须从管理的角度采取措施，增加网络系统的自我防范能力。

① 应该对网络中的各用户及有关人员加强职业道德、事业心、责任心的培养教育以及技术培训。

② 要建立完善的安全管理体制和制度，要有与系统相配套的有效的和健全的管理制度，起到对管理人员和操作人员的鼓励和监督的作用。

③ 管理要标准化、规范化、科学化。例如，对数据文件和系统软件等系统资源的保存要按保密程序、重要性复制三到五份不等的备份，并分散存放，分派不同的保管人员管理，系统重地要做到防火、防窃；要特别严格控制各网络用户的操作活动；对不同的用户终端分级授权，禁止无关人员接触使用终端设备；要制订预防措施和恢复补救办法，杜绝人为差错和外来干扰，要保证运行过程有章可循，按章办事。

2. 采用安全保密技术，保证系统安全

对于不同性质、不同类型、不同应用领域的网络，应采取不同的安全保密技术。

(1) 对局域网。由于其主要由一个部门、一个或几个单位共享，数据传输率高，要作好系统的安全可以采用如下技术。

① 实行实体访问控制。做好计算机系统的管理工作，严格防止非工作人员接近系统，这样可以避免入侵者对系统设备的破坏，如安装双层电子门、使用磁卡身份证等。

② 保护网络介质。网络介质要采取完好的屏蔽措施，避免电磁干扰，对系统设备、通信线路应定期做好检查、维修，确保硬件环境安全。

③ 数据访问控制。通过数据访问控制，保证只有特许的用户可以访问系统和系统的各个资源，只有特许的成员或程序才能访问或修改数据的特定部分。

④ 数据存储保护。网络中的数据都存储在磁盘上，因此，首先要做好磁盘的安全保管；其次对于磁盘上的数据要根据重要性制作3～5个备份，以便网络系统损坏时能及时进行数据恢复；第三，要实行数据多级管理，如把文件分为绝密级、机密级、秘密级和普通级，然后分给不同的用户实现；第四，将数据加密后存储。

数据加密后再存储，这样即使磁盘丢失，窃取者也很难明白数据的真正意义，从而达到安全的功效。

⑤ 计算机病毒防护。计算机病毒如同一场瘟疫在民间各地迅速蔓延，由于其具于传染性、潜伏性、可触发性和破坏性，所以，一旦出现在网络中，破坏性非常大。对计算机病毒的防护工作应该作为对系统进行安全性保护的一项重要内容来抓。

对付计算机病毒必须以预防为主，所以，应采取消除传染源，切断传播途径、保护易感源等措施，增强计算机对病毒的识别和抵抗力。为此，系统应具有建立程序特征值档案的功能，能够对计算机内存进行严格的管理，同时具有中断向量表恢复功能，使计算机病毒不能进入系统；切断传染源，一旦病毒入侵，系统能够迅速做出反应，阻止病毒进行破坏的任何企图和恢复被病毒破坏的系统。

(2) 对广域网络。数据通信的安全工作是系统正常运行的基础，它主要包括数据通信保密和通信链路安全保护两方面工作。

① 数据通信加密：采用数据加密技术对通信中数据加密。网络通信中的加密包括节点加密、链路加密、端对端加密等。对窃听者来说即使采用搭线窃听等非法手段浏览数据，甚至修改数据都很难达到目的，使数据具有通信安全保障。

② 通信链路安全保护：广域网中通信链路是引起泄密的主要原因，因而应该选取保密性好的通信线路、通信设备。如选取屏蔽性好的电缆，光纤。又如一些重要的信息网络不要采用无线电来传输，以免电磁窃听等。除以上所述之外，还可采用局域网络的各种安全措施。

5.5.5 安全风险

任何网络系统都存在着和面临着各种对安全产生影响与威胁的风险。

1. 安全风险的特点

对网络系统来说，如果它是安全的，就应具有如下特点：

(1) 保持各种数据的机密。

(2) 保持所有信息、数据及系统中各种程序的完整性和准确性。

(3) 保证合法访问者的访问和接受正常的服务。

(4) 保证各方面的工作符合法律、规则、许可证、合同等标准。

了解安全风险的特点及风险的种类是非常重要的问题。安全风险的特点表现在：

(1) 不同的系统环境风险不同。

(2) 风险不会自行组织，它产生的主要因素是人。

(3) 不同的风险，对网络安全的威胁与造成的后果不一样。

(4) 各种风险性的可能性和严重性是不同的。

2. 风险管理的基本内容

风险管理包括物质的、技术的、管理控制及过程的一些活动，通过这些活动来试图得到合算的安全性解决办法，实现最有效的安全防护。一个风险管理程序主要包括4个基本内容。

1) 风险评估

风险评估也称风险分析，它是进行风险管理的基础。风险评估用于估计威胁发生的可能性以及由于系统易于受到攻击的脆弱性，并研究由此而引发潜在损失，其最终目的是帮助选择安全防护措施并将风险降低到可接受的程度。

2) 安全防护措施的选择

安全防护措施的选择是风险管理中一项重要的功能，安全防护是用来减轻相应的威胁的。选择安全防护措施时，管理者应了解哪些方面或区域是最可能引起损失或被伤害的。通过安全防护要能够得到比实现和维护它们时所用费用更多的回报，它必须是节省费用的。

安全防护的方法包括：

(1) 减少威胁的产生。

(2) 降低威胁产生后造成的影响。

(3) 恢复。

3) 确认和鉴定

确认是证明系统所选择的安全防护或控制是合适的、运行是正常的一种技术。鉴定是指对操作、安全性纠正或对某种行为终止的官方授权。

4) 应急措施

应急措施是指系统在发生突发事件时，保证系统能继续处理事物的能力。如容错技术的应用。

5.5.6 计算机病毒

1. 计算机病毒的定义

《中华人民共和国计算机信息系统安全保护条例》中明确指出：“计算机病毒，是指编制或者在计算机程序中插入破坏计算机功能或者毁坏数据，影响计算机使用，并能自我复制的程序代码。”也就是说计算机病毒是软件，是一些人蓄意编制的一种具有寄生性的计算机程序，它能在计算机系统中生存，通过自我复制来传播，在一定条件下被激活，从而给计算机系统造成一定损害甚至破坏。但是，与生物病毒不同的是，所有计算机病毒都是人为制造出来的，一旦扩散开，制造者自己也难以控制。它的出现不单是技术问题，而是一个严重的社会问题。

2. 计算机病毒的特点

计算机病毒的特点很多，概括地讲主要有：

(1) 破坏性。无论何种病毒程序，一旦侵入都会对系统造成不同程度的影响。至于破坏程度的大小主要取决于病毒制造者的目的；有的病毒以彻底破坏系统运行为目的，有的病毒以蚕食系统资源(如争夺 CPU、大量占用存储空间)为目的，还有的病毒删除文件、破坏数据、格式化磁盘，甚至破坏主板。总之，凡是软件能作用到的计算机资源(包括程序、数据甚至硬件)，均可能受到病毒的破坏。

(2) 隐蔽性。隐蔽是病毒的本能特性，为了逃避被察觉清除，病毒制造者总是想方设法地使用各种隐藏术。病毒一般都是些短小精悍的程序，大多数隐蔽在正常的可执行程序或数据文件里，不容易被发现，因此用户很难发现它们，而往往发现它们都是在病毒发作的时候。

(3) 传播性和传染性。感染性是计算机病毒的重要特性，计算机病毒能从一个被感染的文件扩散到许多其它文件。病毒传播的速度极快，范围很广，特别是在网络环境下，计算机病毒通过电子邮件、Web 网页等迅速而广泛地进行扩散，这也是计算机病毒最可怕的一种特性。

(4) 可触发性。指病毒在潜伏期内是隐蔽地活动(繁殖)，当病毒的触发机制或条件满足时，就会以各自的方式对系统发起攻击。病毒触发机制和条件可以是五花八门的，如指定日期或时间、文件类型或指定文件名、用户安全等级、一个文件的使用次数等，如，“黑色星期五”病毒就是每逢 13 日的星期五发作；CIH 病毒 V1.2 发作日期为每年的 4 月 26 日，会破坏计算机硬盘和改写计算机基本输入/输出系统(BIOS)，导致系统主板的破坏，该病毒已有很多变种；台湾 No.1 文件宏病毒发作时会出一道连计算机都难以计算的数学乘法题目，如图 5.21 所示，并要求输入正确答案，一旦答错，则立即自动开启 20 个文件，并继续出下一道题目，一直到耗尽系统资源为止。

图 5.21　宏病毒“台湾 No.1”

(5) 攻击的主动性。病毒对系统的攻击是主动的，是不以人的意志为转移的。也就是说，从一定的程度上讲，计算机系统无论采取多么严密的保护措施都不可能彻底地排除病毒对系统的攻击，而保护措施只是一种预防的手段而已。

总之，计算机病毒都是危害，不同的病毒只是在方法、程度上有区别而已。

自 20 世纪 80 年代发现计算机病毒以来，至今全世界已发现数万种计算机病毒，并且还在高速度地增加。由于计算机软件的脆弱性与因特网的开放性，更是引发了病毒的活力，为世界带来了多次灾难。

3. 计算机病毒的防治

检测与消除计算机病毒最常用的方法：使用专门的杀毒软件(图 5.22)。它能自动检测及消除内存、主板 BIOS 和磁盘中的病毒。但是，尽管杀毒软件的版本不断升级，功能不断扩大，由于病毒程序与正常程序的形式相似性，以及杀毒软件的目标特指性，使杀毒软件的开发与更新总是稍稍滞后于新病毒的出现，因此还会检测不出或无法消除某些病毒。而且，由于谁也无法预计今后病毒的发展及变化，所以很难开发出具有先知先觉功能的可以消除一切病毒的杀毒软件。

对用户来说选择一个合适的防杀毒软件主要应该考虑以下几个因素：

(1) 能够查杀的病毒种类越多越好。

(2) 对病毒具有免疫功能，即能预防未知病毒。

(3) 具有实现在线检测和即时查杀病毒的能力。

(4) 能不断对杀毒软件进行升级服务，因为每天都可能有新病毒的产生，所以杀毒软件必须能够对病毒库进行不断地更新。

图 5.22 杀毒软件

大量实践证明制定切实可行的预防病毒的管理措施是行之有效的。预防计算机病毒侵害的措施包括：

(1) 尊重知识产权，使用正版软件。不随意复制、使用来历不明及未经安全检测的软件，不使用来历不明的程序和数据。

(2) 建立、健全各种切实可行的预防管理规章、制度及紧急情况处理的措施。

(3) 对服务器及重要的网络设备实行物理安全保护和严格的安全操作规程，做到专机、专人、专用。严格管理和使用系统管理员的账号，限定其使用范围。

(4) 对于系统中的重要数据要定期与不定期地进行备份，确保系统的安装盘和重要的数据盘处于“写保护”状态。

(5) 严格管理和限制用户的访问权限，特别是加强对远程访问、特殊用户的权限管理。

(6) 不用软盘启动，防止引导区病毒的感染。

(7) 随时注意观察计算机系统及网络系统的各种异常现象，一旦发现问题立即用杀毒软件进行检测。

(8) 网络病毒发作期间，暂时停止使用 Outlook Express 接收电子邮件，不轻易打开来历不明的电子邮件，避免来自其它邮件病毒的感染。

(9) 不在与工作有关的计算机上玩游戏。

5.5.7 信息安全技术应用

1. U 盾

外形像 U 盘，U 盾是用于网上银行电子签名和数字认证的工具，如图 5.23 所示，它内置微型智能卡处理器，采用 1024 位非对称密钥算法对网上数据进行加密、解密和数字签名，确保网上交易的保密性、真实性、完整性和不可否认性，它包含有嵌入式处理器与数字证书等，嵌入式处理器负责进行数据加密/解密和数字签名处理，采用 1024 位非对称 RSA 加密算法，它为用户产生一个私钥(唯一序列号)。

图 5.23　U 盾

U 盾使用前需把权威机构 (CA 中心) 颁发的数字证书下载到 U 盾中，数字证书包含有客户身份信息及相应的公钥。U 盾在使用网上银行进行交易时有 2 个作用：

(1) 使用 U 盾中的数字证书进行用户身份认证。

(2) 借助嵌入式处理器对交易数据进行数字签名，确保信息不被篡改和交易不可抵赖。

拥有 U 盾，办理网上银行业务时，不用再担心黑客、假网站、木马病毒等各种风险，U 盾可以保障用户的网上银行资金安全，办理网上银行对外支付业务时，使用登录密码和支付密码的客户，需要保护好卡号和密码，需要确保登录网上银行的电脑安全可靠，定期更新杀毒软件，及时下载补丁程序，不随便打开来路不明的程序、游戏、邮件，保持良好的上网习惯；当然如不能完全做到，也不用担心，只要登录卡号、登录密码、U 盾和 U 盾密码不同时泄露给一个人，就可以放心安全使用网上银行。

2. 入侵检测技术

入侵检测（Intrusion Detection）是保障网络系统安全的关键部件，它通过监视受保护系统的状态和活动，发现非授权的或恶意的系统及网络行为，为防范入侵行为提供有效的手段。

入侵检测系统（Intrusion Detection System，IDS）就是执行入侵检测任务的硬件或软件产品。IDS 通过实时的分析，检查特定的攻击模式、系统配置、系统漏洞、存在缺陷的程序版本以及系统或用户的行为模式，监控与安全有关的活动。

入侵检测系统包括事件提取、入侵分析、入侵响应和远程管理，另外还可能结合安全知识库、数据存储等功能模块，提供更为完善的安全检测及数据分析功能，是一种用于检测任何损害或企图损害系统的保密性、完整性或可用性的网络安全技术，其原理框图如图 5.24 所示。

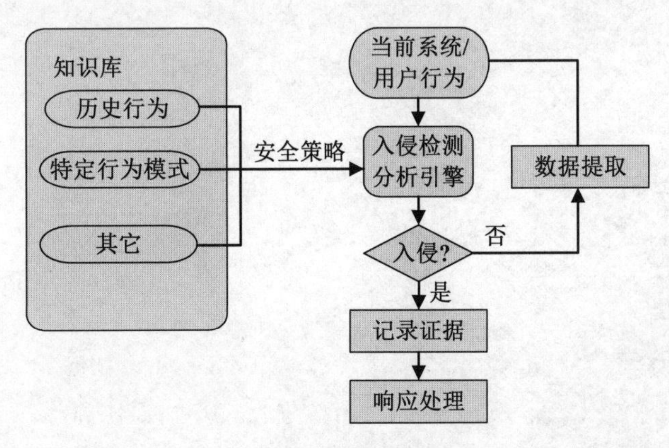

图 5.24　入侵检测系统原理框图

习　题

1. 计算机网络的发展可划分为几个阶段？每个阶段各有何特点。
2. 试举出网络分层处理的优缺点，并列举一些与分层体系结构思想相似的事例。
3. 简述因特网的发展历史。
4. 因特网中包含哪些关键技术及它们的定义如何？
5. 因特网服务有哪些？
6. 对计算机网络安全的威胁有哪些？有哪些安全措施？
7. 如何防止计算机病毒的侵害？
8. 简述防火墙的工作原理和所提供的功能。

第6章　计算机科学

6.1　概　述

计算机科学是研究计算机及其周围各种现象和规律的科学，亦即研究计算机系统结构、程序系统（即软件）、人工智能以及计算本身的性质和问题的学科。计算机科学是一门包含各种各样与计算和信息处理相关主题的系统学科，从抽象的算法分析、形式化语法等，到更具体的主题如编程语言、程序设计、软件和硬件等。

计算机科学是在数学和电子科学基础上发展起来的一门新兴学科。它既是一门理论性很强的学科，又是一门实践性很强的学科。几十年来，计算机科学自身发展的实践表明，一方面，围绕着一些重大的背景问题，各分支学科取得了一系列重要的理论和技术成果，推动了计算机科学向深度和广度发展；另一方面，由于发展了一大批成熟的技术并成功地应用于各行各业，更多的人是把这门科学看成是一种技术。事实上，理论和技术是计算机科学两个互为依托的侧面。计算机科学的理论绝大多数属于技术理论。虽然，目前整体上理论研究滞后于技术开发，但随着学科研究和应用的不断深化，理论的重要性地位将愈来愈突出，而技术则渐渐退居为次要的位置。研究表明，像新一代计算机体系结构、软件工程、并行计算与处理、计算语言学、人工智能等许多方面的难题，并不是技术问题，而恰恰是理论问题。这些难题基本上都与某些数学理论或工具之间存在着密切的联系，它们的解决将对计算机科学的发展产生极其深远的影响。

计算机科学并不完全排斥工程的方法。相反，计算机科学在发展中广泛采用了其它学科行之有效的工程方法。如在软件开发中认识到并采用开发工具和环境，进而开发软件的方法；在计算机的设计中，目前广泛使用标准组件的方法；在软件的设计和质量检查中广泛使用软件测试方法和技术，标准化技术等。

计算机科学从一开始就以一种与其它学科发展方式很不相同的方式发展。这种方式就是抽象描述与具体实现相分离的方式，即在计算机科学的发展中，对大量的、各种有深度的问题的处理采用了将理论上解决问题的抽象描述计算方法、算法和技术的内容与具体解决问题的细节、具体实现计算的技术内容相分离。这样做人们可以更深入地探讨一些已经出现的技术问题的内在规律。这在计算机科学各个分支学科的发展中不胜枚举。例如，对数据结构中各种表的数据处理我们已经建立了一套理论方法。在实际工作中，结合具体问题，一个表究竟是用数组表示，还是用链表等其它数据结构表示，在抽象描述阶段是不必关心的。而在实现阶段，我们虽然可以自己选定具体的表示形式，但是具体操作则完全是在理论方法的指导下完成的。

计算机科学发展的另一个重要的特点是存在于学科各个方向和各个层面，一旦研究工作走向深入，研究内容又比较复杂，人们首先是发展相应的计算模型和数学工具，然后依靠计算模型和数学工具将研究工作推向深入。例如，网络协议、程序设计语言、程序语义、并发控制、计算机系统结构、人工智能等。应该指出的是，这里所讲的计算模型不是指计算数学中的数值分析方法或计算方法。

中国是一个有着五千多年人类文明史的国度，中华民族是一个有着灿烂文化的民族，如何使中华民族文化在现代科学技术条件下，在融入世界民族文化的过程中，继承、发扬和光大是摆在每一个中国人面前值得思考的问题。

半个多世纪以来，计算机科学对人类社会的影响是极其深刻的。首先，它开拓了人类认识自然、改造自然的新资源，特别是计算机的出现，使人类从此有了自动化、信息化和一定智能化的强大工具，以开发利用信息资源，把它转化为知识产品，促使物质生产水平和社会劳动生产率空前提高，开创了信息时代的新纪元。以计算机为核心对信息资源的开发和利用，使物质资源和能量资源的效益得以更加充分、高效地发挥，人们能以合适的物质和能量创造出高质量产品，其增值来源于信息和知识。

其次，计算机的出现，由于其自动、高速进行大量运算的能力和计算的精确性，致使过去科学家穷毕生精力无法办到的事，如今在短短几小时甚至几分钟内即可变成现实，并能获得单纯依靠理论与实验难以得到的结果，从而出现了计算物理学、计算化学、计算生物学、计算力学等新兴学科；同时，由计算机科学技术与其他学科的融合，出现了人工智能、计算机图形学等交叉学科。随着计算机应用的不断拓广与深入，以及计算机科学技术的不断发展，必将出现更多的新兴交叉学科，因此计算机和计算机科学技术的出现，在理论与实验两大传统手段外，又增添了人类发展科学技术的新手段，即计算手段。

再次，计算机提供了人类创造文化的新工具，计算机及其使用成为与语文和数学等同等重要的基础知识。计算机的出现，为人类创造文化提供了新的现代化工具。它改变了人们创造文化的活动方式、方法和性质；拓宽了文化活动的领域；丰富了文化的内容；提高了质量；革新了传播手段；改善了学习条件；增强了传播能力，使之达到了前所未有的水平。

总之，计算机科学不仅促进了各行各业的发展，而且影响和改变着人类的生存方式和生活习惯，它使人类步入信息化社会，极大地影响和改变着人们的价值观和对许多事物的认识。例如，当网络技术日益成熟，互连网络走入千家万户的今天，我们应该意识到联网意味着走向技术、文化观念等方面的统一和趋同。

6.2 计算机科学

6.2.1 计算机科学知识组织结构及其演变

计算机科学中的理论部分在第一台数字计算机出现以前就已存在。计算机科学根植于电子工程、数学和语言学，是科学、工程和艺术的结晶，并发展出自己的方法与术语。计算机科学的发展及其知识组织结构的演变在时间上可划成以下几个独立的阶段：

20 世纪 30~50 年代末为计算机科学发展的早期，计算机科学研究方向主要集中在计算模型、计算机设计、高级语言和科学计算等方面。应用主要是大量的科学计算，与数学关系密切，使大量从事数学研究的人员转行进入计算机科学领域。他们不仅在数量上占有绝对优势，而且在工作中也处于主动地位。就当时的情况来看，他们具有坚实的数学基础，懂得一些电子学、逻辑和布尔代数，很容易掌握计算机原理和设计的方法。如果还掌握了一些程序设计的技术，那么就完全可以进入学科前沿。在学科发展的早期，数学、电子学、高级语言和程序设计是支撑计算机科学发展的主要专业知识基础。

20 世纪六七十年代是计算机科学蓬勃发展的时期，面对学科发展中遇到的许多重大问题，如怎样实现高级语言的编译系统，如何设计各种新语言，如何提高计算机运算速度和存储容量，如何设计操作系统，如何设计和实现数据库管理系统，如何保证软件的质量等问题，发展了一大批理论、方法和技术。如形式语言与自动机理论、形式语义学(主要是外延的方法)、软件开发方法学(程序设计方法学和软件工程等)、算法理论、高级语言理论，并发程序设计，大、中、小型计算机与微型计算机技术，程序理论等。这一时期的发展有两个显著特点：

(1) 学科研究和开发渗透到社会生活的各个方面，广泛的应用需求推动了学科持续高速发展。

(2) 经过大量的实践，人们开始认识到软件和硬件之间有一个相互依托、互为借鉴以推动计算机设计和软件发展的问题。

与此同时，人们也开始认识到计算机理论和工程技术方法两者缺一不可，且常常是紧密地结合在一起的。在此 20 年里，计算机原理、编译技术、操作系统、高级语言与程序设计、数据库原理、数据结构与算法设计，以及逻辑成为学科的主要专业知识基础。

从 20 世纪 80 年代起，针对集成电路芯片可预见的设计极限和一些深入研究中所遇到的困难，如软件工程、计算模型、计算语言学、大规模复杂问题的计算与处理、大规模数据存储与检索、人工智能、计算可视化等方面出现的问题，人们开始认识到学科正在走向深化。除了寄希望于物理学中光电子计算技术研究取得突破，成倍提高机器运算速度外，基于当前的条件，人们更加重视理论和技术的研究。这方面的努力推动了计算机体系结构、并行与分布式算法、形式语义学、计算机基本应用技术、各种非经典逻辑及计算模型的发展，从而推出了并行计算机、计算机网络和各种工作站，并带动了软件开发水平和程序设计方法、技术的提高。尤其值得一提的是，在图形学和图像处理这两个相对独立的方向上，不仅科研而且实际应用均取得了长足的进步。这两个方向的迅速发展不仅使计算机的各种应用变得更易于为社会接受，而且随着计算机硬件和数据库技术的进步，使计算机应用触及到了一些以前被认为是较为困难的领域，并引发了计算几何、多媒体技术、虚拟现实等计算可视化方向的发展。

正当学科处于高速发展的时候，基于并行软件开发方法学、计算语言学、人工智能、超大规模计算机网络的控制与信息安全以及硬件芯片设计中遇到的困难和极限，人们开始对一些基本问题进行反思。例如计算概念能突破图灵计算模型定义的范围吗？什么是智能计算机的理论基础？逻辑能成为智能计算机的基础吗？如果能，那么什么逻辑能成为智能计算机的基础？软件开发方法学中遇到的程序语言的动态语义问题？基于目前的芯片技术，如何设计高性能的计算机系统？如何将并行算法的研究与体系结构相分离？于是，基础理论研究重新引起人们更多的重视。

围绕着学科遇到的问题，新一代计算机体系结构、高性能计算与通信系统、各种计算模型(包括非图灵计算模型)、形式语义学(主要是内涵的方法)、并行算法设计与分析，以及各种非经典逻辑系统成为专家关注的重点。然而，由于长期以来理论的研究滞后于技术的发展，技术和工程应用的发展速度开始受到制约。在研究工作的方法上也开始广泛借鉴其它学科的知识，如从脑神经系统的生理结构与思维功能得到启发产生了神经网络与神经元计算。

经过一段时间的探索之后，人们开始认识到：目前高性能计算机设计的主要问题仍然是计算机体系结构新技术。在体系结构的设计和开发中，必须针对用户需求的特点和要求，同时考虑软件和硬件的具体配置，平衡软硬件的复杂性；在软件的开发中，算法(特别是并行算法)的设计应该与体系结构相分离，而程序的设计应该与具体机器无关。在并行计算机系统和网络计算机系统上开展应用的关键是首先开发各种并行算法和分布式算法。软件研究的重点是软件开发方法论。在软件开发方法论的研究中，软件开发各阶段的研究和不同用途、不同性质的软件开发需要各种计算模型和数学理论的支持。软件开发环境的核心是软件开发工具、高素质的软件开发工程师、以及先进的软件工程思想、方法、技术和规范。计算机在各行各业的具体应用应该由计算机科学专业人员与具体学科的专业人员合作开展工作，两者之间既有分工，又有合作，才能更好地将先进的计算机技术引入到应用中去。

在计算机科学的研究与发展中，无论计算机科学在发展中产生了多少新的研究与发展方向，我们应该清醒地认识到，推动计算机科学发展的主要动力在于社会广泛的应用需求。发展计算机科学各个分支学科方向主要的目的有两个：一个是针对各种实际问题应用背景的特点，希望能够不断地制造出性能更好的计算机系统，包括硬件和软件。为此，必须首先发展软硬件开发的思想、理论、方法、技术和工具；另一个是针对计算机在各行各业中的各类具体应用，为了在计算机系统上更有效地进行科学计算和事务处理，也必须首先发展支持计算机具体应用的各种共性思想、共性理论、共性方法和共性技术。我们还应该清醒地认识到，无论是哪一方面，发展一个学科的思想、理论、方法和技术必定有赖于支持该学科发展的公共知识体系。

学科的发展和重大突破离不开学科核心知识组织结构中各分支学科的发展和支持，它们是现代计算机科学人员所必需的专业基础知识。从知识组织的层次结构和方法论的角度观察，当前学科的重点研究几乎都与计算理论(包括算法理论)、体系结构、高等逻辑和形式语义学的内容密切相关。从目前的学科的整体发展情况来看，计算模型与体系结构、软件开发方法学与计算机应用技术是学科未来发展的主要方向，而计算理论(包括算法理论)、体系结构、高等逻辑与形式语义学是支撑学科未来主要方向发展的四大核心专业知识基础。

如同20世纪50年代数学研究所需的核心专业基础知识从“老三基”(高等代数、数学分析(含几何、分析和函数论)与微分方程)向新三基(抽象代数、泛函分析与拓扑学)过渡转移发生变化一样，计算机科学未来发展所需要的核心专业基础也正在发生转移。这是一个不以人的意志转移的客观规律，是学科发展的大趋势，应该引起计算科学教育界和师生严肃认真的对待。

总之，自20世纪40年代电子计算机问世以来，计算机科学一直处于高速发展的过程中。而且，在可以预见的未来，这种发展速度还将保持下去。今天的计算机科学与10

年前相比，已经有了很大的差别。除了学科知识的变化外，近几年来，计算机学科方法论的内容也逐渐丰富并被人们重视。因此，计算机学科方法论的内容也需要在教学中给予充分的体现。

6.2.2 计算机科学的教育

1. 学科知识体系的演变发展

一方面，计算机学科的快速发展使得学科的教育已经完全不能通过跟踪流行系统的变化来跟踪学科的发展，更不能以流行的系统来确定教学内容，有限的在校学习时间与不断增长的知识的矛盾十分突出。另一方面，经过几十年的发展，本学科正在逐步走向深入，这给计算机学科的教育既提出了新的要求，也提供了新的思路。

目前，计算机学科中，理论研究和系统实践都表现出强烈的构造性和能行性特征，并逐渐被学科的科学工作者所认识和重视。另外，从问题的抽象描述到具体实现，以及从研究对象的表示形式到相应的处理方法，都要求较强的计算思维能力，而计算思维能力在较大的程度上是以思维方式的数学化为支撑的。所以，在思维方式的数学化上的良好训练是非常必要的。其表现形式为，学科在向纵深发展的过程中，已经在一定的程度上将早期的比较基础的程序技术和电子技术变成了学科的一种实现手段和表现形式。这一点将会随着光计算、生物计算技术以及今后将出现的其它计算技术的发展而变得更清楚。因此，计算机科学的教育应更多地关心问题的抽象表示和抽象层次上的变换。

随着21世纪的到来，计算学科的教学知识体系也快速并发生着巨大的变化，从计算机学科发展早期的数学、电子学、高级语言和程序设计等专业基础知识，到在20世纪下半叶的数据结构、计算机原理、编译技术、操作系统等专业课程的变化，再到目前的并行设计、分布技术、网络技术和软件工程，在今后的计算机教育中，加强基础是首要的，其基本的教育原理是“抽象第一”，并在较高的层次上进行实践。

计算机学科的教育，需要努力摆脱以外延发展为主的专业(职业)型教育方式，坚决地走内涵发展的道路。

所谓走内涵发展的道路，归纳起来主要包括以下几方面的含义：①按照学科根本特征的要求，需要加强基础理论的教育，并由此强化计算思维能力的培养；②通过选择最佳的知识载体，循序渐进地传授包括基本问题求解过程和基本思路在内的学科方法论的内容，而将一些流行系统和工具作为学习过程中的实践环境和扩展的内容来处理；③在强调基础的同时，也要注意随着学科的发展，适时、适当地提升教学中的一些基础内容，以满足学科发展的要求。

2. 学科的课程体系

完整的计算机科学的课程由三部分组成：奠定基础的基础课程，涵盖知识体系大部分核心单元的主干课程，以及用来完备课程体系的特色课程。

1) 学习模式

不同的入门途径可充分体现课程特点。

程序设计优先的入门模式是相对稳定的课程体系，由于程序设计通常是学习后续课程所必需的技能，因此程序设计优先的入门模式具有一定优点。程序设计优先基于函数式程序设计，形成了函数优先的入门模式。它使用更抽象的方式来思考，所有入门者都处于同一起跑线上接受新的思维方式。

但从计算机科学作为一门学科的角度看，程序设计优先的入门模式会推迟对学科的了解，过度把精力集中在细节上而不是在学科的概念性、思维性的一些基础上，同时程序设计只是关注编码，很少涉及设计、分析和测试，因此程序设计优先的入门模式也有它的缺点。在面向对象技术被广泛采用后，程序设计优先的入门模式分成了传统的命令优先模式和对象优先模式。对象优先的入门模式强调面向对象程序设计的原则，并使之延续到算法、基本数据结构、软件工程等后续课程。它包含了大量比传统语言多得多的复杂细节。

面向算法的算法优先入门模式描述基本算法概念和结构的是一种伪语言，而不是一种特定的执行语言，可以不必过多关注程序实现的细节，有利于以后的学习和尽早了解计算机学科。

面向机器的硬件优先入门模式从模型机的电路、寄存器出发建立硬件基础，再继续进行高级程序设计等其它内容的学习。

2) 课程组织形式

计算机科学课程的组织形式大致可以分为两类，即主题的模式和系统的模式。

以主题的模式组织的课程，大致按领域划分相应的课程，即一个领域大致对应一门课，如算法和复杂性、计算机体系结构、操作系统等。当然也有由一两个领域对应一门课，如操作系统和网络计算、人工智能和信息管理等。

系统模式则是基于某些软件系统而组织的课程，如数据库系统、管理信息系统、编译系统、操作系统等，它们从各领域中抽取相关的知识单元，组成课程。

3) 核心课程

核心课程包含了基础课程和主干课程中最重要的内容。表6.1列出了计算机科学与技术学科核心课程，特色课程是根据核心课程所包含的知识单元的深度，进一步反映发展、反映学科前沿进展的课程。

表 6.1　计算机科学与技术学科核心课程

序号	核心课程名称	总学时	序号	核心课程名称	总学时
1	计算机导论	36+16	9	编译原理	54+16
2	程序设计基础	54+32	10	软件工程	54+32
3	离散结构	72+16	11	计算机图形学	54+16
4	算法与数据结构	72+16	12	计算机网络	54+16
5	计算机组织与体系结构	72+32	13	人工智能	54+16
6	微型机系统与接口	54+16	14	数字逻辑	36+16
7	操作系统	72+16	15	计算机组成基础	54+16
8	数据库系统原理	54+32	16	计算机体系结构	54+32

6.3　计算机技术发展

日新月异的计算机技术使人们越来越难以预料未来。当年，首次载人登月的太空飞船上采用的计算机，其性能还不及今天最普通的微型计算机。有朝一日，计算机性能会比目前的快100亿倍，这些真难以想象，更无法估计。

但是或许，我们可从现在的蛛丝马迹中得到一些有用的启示。各行各业计算机相关技术的发展有助于我们对未来有所了解。

6.3.1 硬件技术

在计算机的功能变得更强大的同时，它的价格也在下降，是半导体工业的发展使大部分这种进步成为可能的。这些发展使计算机硬件工业可以大规模制造非常复杂的微型电子设备。完全有理由相信这种趋势会继续下去，直至设计人员已经达到了这种小型化的物理极限。

硬件发展包括更大容量的随机存取存储器、光计算和并行处理器带来的更快的处理速度、容量巨大的光存储媒体以及应用纳米技术的更小的处理器。

1. 内存

目前内存的容量已达到吉字节为单位，随着技术发展将进一步大幅提高从而提高计算机处理能力。

2. 速度

光处理器的思想是使用光而不是电子。由于光的速度比电子快得多，光处理器的速度可以比现在的电子电路快几百倍。实验室中的研究人员正在试验厚度只有40个原子的光处理芯片。图6.1为一种可瞬间进行图像数据计算的光计算机。

图 6.1　一种可瞬间进行图像数据计算的光计算机

3. 并行处理

处理器设计的限制之一是处理按串行进行。正在设计和建造中的并行处理器能大大提高计算机可以完成的每秒兆指令数。目前设计的超级计算机都是以并行方式组织微处理器芯片，而不是以串行方式。并行处理器的最大障碍是：必须应用一种新的软件逻辑方法为这些处理器设计程序；为这些处理器设计程序的程序员必须重新培训。

将RISC(精简指令集计算技术)芯片同并行处理结合起来可以极大地提高超级计算机以及微型计算机的速度。由于RISC芯片的功能有限，它的速度要比CISC(复杂指令集计算技术)芯片快。在使用并行芯片时，可以将并行RISC芯片用于许多处理功能而将CISC芯片用于其它功能。

4. 微纳米技术

现在45nm的CPU中，每个晶体管的平均成本仅仅是10万分之一美分，未来的技术将会是微纳米技术，在美国和日本，对基于微纳米的计算机技术的研究已取得了快速进展，包括处理芯片的建立、制造及控制。

5. 穿戴计算机

由于计算机不断朝小型化方向发展，可穿到身上的计算机系统被开发出来，使许多人都感觉不出它的存在。这一系统由一部完整的多媒体计算机构成，有摄影机、麦克风和耳机。这套计算机的大部分元件集成到一副普通的太阳镜里，少许电子元件缝到了身上穿的衣服里。几乎任何时候都可以把这套系统穿在身上，它还拥有与因特网的实时连接，人们随身穿戴着各式各样的个人通信设备，构成了一个庞大、有序的通信网络。人们装备的可穿戴式计算机不仅可以相互联络，传送数据、话音及影像，也能共享各自目前看到的东西。这样的沟通就像平时邻居见面打招呼一样。随着我们越来越习惯于使用穿戴式计算机，与它的沟通也会变得越来越自然。这使得未来的计算机系统更像自己的第二个大脑。换言之，人的身体同电子设备之间的界限会变得越来越模糊。

6.3.2 软件发展

计算机软件的发展受到计算机应用和硬件发展的推动和制约，与此同时计算机软件的发展也推动了应用和硬件的发展。

1. 计算机软件

计算机软件包应用领域几乎包括所有的专业领域，如办公软件包、数据库管理系统软件、计算机辅助设计软件、各种图形图像处理软件、财务处理软件、工资管理软件等。

随着计算机技术的迅速发展，特别是因特网及 WWW 的出现，应用软件的规模不断扩大，应用范围更为广阔，应用软件开发时需要考虑多种硬件系统平台、多种环境软件以及多种用户界面等问题，这些都影响应用软件开发的技术难度和通用性，为此，近年来产生了中间件的基础软件。

中间件是位于平台(硬件和操作系统)和应用程序之间的通用服务，这些服务具有标准的程序接口和协议。中间件屏蔽了底层操作系统的复杂性，使程序开发人员面对一个简单而统一的开发环境，减少了程序设计的复杂性，而将注意力集中在自己的业务上，不必再为程序在不同系统软件上的移植而重复工作，无需关心底层的细节，从而大大减少了技术上的负担。微软公司的 ODBC、SUN 公司的 JDBC 等都是中间件的例子，通过使用它们，应用程序可以在不同厂商的数据库之间进行访问。

另外，原有的传统应用软件也得到进一步发展，出现了嵌入式软件、网络软件及分布式应用软件等新软件。

2. 计算机软件技术

除了软件传统技术继续发展外，将更注意以智能化、自动化、集成化、并行化、开放化以及自然化为标志的软件开发新技术。

(1) 软件工程技术。包括软件开发的原则、策略、方法和模型；软件标准、质量、管理和版权。

(2) 软件工具环境技术。包括人机接口技术；软件自动生成；软件工具集成和开发环境；软件复用。

(3) 网络技术。包括协议工程；网络管理；局域网技术；网络互联技术；智能网络等。

(4) 与实际工作相关的软件技术。包括软件配置的管理；用户的在线帮助文档和图标设计；软件规模控制；软件需求表示和软件规格说明书的确定等。

6.3.3 人工智能

1950 年，英国计算机科学家图灵提出了一个试验来确定计算机是否可以被称为智能的。在图灵试验中，一个人坐在计算机前输入问题。那台计算机与两台隐蔽的计算机相连。在其中的一台上，一个人阅读这些问题并输入答案。在另一台计算机上，一台没有人类帮助的计算机通过运行程序也给出答案。图灵说，如果输入问题的人不能区分计算机的回答与人类的回答，计算机就是智能的。

图灵关于智能的定义认为，如果一台计算机按照智能方式行事，它就是智能的。按照这个标准，计算机很早就通过了图灵试验，许多人永远都不会满足于图灵试验。潜在影响最为深远的就是人工智能(AI)。

人工智能是一门极富挑战性的科学，从事这项工作的人必须懂得计算机知识、心理学和哲学。人工智能涉及很多不同的领域，如机器学习、计算机视觉等，总的来说，人工智能研究的一个主要目标是使机器能够胜任一些通常需要人类智能才能完成的复杂工作。但不同的时代、不同的人对这种“复杂工作”的理解是不同的。

现今能够用来研究人工智能的主要物质基础以及能够实现人工智能技术平台的机器就是计算机，人工智能的发展历史是和计算机科学技术的发展史联系在一起的。除了计算机科学以外，人工智能还涉及信息论、控制论、自动化、仿生学、生物学、心理学、数理逻辑、语言学、医学和哲学等多门学科。人工智能学科研究的主要内容包括：知识表示，自动推理和搜索方法，机器学习和知识获取，知识处理系统，自然语言理解，计算机视觉，智能机器人，自动程序设计等方面。

科学家们在几个相关领域进行的研究使我们增长了关于人工智能的知识。

1. 自然语言

今天，大多数计算机都采用了图形用户界面(GUI)，即用一只鼠标从菜单里选择适当的选项，或单击屏幕上的按钮，就可以发出不同的命令。通过操作屏幕上的图标，可完成像文件复制这样的工作。鼠标和键盘是两种基本的输入工具，而显示器和打印机是最常用的输出工具。

即使不能准确地定义智能，我们仍可以分辨出人类智能的一些方面，如推理的能力、解决问题的能力、学习的能力以及应用自然语言(如英语或汉语)进行交流的能力。

我们目前尚处于同计算机交互方式上有所改变的早期阶段。诸如用在标准计算机上的连续话音口述系统利用“自然”的说话方式，就可向计算机发出命令，或者向其口述文档，让计算机理解我们所说的话。当然，需要对软件进行适当的“训练”，才能让它适应每个人的特殊口音，提高识别率。训练程序是与产品配套提供的。训练完毕后，就可利用自己的正常发音方式，向它说话，与其展开互动。图 6.2 所示为话音输入系统。

麻省理工学院的可视语言研究所(Visual Language Workshop，VLW)正在研究如何改善人与计算机之间的沟通。例如，VLW 的一个研究项目“信息空间”是研究如何将数据的三维渲染与虚拟现实技术应用到计算机，以增强通过显示器表现出来的互动能力。这样一来，人们不该像对待(平面)书页那样对待固定、笨重的显示器、一个键盘以及一只鼠标与计算机交互。它可改观电子媒体中的信息视觉显示，同时也改进了计算机本身的设计以及我们同它的交互方式。计算机屏幕不在简单地当做书中的一页纸，不像对待一张平面纸那样对待它。人们可将信息组织成更有意义的形式，营造出大量神秘的氛围、保持信息的连续性以及带来更多视觉的愉悦。

图 6.2　话音输入系统

2．智能搜索引擎

在浩瀚的信息海洋中，人们只有依靠搜索引擎才不至于迷失方向，才能迅速找到所需的信息。越来越多的搜索引擎随之产生，这些搜索引擎的功能侧重并不一样，有的是综合搜索，有的是商业搜索，有的是软件搜索，有的是知识搜索。依靠单一的搜索引擎不能完全提供人们需要的信息，因此需要一种软件或网站把各种搜索引擎无缝地融合在一起，于是智能搜索引擎随之诞生。

智能搜索引擎是结合了人工智能技术的新一代搜索引擎。它除了能提供传统的快速检索、相关度排序等功能，还能提供用户角色登记、用户兴趣自动识别、内容的语义理解、智能信息化过滤和推送等功能。

智能搜索引擎设计追求的目标是：根据用户的请求，从可以获得的网络资源中检索出对用户最有价值的信息。

智能搜索引擎具有信息服务的智能化、人性化特征，允许网民采用自然语言进行信息的检索，为他们提供更方便、更确切的搜索服务。具有代表性的搜索引擎的国内有百度、搜狗、搜搜等，国外有 WolframAlpha、Ask jeeves、Powerset、Google 等。

3．机器人学

20 世纪 60 年代，随着工业自动化和计算机技术的发展，机器人开始进入大量生产和实际应用阶段。由于自动装备海洋开发空间探索等实际问题的需要，对机器人的智能水平提出了更高的要求。特别是危险环境，人们难以胜任的场合更迫切需要机器人，从而推动了智能机器人的研究。

机器人学的研究推动了许多人工智能思想的发展，有一些技术可在人工智能研究中用来建立世界状态的模型和描述世界状态变化的过程。关于机器人动作规划生成和规划监督执行等问题的研究，推动了规划方法的发展。此外由于机器人是一个综合性的课题，除机械手和步行机构外，还要研究机器视觉触觉听觉等信感技术，以及机器人语言和智能控制软件等。可以看出，这是一个设计精密机械信息传感技术人工智能方法智能控制以及生物工程等学科的综合技术。这一课题研究有利于促进各学科的相互结合，并大大推动人工智能技术的发展。

4. 神经网络

在人工智能方面的关键进展很可能来自神经网络。实际上，神经网络模拟人脑的结构。虽然对于人脑如何工作还知道得很少，它的物理结构都已研究清楚了。解剖学家们知道大脑包含数 10 亿个大脑细胞，称为神经元。这些神经元通过称为神经中枢的导电神经纤维相连。通常一个神经元连接有很多神经中枢，因此形成了一个完整而复杂的相互连接的网络。科学家们认为，当人们学习东西的时候，一些联系得到加强而变得更强壮，而另外一些却没有得到加强。

在神经网络中，数千个计算机处理单元以多路方式连接在一起，就如同大脑中神经元的连接一样。神经网络并不编程；它们是要进行训练的。神经网络通过试错的方式“学习”，正如人类学习的方式一样。不正确的猜想削弱特定的连接模式，正确的猜想则加强某些模式。当训练完成以后，神经网络“知道”怎样去做一件事情，如操纵一台机器人。神经网络的行为同大脑很相似。事实上，神经网络表现出的电磁波同人类的脑电波惊人地相似。但是，今天还没有一个神经网络达到即使是同动物大脑一样的复杂程度。

普通的计算机擅长于解决一些需要线性思维、逻辑规则和按步执行指令的问题。神经网络则非常善于识别模式、处理复杂问题及通过经验学习。

日本从 1988 年就开始开发对于神经网络的应用。日本人已经将神经网络用于很多设备，从空调到电饭锅，再到字处理器。神经网络还被用于帮助进行什么时候买卖证券的决策，确保最好的相片拷贝质量以及检验焊接缺陷。

5. 模糊逻辑

除了神经网络，计算机科学家还一直在尝试让计算机应用模糊逻辑进行决策。传统的计算机进行二进制判断，即是或非、正或误以及开或关。但人类则是根据范围进行判断。您并不是百分之百地快乐或忧愁，您只是快乐比忧愁更多一些。不是极化判断而是通过程度进行判断称为模糊逻辑。

计算机科学家们正在尝试开发关于模糊逻辑的规则并且将它们同神经网络一起用于解决人工智能问题。一个关于模糊逻辑应用的例子是可以使手提摄像机适应摇动状态从而显示稳定图像的电路系统。该电路系统判断什么可能移动而什么很可能不动，并据此调节图像。

6. 计算机视觉

计算机视觉是使用计算机及相关设备对生物视觉的一种模拟。它的主要任务就是通过对采集的图片或视频进行处理以获得相应场景的三维信息，就像人类和许多其他类生物每天所做的那样。

计算机视觉是一门综合性的学科，它已经吸引了来自各个学科的研究者参加到对它的研究之中。其中包括计算机科学和工程、信号处理、物理学、应用数学和统计学，神经生理学和认知科学等。它是各个应用领域，如制造业、检验、文档分析、医疗诊断，和军事等领域中各种智能/自主系统中不可分割的一部分。由于它的重要性，一些先进国家，如美国，把对计算机视觉的研究列为对经济和科学有广泛影响的科学和工程中的重大基本问题，即所谓的重大挑战（grand challenge）。

机器视觉需要图像信号，纹理和颜色建模，几何处理和推理，以及物体建模。一个有能力的视觉系统应该把所有这些处理都紧密地集成在一起。作为一门学科，计算机视觉开始于 20 世纪 60 年代初，但在计算机视觉的基本研究中的许多重要进展是在 80 年代取得的。计算机视觉与人类视觉密切相关，对人类视觉有一个正确的认识将对计算机视觉的研究非常有益。

6.3.4 通信

网络的出现已极大改变了我们使用计算机的方式，并会在将来继续影响这种根本性的转变。我们目前使用的计算机主要通过某些形式的物理性连接构成了一个网络。这些连接形式包括模拟电话线，光缆、高速数字线路(如 T1 线)、综合业务数字网(ISDN)等。这些形式的物理连接已带给我们越来越大的限制。

此外，随着我们越来越依赖因特网，传统连接的带宽限制也会带来问题。所谓带宽，是指一条数据通信线路的数据传输能力。带宽越大，能同时传送的数据就越多。对于在因特网上传输的多媒体数据，特别是影像，它们对带宽提出更为苛刻的要求。如果没有更大的带宽，传输速度就会变得令人不能接受。通信技术必须采取一种有效的方式，解决由于传统数据通信结构造成的诸多限制。

越来越多的员工开始以远程通信方式工作，他们迫切希望提高因特网的访问速度。为解决这些问题，我们使用不对称数字租线(ADSL)技术。与标准的 56Kb/s 的调制解调器相比，该技术的数据传输速度可达它的 30 倍之多。这使得上网浏览就像平时翻书那样快捷。ADSL 不用更换目前正在使用的标准电话线，而只需要在线路每端都安装一个像 Modem 那样的适配器。使线路能同时传输话音、数据和传真。在 ADSL 通信中，一个方向可以得到非常大的带宽(高达 8Mb/s)，而相反的方向却只有一个较低的带宽。这一特性对于 Web 冲浪特别有利。高带宽方向用于从网上下载数据，而低带宽方向允许用户向服务器发出请求。为解决目前物理性网络连接所存在的限制，无线通信也是方案之一。

1. 桌面会议网络化

解决了带宽问题后，一种全新的工作方式就立刻成为可能——这是由于影像数据可以流畅地、不受阻碍地传输。视频网络会议(图 6.3)的信号会变得更加清晰、便宜和通用，因为世界上凡是能访问因特网的任何人都可参加这种形式的虚拟会议。

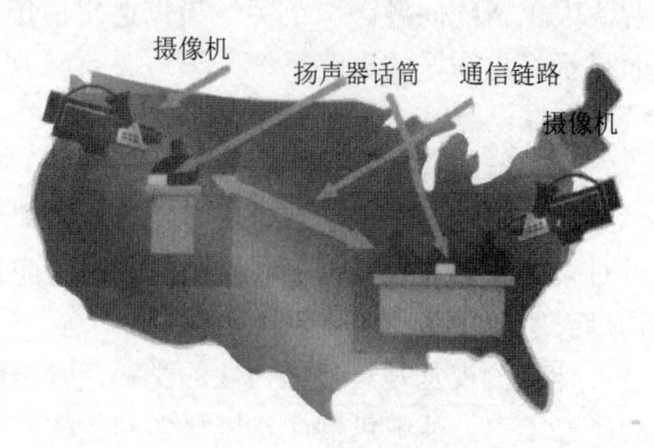

图 6.3 视频网络会议

网络会议系统是一个以网络为媒介的多媒体会议平台，使用者可突破时间地域的限制通过互联网实现面对面般的交流效果。系统采用先进的音视频编解码技术，保证产品清晰的话音和视频效果；强大的数据共享功能更为用户提供了电子白板、网页同步、程序共享、演讲稿同步、虚拟打印、文件传输等丰富的会议辅助功能，能够全面满足远程视频会议、资料共享、协同工作、异地商务、远程培训以及远程炒股等各种需求，从而为用户提供高效快捷的沟通新途径，有效降低公司的运营成本，提高企业的运作效率。

2. 无纸化办公

人们预测计算机技术将会减少人们对纸的需求量，尽管未来几十年之内也不能全部变成无纸化办公，但随着更多的信息都是以数字或电子的形式储存和维护，因此，管理数据的更新应用也就浮出水面。无纸化办公系统通过对各办公要素的闭环整合，实现了工作流、信息流和知识流的整合管理，提供了一个科学、开放、先进的信息化办公平台，实现办公自动化，并进行远程办公或在家办公。

无纸化办公将人从烦琐、无序、低端的工作中解放出来，从事核心事务，提高整体单位办事效率和对信息的可控性，降低办公成本，提高执行力，使管理趋于完善，快速提升核心竞争力。

在会计方面，人们对电子工作报告具有新鲜感。在零售市场，电子工作流程正在取代传统的装货单、发货单、发票和其它纸单据。

社会在进步，创新和符合潮流，实用的产品是社会的主流，无纸化办公管理系统已经是社会的趋势。

3. 云服务

让计算分布在大量的分布式计算机上，而非本地计算机或远程服务器中，企业数据中心的运行将更与互联网相似这就是云计算，它使企业能够将资源切换到需要的应用上，根据需求访问计算机和存储系统。

云计算是云服务的基础，云服务打破了互联网地域分割，形成一个统一大市场，其客观效果是小公司开始挑战大公司，颠覆“规模制胜”的工业文明。我们的社会和文化将更加独立和自由。这种服务类型是将网络中的各种资源调动起来，为用户服务，这种服务将是未来的主流。

6.4 计算机与社会

计算机技术革命在当今世界发展中发挥着重要的作用。在计算机产业带给人类巨大的效益和便利时，同时也带来了诸如环境保护、对人体的某些危害等问题，其相关问题也是应关注的问题。

6.4.1 计算机与环境

1. 计算机与社会环境

计算机科学技术的发展，拉近了人类的距离，因特网已把人们连在了一起，人类共同拥有地球。因而保护地球、保护环境也是计算机产业的从业人员所必须重视的一个方面。计算机产业曾经被认为是一个洁净的工业，它在制造中产生相对较小的污染。但随着计算机数量的急剧增加，也给世界带来了许多问题。其中能源消耗是一个主要问题，由于计算机运行时产生热量但又需要较低的工作温度，因此需要额外的电能。这对能源的消耗产生了间接影响。使用低能耗设备、屏幕保护程序和长时间离开计算机前关掉显示器就是节能的好办法。

尽快考虑处理废旧软盘、大量废弃的计算机和外设也是当务之急，否则将会对环境产生不利影响。

当计算机刚开始普及的时候，人们就在议论所谓“无纸办公”的问题，但事实是在计算机普及之后，纸的用量却增加了许多。用户应当注意节省纸张，在文档资料打印前应当尽可能做好编辑工作。使用可回收墨盒的激光打印机不仅对环境有益还可以节省成本。总之，无论是计算机的生产企业还是用户，都应为“绿色信息产业”做贡献。

2. 计算机与个人环境

计算机通常会从两个方面对健康产生负面影响，已被大部分人所认同。首先，计算机的显示器会产生辐射。其次，日复一日地使用计算机会有损健康，引起眼睛的疲劳和压迫损伤。但只要采取必要的预防措施，上述问题还是可以避免的。

1) 辐射的危险

阴极射线管显示器会发出低强度的电磁场，这种电磁场同许多疾病有些关系。由于有严格的辐射法规，许多制造商都设计出了辐射很低的符合标准的新型显示器。但用户使用计算机时仍应该注意不要离显示器太近。因为那里的电磁场强度最高。如果使用的是液晶显示器则可以避免辐射。

2) 计算机视觉综合症

许多长时间使用计算机的人都抱怨视线模糊和眼睛疲劳。这些问题大都是由长时间近距离的注视造成的。造成眼睛疲劳的其它因素还包括较暗的光线和显示器的闪烁及单色显示器的光化学变化，严重会导致轻度的色盲。显示器的闪烁也是造成眼睛疲劳和头痛的一个原因。计算机视觉综合症的典型症状是眼睛疲劳，如眼睛干、眼睛发炎、视线模糊和头痛。要使用品质好的显示器保护眼睛，同时每工作一段时间后应让眼睛放松，如做眼保健操或远眺，这对于眼睛从疲劳中恢复是有好处的。

3) 其它损伤

在敲击键盘的过程中，腕部活动受到了限制，会导致腕部紧张，从而引发多种损伤。其中最常见的是腕管综合症，导致刺痛、麻木和疼痛，甚至手术。使用人体工程学键盘或腕托(图 6.4)有利于减少或防止腕管综合症发生的危险。由于不合理的工作场所设计，经常会使人感到腰酸背痛，头颈僵直，这对于健康也是很不利的，应尽量使用人机工程学座椅，良好的姿势可避免背部、颈部及肩部酸痛。

图 6.4　腕托

6.4.2　计算机与道德

作为哲学一个分支的道德学是社会调整人与人之间以及个人和社会之间的关系的行为规范的总和,它以善与恶、正义与非正义、诚实与虚伪等道德概念来评价人与人的各种行为和调整人与人之间的关系，通过各种形式的教育人们，逐渐形成一定的习惯。道德行为就是主要基于伦理价值而建立的道德原则、行事方法。

1. 计算机科学技术专业人员的道德准则

由于计算机在人类的生活中发挥着越来越重要的作用，作为计算机科学技术专业人员在本专业领域的处世行事中都会遇到由于计算机的使用而带来的一些特殊的道德问题。这些问题大到涉及国家机密，小的也可涉及网上信誉。因此使用计算机的人都倾向于回避这些理论问题。计算机专业人员更愿意建立一套道德行为实用准则，为了给计算机专业人员建立一套道德准则。美国计算机学会(ACM)对其成员制定了一个有24条规范的《ACM道德和职业行为规范》，其中最基本的几条准则也是所有专业人员应该遵循的。这些准则是：

(1) 为社会进步和人类生活的幸福做贡献。

(2) 尊重别人的隐私权，不应该伤害他人。

(3) 要公平公正地对待别人。

(4) 要尊重别人的知识产权。

(5) 使用别人的知识产权应征得别人同意并注明。

(6) 尊重国家、公司、企业等特有的机密。

俗称“最难防范的人是内部有知识的雇员”。程序员、系统分析员、计算机设计人员以及数据库管理员等计算机专业人员有很多机会可以接触到计算机系统的核心问题，因此系统的安全防范在很大程度上取决于计算机专业人员的道德素质。因此，计算机专业人员除了遵循基本道德准则外还应遵循以下专业道德准则。专业准则包含几个方面，其中最重要的方面是资格和职业责任。

资格要求专业人员应该跟上行业的最新进展。由于计算机行业涵盖了众多发展迅速的领域，同时没有一个人能在所有领域都是行家里手。这就要求专业人员应尽力跟上所属的领域进展并且在碰到自己不熟悉的东西时向其它专家学习。

职业责任提倡将工作做得尽可能好，即尽心尽职地做好工作，同时确保每一个程序尽可能的正确，能保守公司的秘密。

计算机专业人员有机会接触公司最大的财产，就是数据及操作这些数据的设备。而专业人员也具有使用这些财产的知识，同时大多数公司没有可用于检查它们的计算机专业人员行为的资源。要保持数据的安全和正确，公司在一定程度上依赖于计算机专业人员的道德。

2. 计算机用户的道德

用户或许没有想到坐在一台计算机前会产生道德问题，但事实的确如此。例如，几乎每一个计算机用户迟早都会碰到关于软件盗版的道德困惑。其它的道德问题还包括色情内容和对计算机系统的未经授权的访问等。

1) 反对软件盗版

对于计算机用户来说，最迫切要解决的道德问题之一就是计算机程序的复制。

有些程序是免费提供给所有人的，这种软件被称为自由软件，用户可以合法地复制或下载自由软件。这种软件之所以免费是因为创作这些软件的人乐意所有的人免费得到它们。

另一种类型的软件叫做共享软件，共享软件具有版权，它的创作者将它提供给所有的人复制和试用。作为回报，如果用户在试用后仍想继续使用这个软件，软件的版权拥有者有权要求用户登记和付费，此后共享软件提供者会向登记用户提供软件升级和修正。

然而，大部分软件都是有版权的软件，软件盗版包括非法复制有版权的软件,有关法律禁止对有版权软件不付费的复制和使用。

大多数软件公司允许用户对它们的软件做一个备份，以备在以后磁盘或文件被破坏时恢复使用。大多数软件都可在硬盘上复制或安装以便于使用。许多软件出版商允许用户将软件复制到用户台式计算机或笔记本电脑。但是，用户不应该复制软件送给他人或出售。如果软件是装在某所大学计算机实验室中的计算机上的，则不能不付费就复制到另一所大学的计算机系统上使用。

现在，由于计算机和因特网的逐渐普及和各种各样信息的多渠道发布(包括杂志上的文章、文字作品、书的摘录、网络作品等)，用户应养成负责而有道德地使用这些信息的习惯，无论自己的作品是对这些信息的直接引用还是只引用了大意，都应当在引文或参考文献中注明出处，指出作者的姓名、文章标题、出版地点和日期等。

拥有多台计算机的机构，如大学或研究所，可以以较低的单台价格为所有计算机购买软件，这种称为场所许可的协议是用户同软件出版商达成的一种合同，这个合同允许在机构内部对软件进行多份复制使用，但是，将复制品带到其它机构使用就违反了合同。

编写一个软件需要很长的时间和很多人的努力。通常，从项目的启动到开始取得销售收入需要2～3年或更长的时间，软件盗版增加了软件开发及销售的成本并且抑制了新软件的开发。因此盗版从总体上来说于人于己都是不利的。每个人都因为软件盗版而受到损失。

2) 不进行未经授权的计算机访问

有些计算机爱好者喜欢将自己的计算机技能发挥得淋漓尽致。有时他们试图进入那些计算机系统进行未经授权的访问。实际上未经授权的计算机访问是一种违法的行为。

“黑客”用来指对计算机系统进行未经授权的计算机访问，显然，一个修改或破坏医院记录系统关键数据的“黑客”很可能会对别人的生命安全构成威胁。“闯入者”被用来指计算机犯罪。无论是否造成危害，闯入行为都是错误的，因为它违反了“尊重别人隐私”的道德准则。

3) 使用公用及专用网络时自律

随着在线信息服务、公用网络(如因特网)和BBS服务的增长，在线公布资料已成为现实。最具爆炸性的问题就是计算机色情。

目前因特网上存在着很多问题，因为它没有统一的管理机构，也没有能力强化某些规则或标准。因特网是一个开放的论坛，即它不可能受到检查。只要还没有限制从网上获取资料的方法，这个问题就不可能获得彻底解决，只能靠成年人去保护未成年人，使他们不受计算机色情危害，不去访问那些有色情内容的网站。目前，专营店出售那些可以对网址进行选择及屏蔽的过滤软件。当然，最重要的还是用户的自律，不要在网上制造和传播这类东西。

3. 程序员的责任

即使最有道德的程序员也会编写出有错误的程序。大多数复杂的程序有太多的条件组合，要测试程序的每一种条件组合是不可行的。在有些情况下，这种测试需要花费几年的时间；其它情况下，没有人会考虑测试所有可能性。所有有经验的程序员都知道程序无论大小都会有错误。程序员的责任起于确定这些错误是不可避免的还是程序员的疏忽。

与程序员的责任有关的问题经常在出现法庭上。

我们可以考虑以下这种情况。在较低的能见度下，飞机用计算机来导航。这种情况很常见。控制飞机的空中交通控制系统也是一个计算机系统，目前在大型机场使用。飞机坠毁后，在每个软件包中都发现了一个小错误。如果飞机是与塔台中的一个人而不是计算机打交道，这个错误就不会出现。如果空中交通控制程序是与飞行员联系，这个错误也不会发生。两个错误都被判定为是不可避免的。造成生命和财产损失的责任到底在哪儿?

那些尽责地为生命攸关的控制系统编写程序的程序员经常会做一些犯了致命错误的恶梦。他们通常要求对工作进行好几个层次的同级复查以确保已尽了最大的努力来排除程序的错误。

6.4.3 计算机与法律

1. 新的法律问题

计算机已经开辟了一些原来不大可能的职业，如涉及因特网和法律的律师。对于因特网商务交易及在线营销来说，数字签名(个人密码以及出于安全目的的不可破译的代码)、第三方证明人(确认签名者的身份)以及电子水印(嵌入文件的电子代码)现在都是必要的。这三项已成了依法判决的根据，因为常用的扫描签字很容易被复制、剪切和粘贴。

因为因特网没有地理界限。由于文件是电子形式而非物质形式的，因此会遇到一些前所末有的法律问题。法律还没有跟上技术的发展。与管理个人信息流动的能力相比，技术的发展要快。只要单击一下鼠标，任何人在任何时候都能轻易地获取数量巨大的私人信息及经过保护的数据。如信贷记录、司机的驾驶执照、财产记录、犯罪历史、购物清单，在因特网上还可以得到一些其它类型的信息。孩子们处在成人资料泛滥的威胁之中，电子邮件已经导致了诽谤、岐视和骚扰以及对个人隐私受侵犯的申诉。

20年前根本就不会考虑的事情现在变得很普遍，而且不断出现各种新问题。计算机以及网络已经改变了人们的生活方式。

2. 知识产权

为保护计算机软件著作权人的利益，调整计算机软件的开发、传播和使用中发生的利益关系，鼓励计算机软件的开发与流通，促进计算机应用事业的发展，软件知识产权保护问题变得越来越重要。我国对软件知识产权(知识产权)的重视程度也日益增加，依照《中华人民共和国著作权法》的规定，已在1991年5月24日国务院第83次常务会议上通过了《计算机软件保护条例》(简称《软件保护条例》)，并于2001年对《计算机软件保护条例》及《中华人民共和国著作权法》进行了补充修改，对网络和数字化条件下的软件知识产权(知识产权)保护予以规范。

当然软件知识产权的保护仅仅依靠法律和行政手段是不行的。要充分保护好作者的软件知识产权，除了借助法律和行政手段外，必要的技术手段也是必不可少的。

《软件产品管理办法》也已于 2000 年 10 月 8 日起施行。软件产品是指向用户提供的计算机软件、信息系统或设备中嵌入的软件、或在提供计算机信息系统集成、应用服务等技术服务时提供的计算机软件。国产软件是指在我国境内开发生产的软件产品。进口软件是指在我国境外开发，以各种形式在我国生产、经营的软件产品。

软件产品的开发、生产、销售、进出口等活动应遵守我国有关法律、法规和标准规范。任何单位和个人不得开发、生产、销售、进出口含有以下内容的软件产品:

(1) 侵犯他人知识产权的。

(2) 含有计算机病毒的。

(3) 可能危害计算机系统安全的。

(4) 含有国家规定禁止传播的内容的。

(5) 不符合我国软件标准规范的。

《软件保护条例》中规定，中国公民和单位对其开发的软件，不论是否发表，不论在何地发表，均享有著作权。凡未经软件著作权人同意发表其作品；或将他人开发的软件当做自己的作品发表：或非经合作者同意，将与他人合作开发的软件当做自己单独完成的作品发表；或未经软件著作权人或者其合法受让者的同意，修改、翻译、注释其软件作品，或者复制、部分复制其软件作品，或者向公众发行、展示其软件的复制品等，均属侵权行为。此外，也可以通过专利法和商业秘密法对计算机软件实施保护。

3. 发明专利权

专利权是由国家专利主管机关根据国家颁布的专利法授予专利申请者或其权利继受者在一定的期限内实施其发明以及授权他人实施其发明的专有权利。世界各国用来保护专利以的法律是专利法，专利法所保护的是已经获得了专利权、可以在生产建设过程中实现的技术方案。各国专利法普遍规定，能够获得专利权的发明应当具备新颖性、创造性和实用性。中国的《专利法》1984年3月颁布。一般说来，计算机程序代码本身并不是可以申请发明专利的主题，而是著作权法的保护对象。不过，同设备结合在一起的计算机程序可以作为一项产品发明的组成部分，同整个产品一起申请专利。此外，一项计算机程序无论是否同设备一起结合在一起，如果在其处理问题的技术设计中具有发明创造，在不少国家里，这些与计算机软件相关的发明创造可以作为方法发明申请专利，很多有关地址定位、虚拟存储、文件管理、信息检索、程序编译、多重窗口、图像处理、数据压缩、多道运行控制、自然语言翻译、程序编写自动化等方面的发明创造已经获得了专利权。在我国，不少有关将汉字输入计算机的发明创造也已经获得了专利权。一旦这种发明创造获得了国家专利主管机关授予的专利权，在该专利权有效期内，其他人在开发计算机程序时就不能擅自使用这种发明创造，否则将构成侵害他人专利权的行为。

4. 不正当竞争行为的制止权

如果一项软件的技术设计没有获得专权，而且尚未公开，这种技术设计就是非专利的技术秘密，可以作为软件开发者的商业秘密而受到保护。一项软件的尚未公开的源程序清单通常被认为是开发者的商业秘密。有关一项软件的尚未公开的设计开发信息，如需求规格、开发计划、整体方案、算法模型、组织结构、处理流程、测试结果等都可被认为是开发者的商业秘密。对于商业秘密，其拥有者具有使用权和转让权，可以许可他人使用，也可以将之向社会公开或者去申请专利。不过，对商业秘密的这些权利不是排他性的。任何人都可以对他人的商业秘密进行独立的研究开发，也可以采用反向工程方法或者通过拥有自己的解密行为来掌握它，并且在掌握之后使用、转让、许可他人使用、公开这些秘密或者对这些秘密申请专利。然而，根据我国1993年9月颁布的《反不正当竞争法》，商业秘密的拥有者有权制止他人对自己商业秘密从事不正当竞争行为，这里所称的不正当竞争行为包括：以不正当手段获取他人的商业秘密，使用以不正当手段获取到的他人的商业秘密，接受他人传授或透露了商业秘密的人(例如商业秘密拥有者的职工、合作者或经商业秘密拥有者许可使用的人)违反事前约定，滥用或者泄露这些秘密。一项信息成为商业秘密的前提在于其本身是秘密。商业秘密一旦被公开就不再是商业秘密。为了保护商业秘密，最基本的手段就是依靠保密机制，包括在企业内建立保密制度、同需要接触商业秘密的人员签订保密协议等。

5. 商标权

对商标的专用权也是软件拥有人的一项知识产权。所谓商标是指商品的生产者为了与他人的商品区别而专门设计的标志，一般来说为文字、图案等。如“IBM”“HP”“方正”“WPS”“OS/2”，它们或为企业标志或为软件名称，其通常经商标管理部门获准注册，在其有效期内，未经注册人认可的使用都构成对他人商标的侵犯。世界上大多数国家都以商标法保护商标注册者的专用权，我国已于1982年8月颁发商标法。

6. 相关法律法规

近年来随着计算机产业的飞速发展，在这样的经济、技术和社会背景下我国也制定了一系列的法律法规：

1990年7月，颁布了《中华人民共和国著作权法》。

1991年6月，颁布了《计算机软件保护条例》。

1992年4月6日，颁布了《计算机软件著作权登记办法》。

1992年9月25日，颁布了《实施国际著作权条例的规定》。

1992年9月4日，修订、颁布了《中华人民共和国专利法》。

1993年2月21日，修订、颁布了《中华人民共和国商标法》。

1994年关于执行《商标法》及其实施细节若干问题的补充规定。

1993年9月2日，通过了《中华人民共和国反不正当竞争法》。

2001年10月，修订、颁布了《计算机软件保护条例》。

我国已加入了世界贸易组织(WTO)，在知识产权保护方面进一步和国际接轨，相关的法规条例将进一步完善，从而加强知识产权意识，当然在尊重他人权利的同时，也要注意增强自我保护意识。

6.5 计算机文化与教育

6.5.1 计算机文化

在人类几千年的文明发展史中，能称“文化”的事物很多。语言文字的诞生使人类逐渐形成具有民族特色的各种各样的文化，不同的语言文字必然产生不同的文化。反之，使用共同的语言文字则总可以找到共同的文化，因此“语言文字”被人们公认是一种最基础的“文化”。

所谓文化，通常有两种理解：第一种是一般意义上的理解，认为只要是能对人类的生活方式产生广泛而深刻影响的事物就属于文化。如“饮食文化”“茶文化”“酒文化”“电视文化”“汽车文化”等。第二种是严格意义上的理解，认为应当具有信息传递和知识传授功能，并对人类社会的生产方式、工作方式、学习方式及生活方式能产生广泛影响的事物才能称为文化。例如，语言文字的应用、计算机的日益普及和网络的迅速发展，即属于这一类。

世界正在经历由“a”到“b”的转变，即原子(atom) 时代向比特(bit)时代的变革，计算机科学与技术的进步在其中无疑起着关键性的作用。经过 50 多年的量变，计算机技术的应用领域几乎无所不在，成为人们工作、生活、学习不可或缺的重要组成部分，并由此形成了独特的计算机文化。

所谓计算机文化，就是人类社会的生存方式因使用计算机而发生根本性变化而产生的一种崭新文化形态，这种崭新的文化形态可以体现为：①计算机理论及其技术对自然科学、社会科学的广泛渗透表现出的丰富文化；②计算机的软、硬件设备，作为人类所创造的物质设备丰富了人类文化的物质设备品种；③计算机应用介入人类社会的方方面面，从而创造和形成的科学思想、科学方法、科学精神、价值标准等成为一种崭新的文化观念。计算机文化作为当今最具活力的一种崭新文化形态，加快了人类社会前进的步伐，其所产生的思想观念、所带来的物质基础条件以及计算机文化教育的普及有利于人类社会的进步、发展。同时，计算机文化也带来了人类崭新的学习观念：面对浩瀚的知识海洋，人脑所能接受的知识是有限的，我们根本无法“背”完，计算机可以解放“背”这种繁重的记忆性劳动，使人脑更多地用来完成“创造”性劳动。

计算机文化代表一个新的时代文化，它已经将一个人经过文化教育后所具有的能力由传统的读、写、算上升到了一个新高度，即除了能读、写、算以外，还要具有计算机运用能力（信息能力）。而这种能力可通过计算机文化的普及得到实现。

计算机文化来源于计算机技术，正是后者的发展，孕育并推动了计算机文化的产生和成长；而计算机文化的普及，又反过来促进了计算机技术的进步与计算机应用的扩展。

人类跨入 21 世纪时，又迎来了以网络为中心的信息时代。作为计算机文化的一个重要组成部分，网络文化已成为人们生活的一部分，深刻地影响着人们的生活，同样，也给人们带来了前所未有的挑战。信息时代是因特网的时代，娴熟地驾驭互联网将成为人们工作生活的重要手段。在信息时代造就了微电子、数据通信、计算机、软件技术 4 大产业时，围绕网络互连，实现计算机、电视、电话的三合一。“三合一”包含两层意思：一是计算机网、电视网、电话网三网合一，三种信号均通过网际网传输；二是终端设备融为一体。这是目前人们广泛关注的技术，它的实现极大地丰富计算机文化的内涵，让每一个人都能领略计算机文化的无穷魅力，体味着计算机文化的浩瀚。

今天，计算机文化已成为人类现代文化的一个重要的组成部分，完整、准确地理解计算科学与工程及其社会影响，已成为新时代青年人的一项重要任务。否则将无法适应信息社会的学习、工作与竞争的需要，就会被信息社会所淘汰。也可以说，缺乏信息方面的知识与能力就是信息社会中的“文盲”。

6.5.2 计算机教育

1．计算机能力是未来生存的需要

所谓计算机能力是指利用计算机解决问题的能力，如文字处理能力、数据处理和分析能力、各类软件的使用能力、资料数据查询和获取能力、信息的归类和筛选能力等。在信息社会中，不具备计算机能力的人可能会在日常生活中遇到各种各样的问题，例如在浩瀚的信息中找不到自己需要的信息；更无法从信息中归纳、整理出自己需要的内容等。

一些专家学者指出："多媒体"和"信息高速公路"已成为工业化时代向信息时代转变的两个重要杠杆，正以惊人的速度改变人们的工作、学习、思维、交往乃至生活。美国信息学家尼葛洛庞帝在《数字化生存》一书中指出计算机将渗透到来来生活的每一个细微的方面。可见，尽早培养计算机能力将会极大地提高综合素质以及在社会中的生存能力。

2. 计算机教育对思维的作用

思维品质高低主要由人的观察能力，记忆能力、揖作能力、分析能力和解决问题能力的高低来体现。那么计算机教育起着什么作用呢?

首先，计算机教育有助于培养创造性思维。由于在计算机程序设计的学习中算法描述语言既不同于自然语言，也不同于数学语言，其描述的方法也不同于人们通常对事物的描述，因此在用程序设计解决实际问题中，摒弃了大量其他学科中所形成的常规思维模式，如在累加运算中使用了有别于数学但又源于数学的语句 X=X+A，在编程解决问题中使用了各种方法和策略(搜索算法、穷举算法、分治策略、最优等)，这些都打破了以往的思维方式，极其新鲜感，能大大地激发人的创造欲望。

第二，有助于发展抽象思维。计算机教育中的程序设计是以抽象思维为基础的。要通过程序设计解决实际问题，必须先考虑恰当的算法，通过分析研究，归纳出规律，然后再用计算机语言描述出来。而其中使用猜测、判断、归纳、推理等思维方法，将一般规律经过高度抽象的思维过程表述出来，形成计算机程序。有资料表明，善于编程的人，其抽象思维能力要优于不会编程的人。

第三，计算机是一门操作性很强的学科，通过上机操作，使手、眼、心、脑并用而形成强烈的专注，使大脑皮层高度兴奋，而将所学的知识快速吸收并容易产生一种成就感，更大地激发求知欲，从而培养出勇于进取的精神和独立探索的能力。

3. 计算机教育对其他学科的影响

作为现代教育，计算机教育决非仅仅停留在掌握基础知识和基本技能上，更为重要的是，计算机科学利用最新的科技手段、现代化的研究方法研究原有的问题。

例如，利用计算机辅助证明数学中一些古老的问题(如四色问题)就是对数学教育的补充和完善。又如程序设计所常采用的分割法、穷举搜索、归纳算法和各种解决问题的策略，对解决物理、化学也有极大的帮助。总之，理论与实践相结合是计算机教育的特点。联合国教科文组织的资料表明，当今社会已由工业化时代转向信息化时代，与信息技术无关的职业从 1970 年占全部职业的 95%下降到 2006 年的 35%，甚至更低。所以，计算机是一种涉及各个学科、各行各业的有力的应用工具。

6.6 计算机产业

6.6.1 计算机产业结构及职位

21 世纪的市场竞争，不仅仅是资源、能源、产品和技术的竞争，更重要的是信息的竞争，计算机技术随着人类社会经济的发展而不断丰富和深化的，因而计算机产业也是随时间不断发展的一个行业多、领域宽、涉及面广的大产业，当前电子信息产业在各国的国民经济中的比重猛增，2010 年，世界总产值达 61.96 万亿美元，电子信息产业产值达 5.57 万亿美元，占世界总产值的 9%左右。

全球超过 1000 亿美元的年收入使计算机产业成为世界上最大和最成功的产业之一，同时计算机产业也是当今世界最有活力的产业，它已逐渐成为一个具有战略意义的产业。

我国计算机产业的发展可分为三个阶段。

第一阶段(20 世纪 50 年代中期到 70 年代末期)的重点是根据国防建设与科学研究的需要，从借鉴苏制样机研究仿制，逐步走向独立自主开发。科研成果即产品，为专门应用部门使用。因此，当时计算机生产厂家少、规模小、产品少而分散、发展缓慢。

第二阶段(20 世纪 80 年代初期到 90 年代初期)国内进口了国外的微型计算机，在此基础上开发出 0300 系列、0500 系列等国产微型计算机。遵循引进、消化、开发、创新的方针，开发出一些小型计算机与工作站，以及 CC-DOS 汉字操作系统，发明了多种汉字输入与处理方法，汉化了 IBM、DEC 等公司生产的机器上使用的 VMS 和 DOS / VSE、MVS 等操作系统，开发了大量的应用软件和应用软件包。国内市场规模迅速扩大，计算机的年销售额由 1981 年的 5.2 亿元人民币增到 1990 年的 55.5 亿元，计算机产业有了较大发展。

第三阶段(20 世纪 90 年代以来)的显著变化是国际各大公司纷纷进入中国市场。国内企业向两极发展，一是扩大规模，继续发展自己的产品；二是向应用方向发展，针对用户需求开发应用系统，并自主开发 Office、Linux 等软件，进入市场。同时，中外合资企业及外资独资企业的大量出现，使外向型产业的规模迅速扩大，致使国内市场规模更快扩大，1996 年，计算机产业的市场销售额为 920 亿元，2000 年为 2150 亿元，2003 年为 3327 亿元。我国计算机产业的总体水平迅速提高，规模迅速扩大，软件产业及信息服务业迅速发展，产业结构渐趋合理，基本形成了制造业、服务业和软件产业。近年，我国也与国际接轨，确定了计算机产业的发展规划。

在计算机产业高速发展的同时，计算机产业中产生了大量的工作机会，按工作特点大体有：

(1) 在计算机硬件领域从事像计算机通信设备与外设这样硬件产品的设计与制造的电子工程师或者计算机工程师，其工作还可以细分为多种不同的专业，包括设备开发、电路设计以及计算机硬件工程等，为从事这样的职业，最低要求在电子、计算机或通信工程这样的专业拿到学士学位，通常还要有一定的工作经验，甚至要求拥有硕士学位。对计算机硬件领域的职业来说，这一行业的就业机会相当多。

(2) 在软件开发业中包括开发系统软件（如操作系统）、通信软件以及应用程序软件等等的计算机程序员、应用程序的界面设计员、数据库管理员等。通常进入计算机软件业工作，通常至少需要计算机科学或信息系统专业的学士或硕士学位。但有些时候，实际工作经验也十分重要。软件公司往往具有浓厚的创新气氛，因为公司必须随时跟上硬件及软件领域的最新技术，否则在竞争中很容易失去优势。通过协同工作，软件开发人员可以向市场投放最好的产品，使用户喜爱。而就缺点来说，软件开发人员经常要面临紧迫的完成时间，压力非常大。

(3) 计算机产业产生的其他新兴职业，例如，主要从事网站内容的设计、创建、监测评估以及通过对信息进行收集、分类、编辑、审核，然后通过网络进行发布的网站编辑师；对大公司的产品有深入的了解和丰富的使用经验，也具有教学经验的计算机认证培训师；利用计算机技术、网络技术等现代信息技术从事商务活动或相关工作的电子商务师；使用计算机软、硬件设备，利用测试工具软件、相关仪器及专用测试装置等各类仪器和方法，对计算机软件及相关产品进行质量检验的计算机软件产品检验员；分析计算机系统在病毒、蠕虫、非法访问和物理损坏情况下的弱点，可以快速地提出针对各种危机的解决方案的安全专家。随着计算机技术及其相关技术应用的扩展及经济的发展，将会涌现更多的与计算机有关的新兴职业。

6.6.2 计算机产业人才的需求及特点

计算机产业的发展依靠的就是计算机人才资源，计算机产业中人才是一座“金宇塔”，处在顶层的是少数复合型高级管理人才和高级技术人才，他们负责整个项目的策划、运行管理以及尖端技术的解决方案；处在中间层的是系统分析师、系统设计师及中层管理人员，他们负责把一个大项目按照系统功能划分成若干功能相对独立的子系统，定义系统的框架，对各于系统进行详细的功能设计及这些子系统之间的接口设计，并制订详细的规范和要求；处在金字塔的基层，支撑整座金字塔的则是大量的软件开发人员(即软件蓝领)和应用人员，他们的任务是按照标准和规范具体编写程序代码，调试运行以实现指定功能。

一个合理的人才结构应该是金字塔式的，其中基层人才与中高层人才比例约为4∶1，即计算机产业蓝领人员应占整个产业人才的75%~80%，他们是基石，是主力军，在各行各业中发挥着重要作用。系统设计师、项目经理则依靠他们实现自己的设计意图，企业要依靠他们将研究成果最终转化为产品，取得经济效益。

在我国，计算机中间人才相对较多，一般都具有本科学历，掌握一定的专业知识。让他们做程序员、软件工人，不能发挥其作用，同时造成人才浪费；而让他们做总体设计师、项目经理，他们往往又不能胜任。最近的调查表明，我国当前最缺乏的是计算机蓝领，即大量能从事基础性工作的技能型、应用型人才。

总之，对于从事计算机产业每一个人面临的最大的挑战就是要不断紧跟计算机技术的快速进步。通过对各种专业人员的调查研究发现，从事与计算机相关职业的人具有一定特点和灵活性，对于学习新东西比较有兴趣，乐于接受培训，因为在计算机领域不断有新东西、新技术需要学习，而掌握它们的方法有：技术研讨会，利用网络在线服务，阅读相关技术期刊，参加学术会议和展览以及加入计算机专业协会。只有这样才能跟上计算机新的技术发展，胜任工作。

当你准备从事一份计算机职业时，要记住一件事情：您在将生命套在一匹野马身上，工作准则是改变而不是连续。新的技术发展会创造新的工作，并使旧的过时。在与计算机相关的领域里，您在退休前可能从事多达5~6份不同的工作。

谁将能够在计算机推动的信息经济中生存并处于旺盛?答案很简单。幸存者将是有如下三个特点的人：他们受过高程度的教育，他们知道教育是终生过程，而且他们能迅速适应变化。

习　题

1. 简述计算机科学的知识结构及演变。
2. 计算机职业的分类及其划分原则。
3. 你对计算机职业感兴趣吗？为此你将做哪些努力？

参 考 文 献

[1] 孙一平，等. 计算机文化基本教程[M]. 上海：上海交通大学出版社，2000.

[2] Baber R，等. 计算机导论[M]. 北京：清华大学出版社，2000.

[3] Parsons J J. 计算机文化[M]. 北京：机械工业出版社，2000.

[4] 刘瑞挺. 计算机系统导论[M]. 北京：高等教育出版社，1998.

[5] 齐广玉，等. 计算机组成原理[M]. 北京：兵器工业出版社，1998.

[6] 赵致琢. 计算机科学导论[M] . 2版. 北京：科学出版社，2000.

[7] 钟玉琢. 多媒体技术[M]. 北京：清华大学出版社，1999.

[8] Mandell S. 计算机信息处理[M]. 北京：机械工业出版社，1999.

[9] 汤子瀛，等. 计算机操作系统[M]. 西安：西安电子科技大学出版社，2001.

[10] 卢湘鸿. 计算机应用教程[M]. 北京：清华大学出版社，1999.

[11] 萨师煊，等. 数据库系统概论[M]. 北京：高等教育出版社，2001.

[12] 艾德才. 中国计算机软件技术基础[M]. 北京：中国水利水电出版社，2000.

[13] 马华东. 多媒体计算机技术原理[M]. 北京：清华大学出版社，1999.

[14] 彭澎. 计算机网络教程[M]. 北京：机械工业出版社，2000.

[15] 谢希仁. 计算机网络[M]. 大连：大连理工大学出版社，2000.

[16] 楚狂. 计算机安全与防火墙技术[M]. 北京：人民邮电出版社，2000.